畜禽产品安全生产综合配套技术丛书

饲料安全应用
关键技术

郭金铃　李梦云　主编

中原农民出版社
·郑州·

图书在版编目(CIP)数据

饲料安全应用关键技术/郭金玲,李梦云主编. —郑州:
中原农民出版社,2016.8
(畜禽产品安全生产综合配套技术丛书)
ISBN 978 - 7 - 5542 - 1475 - 6

Ⅰ.①饲… Ⅱ.①郭… ②李… Ⅲ.①饲料 – 安全管理
Ⅳ.①S816

中国版本图书馆 CIP 数据核字(2016)第 175544 号

饲料安全应用关键技术

郭金玲　李梦云　主编

出版社:中原农民出版社

地址:河南省郑州市经五路 66 号　　　　　　**邮编:**450002

网址:http://www.zynm.com　　　　　　　**电话:**0371 – 65788655

发行单位:全国新华书店　　　　　　　　　**传真:**0371 – 65751257

承印单位:新乡市豫北印务有限公司

投稿邮箱:1093999369@ qq.com

交流 QQ:1093999369

邮购热线:0371 – 65788040

开本:710mm × 1 010mm　　　1/16

印张:19.5

字数:329 千字

版次:2016 年 8 月第 1 版　　　　　　　　**印次:**2016 年 8 月第 1 次印刷

书号:ISBN 978 – 7 – 5542 – 1475 – 6　　　　**定价:**39.00 元

　　本书如有印装质量问题,由承印厂负责调换

序

近年来,我国采取有力措施加快转变畜牧业发展方式,提高质量效益和竞争力,现代畜牧业建设取得明显进展。第一,转方式,调结构,畜牧业发展水平快速提升。持续推进畜禽标准化规模养殖,加快生产方式转变,深入开展畜禽养殖标准化示范创建,国家级畜禽标准化示范场累计超过 4 000 家。规模养殖水平保持快速增长。制定发布《关于促进草食畜牧业发展的意见》,加快草食畜牧业转型升级,进一步优化畜禽生产结构。第二,强质量,抓安全,努力增强市场消费信心。坚持产管结合、源头治理,严格实施饲料和生鲜乳质量安全监测计划,严厉打击饲料和生鲜乳违禁添加等违法犯罪行为。切实抓好饲料和生鲜乳质量安全监管,保障了人民群众"舌尖上的安全"。畜牧业发展坚持"创新、协调、绿色、开放、共享"发展理念,坚持保供给、保安全、保生态目标不动摇,加快转变生产方式,强化政策支持和法制保障,努力实现畜牧业在农业现代化进程中率先突破的目标任务。

随着互联网、云计算、物联网等信息技术渗透到畜牧业各个领域,越来越多的畜牧从业者开始体会到科技应用带来的巨变,并在实践中将这些先进技术运用到整条产业链中,利用传感器和软件通过移动平台或电脑平台对各环节进行控制,使传统畜牧业更具"智慧"。智慧畜牧业以互联网、云计算、物联网等技术为依托,以信息资源共享运用、信息技术高度集成为主要特征,全力发挥实时监控、视频会议、远程培训、远程诊疗、数字化生产和畜牧网上服务超市等功能,达到提升现代畜牧业智能化、装备化水平,以及提高行业产能和效率的目的。最终打造出集健康养殖、安全屠宰、无害处理、放心流通、绿色消费、追溯有源为一体的现代畜牧业发展模式。

同时,"十三五"进入全面建成小康社会的决胜阶段,保障肉蛋奶有效供给和质量安全、推动种养结合循环发展、促进养殖增收和草原增绿,任务繁重而艰巨。实现畜牧业持续稳定发展,面临着一系列亟待解决的问题:畜产品消费增速放缓使增产和增收之间矛盾突出,资源环境约束趋紧对传统养殖方式形成了巨大挑战,廉价畜产品进口冲击对提升国内畜产品竞争力提出了迫切要求,食品安全关注度提高使饲料和生鲜乳质量安全监管面临着更大的压力。

"十三五"畜牧业发展,要更加注重产业结构和组织模式优化调整,引导产业专业化分工生产,提高生产效率;要加快现代畜禽牧草种业创新,强化政策支持和科技支撑,调动育种企业积极性,形成富有活力的自主育种机制,提升产业核心竞争力;要进一步推进标准化规模养殖,促进国内养殖水平上新台阶;要积极适应经济"新常态"变化,主动做好畜产品生产消费信息监测分析,加强畜产品质量安全宣传,引导生产者立足消费需求开展生产;要按照"提质增效转方式,稳粮增收可持续"工作主线,推进供给侧结构性改革,加快转型升级,推行种养结合、绿色环保的高效生态养殖,进一步优化产业结构,完善组织模式,强化政策支持和法制保障,依靠创新驱动,不断提升综合生产能力、市场竞争能力和可持续发展能力,加快推进现代畜牧业建设;要充分发挥畜牧业带动能力强、增收见效快的优势,加快贫困地区特色畜牧业发展,促进精准扶贫、精准脱贫。

由张晓根教授组织编写的《畜禽产品安全生产配套新技术丛书》涵盖了畜禽产品质量、生产、安全评价与检测技术,畜禽生产环境控制,畜禽场废弃物有效控制与综合利用,兽药规范化生产与合理使用,安全环保型饲料生产,饲料添加剂与高效利用技术,畜禽标准化健康养殖,畜禽疫病预警、诊断与综合防控等方面的内容。

丛书适应新阶段新形势的要求,总结经验,勇于创新。除了进一步激发养殖业科技人员总结在实践中的创新经验外,无疑将对畜牧业从业者培训、促进产业转型发展,促进畜牧业在农业现代化进程中率先取得突破,起到强有力的推动作用。

中国工程院院士

2016 年 6 月

目　录

饲料安全应用关键技术

第一章　饲料安全概述

　　根据我国饲料业的发展水平以及我国现阶段饲料安全中存在的突出问题，今后一段时期，我国饲料安全工作的基本思路：在进一步健全和完善已有的政策措施、巩固已经取得的工作成果的基础上，逐步转变饲料业及相关产业的增长方式，进而通过建立、健全行业和产品的质量标准体系、法律法规体系、监测检验体系以及行政管理体系等，为饲料安全提供坚实的体制和制度保证。

第一节 饲料安全的概念与特性

一、饲料安全的概念

饲料安全是指饲料产品（包括饲料和饲料添加剂）在加工、运输及饲养动物转化为养殖动物源产品的过程中，对动物健康和生产性能、人类健康和生活以及生态环境的可持续发展等不会产生负面影响的特性。

饲料安全主要包括 3 个层次的含义：一是对动物本身的安全性，指饲料本身所含的有毒有害物质或饲料在加工、储存和运输过程中通过物理反应或化学反应生成的有毒有害物质对动物健康的影响。二是对人类健康的安全性，指动物采食饲料后生产出的畜产品作为人的食物对人的健康的影响。三是对环境的安全性，指饲料被动物采食后，未利用的物质排入环境后对环境质量的影响。

二、饲料安全的特性

饲料是动物生产的源头，饲料的安全性与动物健康、动物产品安全性及环境密切相关，饲料安全有如下几个特性：

1. 隐蔽性

饲料安全的隐蔽性，在于饲料中的有毒有害物质或违禁物质的危害性不能通过观察饲养动物被及时发现，有时甚至还可提高动物生产性能，但不安全的因素往往是潜移默化地进入畜产品，对人类造成危害。有时还会通过排泄物排到体外，污染环境。另外，由于肉眼无法观察到或受某些技术手段的限制，利用目前的检测方法不能进行有效鉴别，对其影响程度在一定时期内得不到研究和证明。因此，饲料安全问题有其隐蔽性。

2. 长期性

由于饲料不安全因素的隐蔽性，饲料中的有毒有害物质的存在是难以避免或无法将其完全消除的，造成有毒有害物质在动物产品和环境中累积，人们不能够在短时间内解决这些问题，这就决定了饲料安全问题具有长期性。饲料中的有毒有害物质通过畜产品对人体健康的影响也是长期的，如饲料中的重金属铅通过畜产品在人体内蓄积，其生物半衰期可长达 4 年，而在体内的生物半衰期则可长达 15～30 年。因此，饲料安全问题具有长期性。

3. 复杂性

饲料中的有毒有害物质种类繁多，各种有毒有害物质对动物的毒理和药理机制不同。而且影响饲料安全问题的因素较多,有些是人为因素,有些是非人为因素,有些是偶然因素,有些是长期积累的结果,还有些影响因目前条件限制尚不清楚。这就决定了饲料安全问题的复杂性。

4. 可控性

可控性是指饲料中的有毒有害物质对动物的健康、人类的安全以及环境的影响是可以控制的。影响饲料安全的因素很多,主要包括饲料本身所含有的有毒有害物质,饲料在生产、运输、储存和加工过程中受外界环境污染而产生的有毒有害物质,饲料在生产加工过程中人为添加的有毒有害物质等。虽然饲料安全具有隐蔽性、长期性和复杂性,但针对饲料中有毒有害物质产生的原因,采取相应的有效措施,就可以有效降低甚至消除饲料中的有毒有害物质,因而饲料的安全性是可以控制的。随着 2014 年国家《饲料质量安全管理规范》以及新的《环境保护法》的出台和实施,国家对饲料安全的监控将会越来越严格。

三、对饲料安全问题的理解

1. 饲料安全与食品安全的问题

饲料是动物生产的源头,如果饲料产品中存在不安全因素(如有毒有害物质、违禁物质等),其中一部分有毒有害物质经饲养动物消化吸收后残留、蓄积于动物的组织器官中,而这些组织器官是动物性食品的主要来源;未被消化吸收的有毒有害物质直接排泄到环境中,导致环境污染,严重影响生态环境的可持续发展。这些不安全的动物性产品以及受污染的环境最终影响到人类自身的健康和生存,因此饲料的安全性与食品的安全性紧密相关。"饲料安全等于食品安全"已达成共识。

2. 饲料安全与饲料卫生的问题

饲料安全与饲料卫生是两个不同的概念。饲料卫生主要注重的是饲料原料及其产品中允许的杂质、有毒有害物质、致病微生物种类及含量等。而饲料安全不仅要考虑饲料原料及其产品自身的卫生状况、饲料中是否含有违禁药品与添加剂等,还要重点考虑饲料对动物自身健康、人类健康及对自然环境的影响等。

因此,饲料卫生及制定的相应标准是确保饲料安全的必要措施,是饲料安全的基础。而饲料安全涉及整个食物链过程,是比饲料卫生更高层次的概念,它不仅涉及饲料卫生的概念,还更多地考虑了食品安全和畜禽、人类的健康以及环境的可持续发展。

第二节 饲料安全现状

我国目前在饲料安全中主要存在药物残留、添加违禁药物、微生物污染、重金属残留、环境污染等方面的问题,这些都影响了饲料工业和食品工业发展。

一、抗生素滥用

1946 年人们发现链霉素、四环素对动物生长具有促进作用,从而开创了抗生素作为饲料添加剂的时代。1950 年美国食品药品监督管理局(FDA)首次把抗生素用作饲料添加剂,世界各国相继将抗生素用于畜牧生产。但抗生素的最大危害——耐药性和残留性,引发了大量安全事故。

1. 超级细菌

超级细菌是几乎对所有抗生素有抗药性的细菌的统称。它能在人身上造成脓疮和毒疱,甚至逐渐让人的肌肉坏死。这种病菌的可怕之处并不在于它对人的杀伤力,而是它对普通杀菌药物——抗生素的抵抗能力,对这种病菌,人们几乎无药可用。2010 年,英国媒体爆出,南亚发现新型超级病菌 NDM - 1,抗药性极强。2013 年以英国为发源地的超级细菌已经开始在多个国家被发现。据美国媒体报道,这种超级细菌被称为 LA – MASA 超级细菌,主要存在于禽类体内,感染率极高。

滥用抗生素是超级细菌产生的最主要原因。每年全世界有 50% 的抗生素被滥用,而我国这一比例甚至接近 80%。正是由于药物的滥用,使细菌迅速适应了抗生素的环境,各种超级细菌相继诞生。过去一个病人用几十单位的青霉素就能活命,而相同病情,现在用几百万单位的青霉素也没有效果。基因突变是产生此类细菌的根本原因,抗生素的滥用对微生物进行了定向选择,导致了超级细菌的盛行。

2. H7N9 型禽流感

H7N9 型禽流感是一种新型禽流感,于 2013 年 3 月底在上海和安徽两地率先发现。H7N9 型禽流感是全球首次发现的新亚型流感病毒。2013 年 4 月经调查,H7N9 禽流感病毒基因来自东亚地区野鸟和中国上海、浙江、江苏鸡群的基因重配。而病毒自身基因变异可能是 H7N9 型禽流感病毒感染人并导致高死亡率的主要原因。

3.45 天"速成鸡"

2012 年 11 月 23 日,媒体曝光了山西粟海集团养殖的一只鸡从孵出到端上餐桌,只需要 45 天,是用饲料和药物喂养的"速成鸡"。这种"速成鸡"饲料中均添加了促生长的抗生素,从而导致抗生素残留。

二、添加违禁药物

1. 瘦肉精

瘦肉精的正式名称是盐酸克伦特罗,简称克伦特罗,是一类用于治疗支气管哮喘、慢性支气管炎和肺气肿等疾病的药物,主要是肾上腺类、β-兴奋剂。大剂量"瘦肉精"用在饲料中可以促进猪的增长,减少脂肪含量,提高瘦肉率。但食用含有瘦肉精的猪肉对人体有害。农业部 1997 年发文禁止瘦肉精在饲料和畜牧生产中使用,但在生产中还是屡禁不止。

2. 三聚氰胺奶粉

三聚氰胺俗称密胺、蛋白精,是一种含氮杂环有机化合物,被用作化工原料,对身体有害,不可用于食品加工。三聚氰胺含氮量高达 66.6%,添加在牛奶中可提高蛋白质含量。

2008 年据媒体报道,很多食用三鹿集团生产的奶粉的婴儿被发现患有肾结石,随后在其奶粉中发现化工原料三聚氰胺。

3. 红心鸭蛋

2006 年 11 月 12 日,中央电视台《每周质量报告》播报了北京市个别市场和经销企业售卖来自河北石家庄等地用添加苏丹红的饲料喂鸭所生产的红心鸭蛋,并在该批鸭蛋中检测出苏丹红。

人工喂养的鸭蛋蛋黄一般为黄色和浅黄色,以吃水中营养丰富的多种水草、田螺和鱼虾为主的野生或放养的鸭子所产的鸭蛋蛋黄则偏红色。当鸭蛋经过腌制以后,蛋黄呈橘红色,分层且有沙性,油脂外溢,口感极好。人工喂养的鸭子如果在其饲料中添加一定的红色色素,鸭子产下的鸭蛋蛋黄也同样会呈现出红色来。因此有些商家为了追求好的卖相,在饲料中添加色素来制造红心蛋。

苏丹红系偶氮系列化工合成染色剂,主要应用于油彩、汽油等产品的染色,共分为Ⅰ号、Ⅱ号、Ⅲ号、Ⅳ号,都是工业染料。红心鸭蛋中的苏丹红Ⅳ号不但颜色更加红艳,毒性也更大,国际癌症研究机构将苏丹红Ⅳ号列为三类致癌物。

三、微生物污染严重

霉菌毒素可在饲料生产的各个环节污染饲料。2009 年,我国对 244 份饲料样品共进行了 2 023 项次检测,其中 779 项次呈阳性,阳性率为 38.5%,完全没有检测出霉菌毒素的样品仅 16 份,占样品总数的 6.6%,只检测到 1 种霉菌毒素的样品数 35 份,占样品总数 14.3%;检测到 2 种或 2 种以上霉菌毒素的样品数 193 份,占 79.1%,同时检测到 4 种以上霉菌毒素的样品数 135 份,占样品总数的 55.3%。

霉菌毒素还可以通过饲料的途径进入动物产品。2011 年 12 月 25 日有媒体报道,蒙牛乳业(眉山)有限公司某批次利乐包装的牛奶黄曲霉素 M_1 超标 140%。蒙牛随即承认了这一事实,并进行了道歉。牛奶中出现黄曲霉素 M_1 的原因是饲料中黄曲霉毒素含量过高。若把发霉的谷物作为饲料,其中的黄曲霉素在 24h 之后就能进入奶中。

四、环境污染

1. 二噁英污染

1999 年 5 月,比利时一些养鸡场突然出现异常,经农业部专家组调查,证明饲料受二噁英污染。在鸡脂肪及鸡蛋中发现有二噁英,且超过常规的 800 ~ 1 000 倍,比利时的畜牧业及涉及畜产品的食品加工业顷刻间完全瘫痪,世界各国都宣布停止销售其商品。2010 年 12 月,我国出口欧盟的部分硫酸铜饲料添加剂产品中出现二噁英超标问题,湖南、广东、四川 3 省 5 个城市的 7 家饲料级硫酸铜生产企业,采取现场调研。二噁英是多氯二苯并二噁英和多氯二苯并呋喃两类化合物的总称,属于剧毒物质,其致癌性比黄曲霉毒素高 10 倍。主要来源于与氯有关的化工厂、农药厂、垃圾焚烧和纸浆及纸的漂白过程。鱼体内的二噁英浓度可达周围环境的 10 万倍,牛肉、牛奶、猪肉、鸡肉、鸡蛋也都含有微量的二噁英。随着环境中二噁英含量升高,人类某些疾病的发生率明显升高。二噁英被动物摄入体内后,主要沉积在肝脏和脂肪中,能引起肝、肾损坏和内分泌紊乱,危害生育和胚胎发育,损害免疫机能等。

2. 重金属污染

高铜、高锌等添加剂以及有机砷的大量应用,给环境带来了污染。以砷为例,饲料厂家在宣传有机砷制剂时,片面强调其促生长及医疗效果的一面,而忽视其致毒及可能导致污染环境的一面。据预测,一个万头猪场按美国 FDA 允许使用的砷制剂剂量推算,若连续使用含砷的加药饲料,5 ~ 8 年将可能向猪场周边排放近 1t 砷,16 年后土壤中砷含量即上升为 0.28mg/kg。

第三节　影响饲料安全的因素及解决措施

一、产生饲料安全问题的原因

1. 动物生产效率低下

目前,我国的养殖业正由传统养殖模式向现代化养殖模式转变,饲料配制技术水平也不断提高。然而,养殖业对环境的负面影响越来越明显。由于理论和技术的局限,使得动物生产效率低下,饲料中营养物质利用率不高,造成大量的氮、磷通过动物粪便排放,引起环境污染。据测定,一个10万只鸡的养殖场每天排放粪便10t,一年3 600t。这些粪便多为含氮物质,极易腐败,又多含致病菌,容易造成土壤、水体、空气污染。此外,一些饲料厂家或养殖户为了提高动物生产性能,往往在饲料中添加一些违禁药品或超量使用某些添加剂,从而影响饲料的安全性。

2. 科技发展水平滞后

目前我国对饲料安全方面的研究还处于初级阶段,且主要集中于饲料卫生方面,初步研究和制定了饲料中有毒有害物质的安全限量,并建立快速分析真菌毒素的国家标准方法,为我国饲料安全生产提供了一定科学依据和技术手段。但整体技术水平同国际水平有较大差距,近年来饲料配制技术虽然有了显著提高,但在我国的散养模式中推广受到限制,有待进一步普及和提高。我国对绿色环保型饲料添加剂如酶制剂、酸化剂、益生素、低聚糖有一定的研究,但其效果往往不及抗生素,还不能完全替代饲用抗生素,因此需要进一步大力研究和开发高效、环保的饲料添加剂。同时饲料安全方面的检查技术和手段还应进一步提高。

3. 养殖生产模式落后

当前我国的养殖模式是以农户散养为主,规模化养殖为辅。与规模化的养殖企业相比,农户在畜禽疫病防治、饲料产品鉴别和科学使用等方面的知识相对欠缺,饲养条件也相对较差,因此,虽然饲料产品的使用量较少,但因不合理使用饲料产品而造成安全问题的可能性却比较大。千家万户分散饲养加大了技术服务和监督管理的难度,对于其中存在的安全隐患难以及时发现,一旦发生问题,特别是传染性疫病,很容易扩散,造成大范围的影响。

4. 饲料安全意识不强,安全管理体系不健全

近年来,我国饲料质量和安全状况虽然有了较大改善,但在实际工作中仍

存在不少问题。一是饲料生产厂家和养殖户的饲料安全意识不强,一些厂家仍然在滥用违禁药物或不按规定使用药物添加剂,同时一些地方制售假冒伪劣产品的行为屡禁不止;二是饲料体系建设滞后,迄今我国允许使用的饲料添加剂品种中仍有许多没有制定科学、统一的标准和使用规范,严重影响我国饲料质量监督工作的顺利开展;三是缺少通用性强、权威性高的饲料添加剂和违禁药物的检测方法,目前各地违禁药品检测均使用国外或国际标准,由于方法不一致,对比性差,亟须制定国家标准或行业标准;四是检测部门基建资金投入不足,检测经费匮乏,仪器设备陈旧,检测覆盖面小,已不能适应行业监督管理和行政执法的需要。

二、影响饲料安全的因素

(一)饲料本身的因素

我国饲料资源丰富,随着动物养殖业和饲料工业的发展,开发新型饲料势在必行,但是在使用这些新型饲料时,不能忽视对其毒性的研究和评价。很多饲料(尤其是非常规饲料原料)本身含有有毒有害物质,如植物性饲料中含有生物碱、棉酚、有毒蛋白、硝基化合物、氰化物、抗生物素等;矿物饲料中含有铅、砷、氟等;动物性饲料中含有铬、肌胃糜烂素(劣质鱼粉)、沙门菌、霉菌及其毒素等。这些饲料如果利用不合理或未经适当处理,有毒有害物质常常超标,危害动物健康,一些致癌物质通过动物产品还会对人类的健康造成威胁。例如,棉籽饼(粕)中含有棉酚色素及其衍生物,其中游离棉酚毒性最大,是一种嗜细胞性、血管性和神经性毒物,在猪、鸡体内蓄积,损害肝细胞、心脏和输卵管等器官。当日粮中游离棉酚含量达 0.01% ~ 0.03% 时,就会出现食欲减退、生长不良等中毒症状甚至死亡。棉酚还可以通过肉、乳、蛋等畜产品转移给人,危害人类健康。

(二)环境因素

1. 微生物及其毒素污染

(1)霉菌与霉菌毒素 目前已发现可产生霉菌毒素的霉菌有 100 多种,其中能使人畜中毒的主要有曲霉菌属、青霉菌属和镰刀菌属等。霉菌可以通过适当的干燥或添加防霉剂进行控制,一旦霉菌毒素产生就很难去除。目前虽有一些物理、化学或生物法脱毒,但常因工序繁杂或费用较高均难以在生产中应用。

较常见的霉菌毒素有黄曲霉毒素、玉米赤毒素、玉米赤霉烯酮和单端孢霉菌毒素,其中黄曲霉毒素毒性最强。

（2）病原菌　病原菌中沙门菌是细菌中危害最大的人畜共患病原微生物，为有鞭毛的杆状细菌。易受沙门菌污染的饲料为鱼粉、肉骨粉、羽毛粉等。在我国对畜禽威胁较大的沙门菌病为猪霍乱、牛肠炎、鸡白痢等。

2. 有毒有害化学物质

（1）二噁英　以二噁英为代表的毒性极强的有毒化学物质对饲料的污染是大家关注的热点问题之一。1999年在比利时发生的二噁英饲料污染事件再一次向全世界拉响了饲料安全性和食品安全性的警报，此事件对欧洲乃至世界各国的动物饲料的安全性防范提出了更高的要求。

（2）农药污染　近年来，有机氯、有机磷农药造成饲料污染并危害畜禽健康的事件时有发生，有的到了严重危害人类健康的地步。这些物质中，除有机磷在田间分解较快外，大都在自然界稳定性较高，不易分解。如六六六和滴滴涕等，容易造成污染。

（3）工业"三废"的污染　工业"三废"能从多渠道渗透到饲料中，若长期饲用受工业"三废"污染的饲料，动物体内将富集大量的有害物质，并通过肉、蛋、奶等转移给人类，造成公害。

（4）营养性矿物质添加剂带来的污染　矿物质之间既互相协同又相互制约，它们的不足、过量或相互比例不平衡，均可造成畜禽生长发育不良或中毒。如饲料中的钙、磷比例不平衡或维生素D缺乏，会引起畜禽软骨病或骨质疏松症，蛋壳质量下降等。长期饲喂未经脱氟处理的磷酸氢钙或过磷酸钙，会导致氟中毒，而氟中毒会干扰钙、磷的吸收。

（三）人为因素

1. 不合理使用饲料添加剂

在集约化饲养条件下，动物生长很快，为防止动物微量元素缺乏，一般在配合饲料中会另外添加矿物元素。但现在很多饲料厂为追求高的经济利润，往往在饲料中添加过高的某些微量元素，如铜、锌等。通常育肥猪饲料中4mg/kg的铜就可满足动物生长需要，但为了满足养殖户使猪皮肤变红、粪便发黑的要求，现在往往添加到220～250mg/kg，甚至更高。众所周知，重金属元素在体内大部分积累，不易排出，铜过量则积累在肝脏，对人食用不利。同时高铜粪尿向环境排出，会对环境构成威胁，同样会威胁到人类。而且由于铜添加量的提高，使锌、铁等元素添加量也得相应提高，造成很大浪费，使成本上升。再比如由于砷化物在肠道内具有抗生素作用，能提高增重和改进饲料利用率，同时砷也是一种必需元素，因此在生产中也使用砷制剂。但由于砷制剂吸收率低,通过粪尿排出体外,在土壤中大量富集,威胁人类生存。

2. 不按规定使用饲料药物添加剂

饲料药物添加剂是指为预防、治疗动物疾病而掺入载体或稀释剂的兽药预混物,常用的药物添加剂主要有抗生素和驱虫剂等。我国农业部于 2001 年7 月发布了《饲料药物添加剂使用规定》,规定了 57 种饲料药物添加剂的适用动物、用法用量、停药期、注意事项和配伍禁忌等。这 57 种饲料药物添加剂分为两类:一类是具有预防动物疾病、促进动物生长作用,可在饲料中长时间添加使用的饲料药物添加剂;另一类是用于治疗动物疾病,并规定了疗程,通过混饲给药的饲料药物添加剂。对于这两类饲料药物添加剂的使用分别都有规定,而按照该规定用药是控制畜禽产品中药物残留的前提。然而,不少饲料企业和畜禽养殖场(户)不严格执行规定,比较普遍的是超量添加,如在禽料或猪料中添加喹乙醇的量超过推荐量数倍或十余倍,或是将治疗剂量当作长期的预防添加量用于饲料中,因而导致喹乙醇中毒事件屡见不鲜;其次是不落实停药期和某些药物在产蛋期禁用的规定,导致畜禽产品中兽药残留超标;还有的不遵守配伍禁忌有关规定,或将不同品牌的饲料混合使用,导致属于配伍禁忌的几种药物同时使用。动物养殖过分依赖于抗生素等药物,导致药物残留,引起耐药菌株扩散,对动物、人和生态环境造成严重危害,引起动物菌群失调,抑制动物的免疫力,继发二次感染。同时使用的大量药物通过食物链被人体吸收,有致癌、致畸形、致突变作用。目前在国内,磺胺类、四环类、青霉素、氯霉素等药物,在畜禽体内已大量产生耐药性,临床治疗效果越来越差,使用的剂量也越来越大。

3. 在饲料中添加违禁药品

常用的违禁药品包括激素类、类激素类和安眠镇定类。农业部于 1998 年发布了《关于严禁非法使用兽药的通知》,随后又陆续发布了一些禁用药品的通知,强调严禁在饲料产品中添加未经农业部批准使用的兽药品种,严禁非法使用兽药。2002 年 2 月,农业部、卫生部、国家药品监督管理局联合发布了《禁止在饲料和动物饮用水中使用的药物品种目录》。2002 年 3 月,农业部又发布了《食品动物禁用的兽药及其他化合物清单》。这些法规对饲料中的各种禁用药物做了明确规定。可是,少数商家和养殖者为了追求经济效益,置国家法律于不顾,仍然在饲料生产和养殖过程中使用违禁药物,给人体健康带来了严重后果。

4. 盲目使用微生物制剂

饲用微生物制剂菌种的筛选,先进的国家都具有严格的规定。我国农业部 1999 年 7 月发布公告,明确规定了 11 种微生物添加剂种类,但有些企业不顾国家规定,盲目使用未经批准和未经充分论证其安全性的微生物制品,造成饲料污染。

三、解决饲料安全问题的措施

我国饲料安全工作的重点应当集中在以下几个方面:

1. 完善饲料法律、法规

目前我国与饲料工业有关的法律、决规有 3 类:一是法律类,包括《食品安全法》、《农产品质量安全法》、《畜牧法》等几部核心法规,一般通过主席令或国务院令发布,为饲料安全管理的基本法。二是条例及管理类,包括《饲料和饲料添加剂管理条例》、《饲料和饲料添加剂生产许可管理办法》、《新饲料和饲料添加剂管理条例》、《进出口饲料和饲料添加剂检疫监督管理办法》等,由农业部发布,用以指导生产,规范经营行为,提供管理框架。三是行政许可及规范性文件,包括《单一饲料产品目录》、《饲料添加剂安全使用规范》、《饲料药物添加剂使用规范》、《禁止在饲料和动物饮用水中使用的药物品种目录》等,以农业部公告的形式发布,用以指导具体生产行为。从法规构成来看,基本覆盖了饲料原料、生产、运输、销售、使用全部环节,对实际生产具有直接指导作用。

另外,结合法规在执行过程中出现的新问题、新情况,我国对已有的饲料法规也不断修订、完善,并颁布了一些新的法律法规。2012 年 6 月 20 日,国家质量监督检验检疫总局和国家标准化管理委员会发布了新修订的《饲料原料目录》(农业部公告第 1773 号),于 2013 年 1 月 1 日起实施。《饲料标签》(GB 10648—2013)和《饲料卫生标准》于 2014 年 7 月 1 日起正式实施。《饲料质量安全管理规范》经 2013 年 12 月 27 日农业部第 11 次常务会议审议通过,自 2015 年 7 月 1 日起施行。《中华人民共和国环境保护法》经中华人民共和国第十二届全国人民代表大会常务委员会第八次会议于 2014 年 4 月 24 日修订通过,自 2015 年 1 月 1 日起施行。这些饲料法律法规的实施将更有效地保证饲料及饲料添加剂的安全生产,进而保障动物健康以及畜产品的安全。

2. 加强饲料安全监管工作

仅有完善的饲料法律法规远远不够,如何有效加强饲料安全的监管才是关键所在。我国饲料监管实行分块管理,信息共享很低,职能部门的管理权限划分不明确,而在实际的饲料监管中,往往需要跨区域综合执法,由此带来诸多现实问题,严重影响监管效率。目前,在国家和地方层面应该成立一个专门的饲料安全委员会,该机构具有较高的执法效力和管理权限,专门进行跨区域、跨部门、跨行业的执法活动,直属国务院食品安全委员会管辖,负责处理与饲料安全有关的食品安全事件。应抓紧建设饲料和饲料添加剂生产企业管理信息共享平台,对饲料和饲料添加剂注册登记、生产企业行政许可等信息进行集成整合,实现数字化集中管理、适时更新和公开查询;为基层饲料监管人员配备便携式查询终端,实现饲料产品行政许可情况和生产企业合法性现场核实信息化;建设饲料和饲料添加剂质量安全监测信息管理平台,通过数据库实现质量安全监测及查处信息实时报送和快速传递。

3. 完善我国饲料检验标准体系

我国饲料工业目前基本形成了以国家标准和行业标准为主导、以地方标准为补充及以企业标准为基础的饲料工业体系。目前我国饲料工业现行有效的国家标准和行业标准共 499 项,其中基础标准 23 项,检测方法标准 197 项,评价方法标准 15 项,单一饲料和饲料原料标准 55 项,饲料添加剂标准 111 项,饲料产品标准 46 项,其他相关标准 52 项。但与现代饲料工业管理和生产需要相比,饲料质量安全标准严重滞后,远不能满足饲料工业安全生产、政府监督检查、保证养殖产品安全和环境保护的需要。

我国的饲料标准制定工作主要侧重产品标准和检测方法标准的制定,缺少对饲料产品及生产企业综合评价标准。另外,在制定标准方面,对饲料产品的储运和追溯类管理及环境保护方面的关注较少。检测评价标准共需制定400 多项,目前仅完成 200 余项,尤其是安全评价类标准,目前仅完成 15 项。在农业部已公布的《饲料添加剂品种目录》中共有 220 多种饲料添加剂产品,但已制定国家标准和行业标准的仅 111 项。

4. 高效实用检测技术的开发与应用

未来对饲料检测技术的要求越来越高,随着造假水平的提高,给饲料检测技术带来的难度也随之增大,而灵敏度高、检测准确、价格昂贵的饲料检测仪器设备无法普遍应用。主要集中在农业科研院所和大型饲料生产企业,大部分中小企业由于受经济实力的限制,无力购买价格昂贵的分析仪器,多种检测手段处于初级水平,极个别小企业仍凭感官检测。这种现状非常不利于饲料的安全生产,因此国家或相关单位应加大力度投资研究开发多种快捷、简便、高效、经济和实用的检测技术或手段。

加快完善全国饲料监测体系。建立全国饲料安全信息网络,完善饲料业信息采集和发布程序,逐步把饲料监测机构建设成产品质量检测评价中心、市场信息发布中心、技术咨询服务中心和专业人才培训中心。加快实施饲料安全工程,改善饲料监测机构的基础设施条件,提高饲料监测体系的检测水平。重点扶持一批骨干科研机构,建立饲料安全评价基地,为饲料安全工作提供技术支持。要整合畜牧业生产资料和畜产品质量检测机构,加大投入力度,建设并形成统一的畜产品安全检测体系,强化畜产品安全检测。

5. 加强管理系统的推广

为确保安全饲料的生产,国际上已采用 HACCP 管理系统。这是危害分析与关键点控制的简称,是国际上通行的食品和饲料生产加工安全管理体系,它是从原料到成品的质量保证系统,是从成品检验和大量抽样调查中走出来,专为控制生产环节中潜在的危害的预防体系。它具有预防性、系统性、事前性和强制性,是企业建立在良好操作规范和卫生标准基础上的食品安全自我控制的最有效手段之一。通过实行该管理体系,可预防不合格的产品,有效解决我国饲料卫生指标超标、滥用违禁药物和药物残留等问题。

第二章　植物源性饲料安全及应用

　　农业部最新公布的《饲料原料目录》中,植物源性饲料包括:谷物及其加工产品,油料籽实及其加工产品,豆科作物籽实及其加工产品,块茎、块根及其加工产品,其他籽实、果实类产品及其加工产品,饲草、粗饲料及其加工产品,其他植物、藻类及其加工产品,微生物发酵产品及副产品等8大类饲料。规模化养殖场常用的植物性饲料主要包括禾本科籽实(能量饲料)、油料作物籽实(蛋白质饲料)及其加工副产品。这些饲料的安全性包括饲料本身所含有的有毒有害因子,植物在生长、运输和储存过程中被有害微生物和农药污染以及转基因饲料的安全性等。

第一节 饲料本身所含有的有毒有害因子

植物饲料中含有种类众多、含量不等的各类有毒有害因子,主要包括大豆抗原、蛋白酶抑制因子、游离棉酚、植酸、凝集素、芥酸、棉酚、单宁酸等。这些有毒有害因子大都影响营养物质的消化和吸收,因此往往也被称为抗营养因子。

一、大豆抗原

大豆是优质的植物蛋白质和油脂来源,具有极高的营养价值,大豆中必需氨基酸的绝对含量高,且氨基酸组成比例平衡,接近理想蛋白质模式中的氨基酸比例,是人和动物优质的植物蛋白质来源。但大豆及其副产品中的大豆抗原影响营养物质的消化吸收,是影响人和动物生理健康的抗营养因子。

1. 大豆中主要抗原蛋白及其理化性质

大豆抗原是指大豆中能引起动物发生过敏反应的一类抗原性蛋白质。大豆中目前已被确认的抗原蛋白有 21 种,主要包括大豆疏水蛋白、大豆壳蛋白、大豆抑制蛋白、大豆空泡蛋白、大豆球蛋白、β-伴大豆球蛋白、2S 白蛋白等。其中大豆球蛋白和 β-伴大豆球蛋白免疫原性最强,占大豆籽实总蛋白的 65%~80%,是大豆中的主要抗原蛋白。

(1)大豆球蛋白 大豆球蛋白是大豆中的一种主要储藏蛋白,也是最大的单体成分,占大豆蛋白质 40% 左右,六聚体,300~380kDa,12 条肽链,6 个酸性亚基和 6 个碱性亚基,亚基之间通过二硫键连接,电泳图谱中有 2 个条带(B 亚基 20kDa、A 亚基 34~44kDa),与 IgE、IgM 和 IgA 有很强的结合性。引起过敏反应,最终导致消化吸收障碍和过敏性腹泻。

(2)β-伴大豆球蛋白 占大豆蛋白质 30% 左右,糖蛋白三聚体,含有 3.8% 的甘露糖和 1.2% 的氨基葡萄糖。等电点 4.8~4.9,180kDa,电泳图谱有 3 个条带(α 亚基 57~76kDa、亚基 57~72kDa、β 亚基 42~53kDa),引起过敏反应,导致小肠绒毛萎缩、隐窝增生等过敏性损伤,最终导致消化吸收障碍和过敏性腹泻。

2. 大豆抗原蛋白对动物的危害

养分消化率降低是腹泻的直接原因,肠道对饲粮抗原过敏是腹泻的最终原因,作用模式为:肠道过敏—肠道损伤—养分消化率下降—腹泻。以上说明了饲粮抗原物质是仔猪腹泻的重要原因,消除抗原性即可消除或减轻腹泻。

大豆抗原蛋白主要引起仔猪特别是断奶仔猪的过敏反应,并表现为腹泻症状。大量研究表明,断奶仔猪饲粮中的抗原引起肠道的短暂过敏反应是断奶后腹泻的决定因素。大豆中存在抗原物质,能引起仔猪肠道过敏性损伤,进而引起腹泻。现已证实,引起断奶仔猪过敏反应的主要抗原是大豆球蛋白和β-伴大豆球蛋白。大豆抗原可导致血浆蛋白漏入肠腔,引起绒毛萎缩和腺窝增生等肠道损伤。

3. 消除大豆抗原蛋白抗原性的方法

(1)热乙醇处理　研究表明,热乙醇(65~80℃)可消除部分大豆球蛋白和β-伴大豆球蛋白。原因可能是用热乙醇处理大豆蛋白能增加大豆抗原对胃蛋白酶和胰蛋白酶的敏感性。但是,该方法所耗人力、物力太大,会造成一定的经济损失。

(2)膨化处理　膨化处理原理是原料受到的压力瞬间下降而使其膨化导致抗营养因子灭活,这是对原料既加热又进行机械破裂的过程,可显著提高断奶仔猪对蛋白质等营养素的消化率和改善仔猪的生长性能。此方法可分为湿式膨化和干式膨化,仔猪饲粮中的常用膨化原料是全脂大豆和豆粕。有实验证明,饲喂膨化豆粕日粮的仔猪比饲喂脱脂奶粉日粮、膨化全脂大豆日粮及豆粕日粮的过敏反应低,说明膨化加工可降低仔猪对大豆蛋白细胞免疫反应的程度和血清中抗大豆球蛋白的抗体效价。

(3)基因方法　利用基因敲除法将大豆中表达抗原表位的基因去除以培育出无抗原物质的大豆蛋白日益受到人们的关注,然而转基因大豆的安全性问题还需要进一步的研究证实。此外,抗营养因子是植物用于防御的物质,降低其含量可能对植物本身引起副作用,如产量、抗病能力降低,而且育种周期较长、成功率低、成本较高。

二、蛋白酶抑制因子

1. 概述

蛋白酶抑制因子是指能和胃蛋白酶、胰蛋白酶等蛋白酶的必需基团发生化学反应,从而抑制蛋白酶与底物结合,使蛋白酶的活力下降甚至丧失的一类物质。蛋白酶抑制因子主要存在于大豆、豌豆、蚕豆、油菜籽等植物的种子或块茎内,特别是豆科植物,多数豆类种子的蛋白酶抑制因子占种胚蛋白总量的5%~10%。生大豆中蛋白酶抑制因子为30mg/g。其中最具有代表性的是胰蛋白酶抑制因子。

2. 蛋白酶抑制因子的抗营养作用

蛋白酶抑制因子的抗营养作用主要表现在以下两方面：一是与小肠液中胰蛋白酶结合生成无活性的复合物，降低胰蛋白酶的活性，导致蛋白质的消化率和利用率降低。二是引起动物体内蛋白质内源性消耗。肠道中的胰蛋白酶与胰蛋白酶抑制因子结合后失去活性，反馈性引起胆囊收缩素——促胰酶素的分泌增加，从而刺激胰腺发生补偿性反应，分泌更多的胰蛋白酶补充至肠道，而分泌的消化酶并未用于消化蛋白质，而是继续与胰蛋白酶抑制因子结合生成无活性的复合物，如此循环，导致蛋白质的内源性消耗。另外，胰蛋白酶中含有丰富的含硫氨基酸，故胰蛋白酶大量补偿性分泌造成体内含硫氨基酸的内源性损失，这加剧了因大豆及其饼粕中含硫氨基酸短缺引起的体内氨基酸的不平衡，继而引起动物生长受阻，同时还可引起胰腺增生与肥大。

3. 钝化饲料中蛋白酶抑制因子的方法

近10年来国内外对于大豆胰蛋白酶抑制因子失活方法与技术的研究，主要在物理失活、化学失活、生物学失活等几个方面获得明显的进展。

（1）加热　到目前为止，热处理仍是消除大豆中胰蛋白酶抑制因子的主要方法。其原理是蛋白酶抑制因子都是一些糖蛋白，因而加热后蛋白质发生变性，使酶抑制因子失去生物活性。因此，生大豆经过热处理后，可以提高其营养价值。

加热处理的方法有湿加热法和干加热法。一般认为湿加热法较为有效，可采用常压蒸汽加热30min；或将大豆用水泡至含水量达60%时，蒸煮5min。干热法的效果不如湿热法。

蛋白酶抑制因子受热而被破坏的程度，因温度、加热时间、饲料颗粒大小和湿度等因素而不同。但是，长时间及强烈的热处理会使一些营养物质如一些氨基酸和维生素受到破坏。为了评价热处理的效果，目前已提出了一些评价方法与指标，如胰蛋白酶抑制因子活性与尿素酶活性测定、蛋白质分解指数、水溶性氮指数等。其中，应用较多的方法是尿素酶活性测定，其原理是：粉碎的饼粕与中性尿素缓冲溶液混合，在30℃保持30min，尿素酶催化尿素水解产生氨，用过量的盐酸中和所产生的氨，再用氢氧化钠标准滴定溶液回滴。

（2）酶解　生物技术的迅猛发展为胰蛋白酶抑制因子的失活提供了另一种有效的方法，其原理是胰蛋白酶抑制因子可作为底物而被蛋白酶水解，从而使其活性中心结构改变而失去活性。研究发现枯草杆菌蛋白酶能钝化花生及大豆胰蛋白酶抑制因子。另外，还发现在萌发的黄豆和绿豆中存在特定的酶，能降解大豆胰蛋白酶抑制因子,并且已从绿豆芽中提纯出一种能降解大豆胰蛋白酶抑制因子的酶。

此外,还有发酵处理法,但此法会破坏植物种子中的蛋白质,损失部分氨基酸和其他营养物质。

三、棉酚

1. 概述

我国棉花产量是世界第一。棉籽粕中蛋白质含量达44%,是重要的植物蛋白资源。由于棉籽饼(粕)中含有0.6%~2%的有毒物质棉酚,限制了其利用价值。

棉酚是锦葵科棉属植物色素腺产生的多酚二萘衍生物,存在于其叶和种子中,有游离与结合两种状态。游离棉酚是指其分子结构中的多个活性基团(醛基与羟基)未被其他基团结合的棉酚,易溶于油和有机溶剂,它对动物具有毒性。结合棉酚是游离棉酚与蛋白质、氨基酸、磷脂等物质互相作用而形成的结合物,它不溶于油脂和有机溶剂,难以被动物消化,很快被排出体外,故没有毒性。

棉籽粕中棉酚的含量因棉花品种、棉籽制油工艺的不同而有很大差异,表2-1中列出了几种榨油工艺对棉酚含量的影响。

表2-1 不同榨油工艺对棉籽饼(粕)中棉酚含量的影响

制油方法	游离棉酚(%)		结合棉酚(%)	
	平均	范围	平均	范围
压榨(机器)	0.076	0.030~0.162	0.958	0.680~1.28
浸提	0.070	0.011~0.151	0.829	0.363~1.065
土榨(人工)	0.192	0.014~0.440	0.456	0.039~0.991

2. 棉酚的毒性

棉酚被摄入后,大部分在消化道中形成结合棉酚由粪便排出,只有小部分被吸收。被吸收的棉酚在体内比较稳定,不易被破坏,排泄也比较缓慢,在体内有蓄积作用。因此,长期连续饲喂可引起动物中毒。

棉酚主要由其活性醛基和活性羟基产生毒性,并引起多种危害:①游离棉酚是细胞、血管和神经性的毒物。在消化道中,可刺激胃肠黏膜,引起胃肠炎;吸收入血后,能损害心、肝、肺、肾等实质器官,引起心力衰竭,进而引起肺水肿和全身缺氧性变化;棉酚可增强血管壁的通透性,促进血浆和血细胞渗透到外周组织,发生浆液性浸润、出血性炎症和体腔积液;棉酚易溶于脂质,能在神经细胞中积累而使神经系统的机能发生紊乱。②棉酚在体内可与蛋白质、铁结合,干扰一些重要的功能蛋白质、酶及血红蛋白的合成并引起缺铁性贫血。③禽蛋中的棉酚还能与蛋黄中的铁结合,改变蛋黄的pH,引起禽蛋变质,蛋黄变为黄绿色或红褐色。饲粮游离棉酚达到50mg/kg,蛋黄即会变色。④棉酚能损害动物睾丸曲精小管的生精上皮,影响精子形成,导致精子畸形、死亡,甚至无精,从而造成公畜不育。对于母畜,棉酚能使子宫收缩,引起妊娠母畜流产或早产,因此,棉籽饼(粕)一般不用在种用畜禽饲料中。

3. 游离棉酚限量要求

在《饲料卫生标准》(GB 13078—2001)中规定,游离棉酚在蛋鸡配合饲料中的含量不得高于20mg/kg。具体规定见表2-2。

表2-2　游离棉酚在饲料中的限量

饲料产品名称	游离棉酚的允许量(mg/kg)
棉籽饼(粕)	≤1 200
肉用仔鸡、生长鸡配合饲料	≤100
产蛋鸡配合饲料	≤20
生长育肥猪配合饲料	≤60

4. 合理利用棉籽饼(粕)的途径

限量使用是最常用的方法。动物对游离棉酚耐受能力不同,鸡对游离棉酚耐受力较高,肉用仔鸡为150mg/kg,产蛋鸡可耐受200mg/kg,考虑到鸡蛋品质,则应控制在50mg/kg以下。猪对游离棉酚耐受力低于鸡,当游离棉酚含量达100~200mg/kg时,猪出现食欲减退;达200mg/kg以上,猪生长不良;达300mg/kg以上,则猪中毒死亡。我国学者建议饲料最高限量为:母猪50mg/kg、肉猪100mg/kg、肉用仔鸡200mg/kg、产蛋鸡50mg/kg。

棉酚对动物的毒性因动物种类和品种不同而有差异,家禽对棉酚的耐受性高于猪。虽然通常认为反刍动物的瘤胃微生物的发酵作用可使棉酚分解,游离棉酚在瘤胃中可与可溶性蛋白质结合而降低毒性,但犊牛由于瘤胃机能尚不完善,难以对棉酚起到解毒作用,因而易引起中毒,因此犊牛日粮中游离棉酚的最大允许量为100mg/kg。

另外,饲料中的其他营养因素,如蛋白质、铁的含量可影响动物对棉酚的耐受量。日粮中高水平蛋白质可以降低棉酚的毒性。

5. 棉酚脱去方法

（1）物理脱去法　主要是利用棉酚在高温、高水分作用下与氨基酸或者蛋白质反应，由游离态转变为结合态，同时自身发生降解反应，从而降低棉酚的毒性。采用物理法，不但可大大降低游离棉酚的含量，而且也降低棉籽饼残油率。该类方法主要包括棉籽饼（粕）制造工艺中的加热处理（将棉籽粉暴晒、蒸煮、焙炒和膨化等）和用不同的溶剂进行浸泡[丙酮（53%）＋正乙烷（44%）＋水（3%）]两大类方法。其中以膨化处理的工艺简单且脱毒效果好，其脱毒率可达 56.5%，若能再结合其他措施，如在膨化前加入 $FeSO_4$ 和生石灰，则脱毒效果可达 84%～98%。此法简便易行，但会降低饼粕中有效赖氨酸的含量。

（2）化学脱去法　化学脱去法是在棉籽饼（粕）中添加一定量的化学试剂，并在一定条件下使游离棉酚变性或转化成结合态棉酚，从而降低棉酚的毒性。常用的脱毒剂有硫酸亚铁、碱、尿素、Ca^{2+}、芳香胺等。硫酸亚铁中的 Fe^{2+} 能与棉酚螯合，使棉酚中的活性醛基和羟基失去作用，从而达到脱毒目的，且 Fe^{2+} 也能降低棉酚在家禽肝脏的蓄积量，防止家禽中毒。添加量一般按硫酸亚铁与游离棉酚呈 5：1 重量比添加，脱毒效率在 90% 以上。但一般要求饲料中铁的含量不超过 0.2%。

（3）微生物发酵法　使用微生物法对棉籽粕进行脱毒，脱毒效果好，避免化学添加剂法和物理法对棉籽蛋白功能性质的影响，不会对其风味、色泽以及适口性构成损害，还会增加棉籽蛋白的含量，微生物发酵产生的微量元素，如氨基酸、维生素及纤维素降解生成的葡萄糖也大大提高了棉籽蛋白的营养性能。研究人员从自然界霉变棉籽饼（粕）中，分离筛选出对棉酚有耐受能力霉菌，接种在棉籽中发酵，脱毒效率达 60%～75%，总脱毒率在 80% 以上。但技术要求较高，设施投资也较大。

（4）其他方法　改进棉籽制油工艺，在降低棉酚含量的同时，要保持蛋白质的较高品质，特别是赖氨酸的含量。同时也要培育和推广低棉酚棉籽品种。

四、非淀粉多糖（NSP）

非淀粉多糖指植物组织中除淀粉以外的其他多糖成分，包括纤维素、半纤维素、果胶和抗性淀粉（如 β - 葡聚糖、阿拉伯木聚糖、甘露聚糖等）。根据其在水中溶解性可将非淀粉多糖分为可溶性非淀粉多糖（如 β - 葡聚糖和阿拉伯木聚糖）和不溶性非淀粉多糖（如纤维素）。可溶性非淀粉多糖是指在植物性饲料的细胞壁中，一些以氢键松散地和纤维素、木质素、蛋白质结合的非淀粉多糖,可溶于水,在非淀粉多糖中所占比例较小,但却是主要的抗营养因子,因为可溶性非淀粉多糖在单胃动物胃肠道内不易被消化酶消化,直接进入大肠被大肠里的微生物分解与发酵,通常会造成单胃动物的营养障碍,从而降低动物采食量,减缓动物生长。

1. 非淀粉多糖的种类与结构

非淀粉多糖包括β-葡聚糖、阿拉伯木聚糖、甘露聚糖、果胶多糖等。表2-3列出了几种谷物饲料所含非淀粉多糖的含量。

表2-3 常用饲料原料的非淀粉多糖类型及含量

饲料名称	阿拉伯木聚糖(%)	β-葡聚糖(%)	纤维素(%)	甘露糖(%)	果胶(%)	总NSP(%)
玉米	5.2	0.1	2	14	0.6	8.5
小麦	8.1	0.8	2	0.1	0.5	11.5
大麦	7.9	4.3	3.9	0.2	0.5	16.8
高粱	2.1	0.2	2.2	0.1	0.2	4.8
大米	0.2	0.1	0.3	–	0.2	0.8
麦麸	21.9	0.4	10.7	0.6	1.9	35.5
次粉	14	1.9	0.3	0.3	2	26.2
豆粕	4	6.7	6	1.6	11	29.3
棉籽粕	9	5	6	0.4	4	24.4
菜籽粕	4	5.8	8	0.5	11	29.3

2. 非淀粉多糖对畜禽的营养作用

非淀粉多糖虽然不能被动物消化道前段的消化酶消化,但在消化道后段微生物和酸碱作用下,仍可被部分解成挥发性脂肪酸,从而降低肠道pH,促进乳酸菌的增殖,提高机体免疫力,预防断奶仔猪腹泻的发生。另外,非淀粉多糖还可作为肠道内有益菌的能量来源,从而有利于肠道有益菌的生长,维持动物肠道健康。

3. 非淀粉多糖对动物的抗营养作用

非淀粉多糖对动物有一定的营养作用,其中的可溶性非淀粉多糖具有较大的抗营养作用。目前,可溶性非淀粉多糖的抗营养作用日益受到关注。

(1)降低养分利用率 可溶性非淀粉多糖在动物消化道前段因缺乏相应的内源酶而难以被消化降解,直接与水分子作用增加溶液的黏度,且随多糖浓度的增加而增加。另外多糖分子本身互相缠绕成网状结构,使溶液黏度大大增加,甚至形成凝胶。这种物质在消化道内能使食糜变黏,进而阻止养分与酶结合,最终降低养分消化率。肠内黏度高时,阻碍了脂肪形成脂肪微粒,导致胆汁酸盐降低,进而影响脂肪消化。

(2)降低动物生产性能　可溶性非淀粉多糖可使肠内容物呈浓稠的胶冻样,减缓了肠道食糜通过速度,从而减少了畜禽的采食量,而且凝胶状物质可降低养分消化率,因而会降低动物生产性能。研究表明,小麦基础日粮中加入1.0%～1.4%水提取的黑麦阿拉伯木聚糖,肉鸡采食量会下降5%～17%,饲料转化率下降12%～14%,生长速度下降19%～29%。

(3)产生黏性粪便　试验表明,将黑麦水提取物加入玉米基础日粮可引起黏性粪便和生长抑制。另外其他一些试验表明用大麦基础日粮饲喂肉鸡,可使肉鸡生长减慢并产生黏稠粪便。在肉仔鸡玉米基础日粮中,加入10%由大麦提取的β-葡聚糖,食糜上清液相对黏度从2.16增加到6.27。

4. 克服NSP抗营养作用的措施

针对可溶性NSP类物质对养分吸收的不利作用,近年来推出了一些消除饲料中可溶性NSP类物质抗营养作用、改善饲料营养价值的方法,包括添加酶制剂、水处理、添加抗生素等。

(1)添加酶制剂　NSP酶制剂可把NSP切割成较小的聚合物,大幅度降低可溶性NSP的黏性,从而降低了食糜的黏性。另外,NSP酶制剂能破坏细胞壁结构,释放被细胞壁NSP网状结构束缚的营养物质,从而提高饲料能量和各种养分的消化率。

大量试验证明,日粮中添加NSP酶制剂可显著提高肉鸡日增重与饲料转化效率。还有人指出日粮中添加NSP酶制剂可减少鸡的水状黏性粪便,故能改善鸡舍卫生条件,改进垫草质量,减少脏蛋,减少胸部损伤和呼吸道疾病发生。

(2)水处理　对饲料进行水处理之后,可除去可溶性NSP,同时还可活化能降解这些多糖的内源酶,从而改善了饲料的营养价值。

水处理的效果与饲料中可溶性NSP含量有关。水处理大麦和小麦的效果往往很好,而水处理玉米偶尔有效,其原因即在于大麦和小麦中的可溶性NSP含量高于玉米。

试验表明,饲喂水处理的黑麦可显著提高鸡的生长速度和饲料转化效率,提高脂肪吸收率。

(3)添加抗生素　动物日粮中可溶性NSP的抗营养作用可以通过添加抗

生素来消除。家禽后肠道的微生物区系主要由厌氧菌组成,当家禽消化高水平阿拉伯木聚糖和β-葡聚糖日粮时,这些多糖一部分在上部肠道溶解并移至下部肠道,并成为厌氧微生物发酵增殖的碳源。另外这些微生物另一种有害的影响可能是它们可分解胆汁盐。而添加抗生素即可消除这些微生物,从而缓解 NSP 的抗营养作用。

另外,还有其他一些方法(如日粮中添加燕麦壳)可以降低或消除畜禽日粮中可溶性 NSP 的抗营养作用,但其效果及其作用机制尚需进一步研究。

五、其他抗营养因子

(一)单宁

单宁是分子量为 500~3 000 的多酚类化合物,通常可分为水解单宁和缩合单宁。缩合单宁是饲料中单宁的主要存在形式。单宁广泛存在于植物体内,在饲料中以高粱、油菜饼含量较高,分别达 0.02%~3.4%、1.5%~3.5%。日粮中高含量单宁会影响动物的食欲,降低采食量、动物的生产成绩和营养物质的消化利用率,甚至引起胃肠道疾病和毒害肝肾。

1. 单宁对动物的抗营养作用

单宁的急性毒性很低,大鼠经口摄入的 LD_{50} 为 2 260mg/kg,对大鼠最大无作用剂量为 800mg/kg,但长期采食高单宁的饲料可引起多种危害。

单宁的抗营养作用,可以认为是多种因素综合作用的结果:①单宁与口腔唾液蛋白结合,产生不良的涩味,降低动物的摄食量。②单宁在消化道可与日粮中蛋白质结合成不溶性难消化的复合物,也可与多种金属离子(如 Ca^{2+}、Fe^{2+}、Zn^{2+} 等)发生沉淀作用,从而降低它们的利用率。③单宁与动物消化道内的酶结合,影响酶的活性和功能,不利于饲料中养分的消化与吸收。④单宁具有收敛性,可与胃肠道黏膜的蛋白质结合,在肠黏膜表面形成不溶性的蛋白膜沉淀,使胃肠道的运动机能减弱而发生胃肠弛缓。⑤单宁还可使肠道毛细血管收缩而引起肠液分泌减少。这些都会使肠道内容物运送减慢而易发生便秘。

大剂量的单宁对动物肠道黏膜还有强烈的刺激与腐蚀作用,可引起出血性与溃疡性胃肠炎,甚至会发生腹痛、腹泻等。

2. 防止单宁危害的措施

(1)合理利用含单宁的饲料　首先,要控制单宁含量较高的饲料在动物饲粮中的添加比例,高粱以不超过 20% 为宜。其次,是在饲粮中添加一定的甲基类饲料添加剂(蛋氨酸或胆碱),或者提高饲粮的蛋白质水平,可缓解或消除单宁的不良影响。

（2）单宁的脱毒处理　单宁主要存在于籽实的种皮,可以采用机械加工脱去外皮,这样可除去大部分单宁。也可以采用酸、碱或甲醛降低或消除日粮中的单宁。此外,可以通过作物育种途径,培育出低单宁饲料品种。

（二）植酸

植酸又称为六磷酸肌醇,或肌醇六磷酸酯,是由一分子肌醇与六分子磷酸结合而成,是一种强酸,为黄色液体。其分子式为 $C_6H_{18}O_{24}P_6$,分子量为660.8,有 6 个带负电荷的磷酸根基团,具有很强的螯合能力。植酸能被植酸酶水解为正磷酸盐和肌醇或肌醇衍生物,每个植酸分子被完全水解时释放 6 个磷离子。

植酸广泛存在于植物中,其中植酸及其盐含量以谷类、豆类和油料等作物籽实中最为丰富,其含量可达 1% ~3% ,占植物总磷的 60% ~80% ,然而单胃动物体内缺乏植酸酶,很大程度上降低了磷的有效利用。植酸对二价、三价金属离子如锌、铜、钴、锰、钙、铁、镁等具有很强的络合能力,在胃肠道 pH 条件下与金属离子形成稳定的不溶性盐类,从而影响某些必需矿物质元素的吸收利用,其中尤以对锌的影响最大。植酸还可络合蛋白质,抑制消化酶如胃蛋白酶、α - 淀粉酶和胰蛋白酶的活性。所以植酸的存在使多种常量和微量元素利用率下降,还降低了蛋白质、淀粉、脂类物质等营养因子的消化利用。

为了提高植酸磷的可利用性,降低或消除植酸对其他金属离子利用率的不良影响,可在饲料中添加高水平的维生素 D_3 ,也可在饲喂前对饲料进行一定处理,如用热水浸泡、微生物发酵、热压等,目的是使植物中的植酸酶水解部分植酸。但是比较有效的且近年来研究较多的方法是在饲料中添加外源性植酸酶,许多研究表明添加植酸酶可以使猪对磷的消化率提高 5% ~15% ,同时提高对其他金属离子的利用率。

（三）环丙烯类脂肪酸

环丙烯类脂肪酸是指含有结合环的脂肪酸,主要存在于棉籽饼（粕）的残油中。普通螺旋压榨法生产的棉籽饼含残油 4% ~7% ,环丙烯类脂肪酸含量为 250 ~500mg/kg。

环丙烯类脂肪酸主要对蛋品质有不良影响。此类脂肪酸可显著提高鸡蛋卵黄膜的通透性,并改变蛋黄及蛋清的 pH,蛋黄中铁离子透过卵黄膜向蛋清中转移,并与蛋清蛋白螯合而形成红色复合体,使蛋清呈桃红色,故称"桃红蛋"。此时,蛋清中的水分也可转移到蛋黄中,使蛋黄膨大。而环丙烯类脂肪酸还可使蛋黄变硬,这种蛋黄膨大、变硬的鸡蛋经过加热可形成所谓的"海绵蛋"。目前认为其原因是此类脂肪酸可以通过抑制肝微粒体中的脂肪酸脱氢酶的活性而改变鸡的脂类代谢,使蛋黄脂肪中硬脂酸和软脂酸等饱和脂肪酸的比例增加,因而蛋黄脂肪熔点升高,硬度增加。鸡蛋品质的上述不良变化,也可使种蛋的受精率和孵化率下降。

(四)胃肠胀气因子

胃肠胀气因子是豆类籽实中含有的某些低聚糖,主要是水苏糖和棉籽糖等,其含量随品种、栽培条件等不同而有差异。

在人和动物小肠内没有 α – 半乳糖苷酶,因而不能分解水苏糖和棉籽糖,故这两种糖不能被动物和人消化利用。但它们进入大肠后,能被肠道微生物发酵,产生大量的二氧化碳和氢气,也可产生少量甲烷,从而引起肠道胀气,并导致腹痛、腹泻、肠鸣等。不同种类和品种的豆类籽实引起胃肠胀气能力不同,其中菜豆籽实的能力最强,大豆、豌豆和绿豆属于中等水平。

胃肠胀气因子在通常的蒸煮条件下不会被破坏,而发芽可以使某些豆类的低聚糖减少,如大豆籽实萌芽 24h 可使水苏糖和棉籽糖含量减少一半。因此,降低或消除豆类籽实中胃肠胀气因子的有效途径是:在豆类蒸煮之前,先浸泡 1d,水可溶解部分低聚糖,再催芽 2 ~ 3d,可减少或全部消除肠道胀气因子。此外,酶水解、微生物发酵、乙醇浸提等方法都可减少或消除胃肠胀气因子。

(五)芥子碱

芥子碱是一种芥子酸与胆碱结合构成的酯,分子式为 $C_{16}H_{25}O_6N$,分子量为 327。它能溶于水,不稳定,易发生非酶催化的水解反应而生产芥子酸和胆碱。菜籽饼(粕)中含有 1% ~ 1.5% 的芥子碱。

芥子碱有苦味,可降低饲料的适口性,并使棕色蛋壳的鸡蛋产生腥味。鸡采食芥子碱后,芥子碱在肠道内可分解为芥子酸和胆碱,胆碱进而转变为三甲胺。在正常情况下,鸡体内的三甲胺氧化酶可将三甲胺氧化。但由于褐壳系蛋鸡缺乏三甲胺氧化酶,使三甲胺不能像其他品种蛋鸡中那样被继续氧化,而是累积于蛋中,当蛋中三甲胺的浓度超过 1mg/kg 时,鸡蛋就会出现鱼腥味。

芥子碱易被碱水解,用石灰水或氨水处理菜籽饼,可除去约 95% 的芥子碱。

第二节 霉菌毒素

霉菌毒素是谷物或者饲料中的霉菌在适宜的条件下,在农田里、收获时、储存或加工过程中生长产生的有毒的二次代谢产物。饲料原料在生长、运输、储存以及加工中的任何一个环节都可能引起霉变,霉变是由霉菌在适宜的环境条件下引起的。霉菌在饲料中的产生,可以改变饲料的营养组成,降低饲料粗蛋白质消化率,减少代谢能从而改变动物对营养物质的利用,降低饲料的适口性,减少采食量,导致动物生长发育不良,更为重要的是霉菌在饲料中还会产生有毒的代谢物,严重危害动物机体健康甚至导致死亡。

一、饲料中霉菌与霉菌毒素分类

1. 饲料中主要的产毒霉菌

霉菌是一种多细胞微生物,广泛存在于自然界中,在微生物学上属于真菌,其通过孢子的形式繁衍。霉菌孢子普遍存在于土壤和一些腐烂植物中,经由空气、水及昆虫传播到植物上,一旦孢子接触到破裂的种子,就会迅速发生霉变现象。

饲料中产生霉菌毒素的主要有4类霉菌,分别是曲霉菌属、青霉菌属、麦角菌属(主要分泌麦角毒素)、镰孢菌属,也是最常见的几种霉菌毒素。其中曲霉菌属有黄曲霉、赭曲霉、杂色曲霉、寄生曲霉、烟曲霉等。青霉菌属包括橘青霉、鲜绿青霉、红色青霉等。镰刀菌属有禾谷镰刀菌、三线镰刀菌、拟枝孢镰刀菌等。

2. 主要的霉菌毒素

产毒霉菌所产生的霉菌毒素,目前已知的有300多种。其中在饲料卫生上比较重要的霉菌毒素大部分来源于曲霉菌属、镰刀菌属、青霉菌属。饲料中常见的霉菌毒素包括黄曲霉毒素、玉米赤霉烯酮、呕吐毒素、T-2毒素、串珠镰孢菌毒素等。

二、霉菌毒素的危害

1. 对饲料的危害

饲料原料收割后,往往受到外界霉菌的污染。它们所产生的酶将饲料成分分解,吸收营养,使饲料营养物质减少。通常情况下,谷粒籽实整粒储存,成分几乎没有变化,但粉碎后,霉菌则易侵入。霉菌增殖后,可导致粗脂肪减少,也可能出现蛋白质消化率降低,造成养分的损失及变化,致使动物适口性差,饲料价值降低,发霉严重的饲用价值为零。联合国粮农组织估算,由于霉菌污染引起损失的金额,每年达数千亿美元,而且这种趋势有增无减。

2. 对动物机体的危害

霉菌毒素可对动物机体的免疫机能产生影响。其中黄曲霉毒素能与DNA、RNA 结合,并抑制其合成,引起胸腺发育不良和萎缩,淋巴细胞生成减少;影响肝脏和巨噬细胞的功能,抑制补体 C_4 的产生,抑制 T 淋巴细胞产生白细胞介素及其他淋巴因子;能通过胎盘影响胎儿组织器官的发育。单端孢霉毒素(T-2 毒素和呕吐毒素)中毒可引起皮肤及其细胞组织快速增殖增生。赭曲霉毒素是由赭曲霉及鲜绿青霉等所产生的一类结构类似的化合物,可分成 A、B 两种类型。赭曲霉毒素 A 的毒性较大,且在自然污染的饲料中常见。它能造成肾小管上皮损伤和肠道淋巴腺体坏死,损伤禽类法氏囊和肠道组织,降低抗体的产生,影响体液免疫,引起颗粒细胞吞噬作用和细胞免疫能力降低。具体见表2-4。

表2-4 饲料中常见的霉菌毒素及其影响

种类	主要污染物	敏感动物	毒性作用	动物临床表现
黄曲霉毒素 B_1	花生、玉米、小麦、棉籽、大麦等	雏鸭最敏感,猪、鸡、鸭等均很敏感	免疫抑制、致癌、肝毒性	家禽厌食,体增重下降,产蛋量下降。出血性肝坏死,出血性腹泻及生物性能下降
玉米赤霉烯酮	玉米、小麦、大麦、稻谷、燕麦等	猪、奶牛等	雄激素样作用,生殖系统损害	母猪不孕,流产,假发情,产死胎,仔猪"八"字腿增多,公猪精液质量下降
烟曲霉毒素 B_1	玉米、稻谷等	马、猪等	神经毒性,免疫抑制	猪肺水肿,胸膜腔积水,大脑白质软化
呕吐毒素	玉米、小麦、大麦、稻谷、燕麦等	猪最为敏感	肝毒性,肾毒性,消化道刺激	高剂量导致动物呕吐,低剂量引起拒食
赭曲霉毒素 A	小麦、大麦、玉米、稻谷、燕麦等	猪、家禽等	肾毒性,致癌,致畸,免疫抑制	动物易渴,尿频,生长迟缓,饲料利用率降低,临床症状还有腹泻、厌食和脱水
T-2 毒素	玉米、小麦、大麦、稻谷、燕麦等	猪最为敏感	肝毒性,肾毒性,消化道刺激	厌食、呕吐、腹泻、体温下降、生长停滞、消瘦

3. 对人体的危害

霉菌及霉菌毒素除严重影响畜牧生产外,大部分对人体健康同样有害。人通过食用残留霉菌毒素的肉、乳、蛋等畜产品而引发霉菌中毒病。人类最早的霉菌中毒症就曾导致成千上万人死亡。尤其是黄曲霉毒素 B_1,对人体的危害相当严重,很少的量即能导致细胞毒性、致癌性和致突变性。人若误食了因镰刀菌污染引发赤霉病的病麦,一般在 0.5h,快的 10min 即可出现头昏、呕吐等症状。

4. 霉菌毒素产生毒性作用的机制

(1)改变细胞膜的结构,诱导脂类发生过氧化反应 霉菌毒素通过改变一些抗氧化剂的浓度,以及抗氧化酶的活性,从而诱发细胞的过氧化反应,或者改变细胞的氧化还原状态,打破机体原有的抗氧化剂和促氧化剂之间的平衡。比如黄曲霉毒素、赭曲霉毒素、烟曲霉毒素、玉米赤霉烯酮等。

(2)抑制蛋白质、DNA 和 RNA 的合成 比如赭曲霉毒素、烟曲霉毒素、T-2毒素等,通过抑制这些功能物质的合成,从而导致机体免疫抑制、肝中毒、肾中毒、神经中毒。

(3)诱导细胞凋亡 霉菌毒素通过直接影响关键酶或通过改变细胞中抗氧化剂与促氧化剂之间的平衡,尤其是降低谷胱甘肽的浓度来激发细胞程序化死亡。

三、对霉菌毒素认识的误区

1. 对饲料外观认识的误区

当今霉菌毒素的问题已经相当严重,有的饲料外观上无明显变化,但实质上已经发生了霉变。据估计全世界谷物约20%会受到霉菌毒素的污染,因污染程度不同,不同地区差距很大,中国是霉菌毒素的重灾区。

我国 2015 年第一季度检测了 12 个猪场的 395 个饲料样品,检测结果中100%的饲料已经受到霉菌毒素污染,且多种霉菌毒素共存现象很普遍,其中高达97.26%的饲料及其原料受到2 种及以上霉菌毒素污染(图2-1)。玉米、麸皮、全价料等饲料及原料霉菌毒素污染状况较去年同期有所上升,以 F-2 毒素(ZEN)、呕吐毒素(DON)、黄曲霉毒素 B_1(AFB$_1$)污染最为严重(图2-2)。

饲料往往同时受到多种霉菌毒素的污染,2012 年上半年百奥明公司共检测 421 份来自全国各地的饲料和原料样品,从上半年检测与往年霉菌毒素规律来看,玉米、玉米副产品和饲料中主要的霉菌毒素为呕吐毒素、烟曲霉毒素和玉米赤霉烯酮,而且多种毒素并存现象普遍;猪禽料中黄曲霉毒素风险不大;奶牛精、粗饲料中除了前面3种主要霉菌毒素外,还必须额外关注黄曲霉毒素污染,这些黄曲霉毒素污染主要源自玉米副产品、棉籽饼(粕)、花生粕。

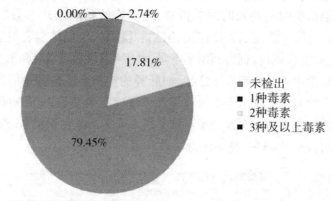

图2-1　2015年1~3月我国所检样品霉菌毒素种类分布图

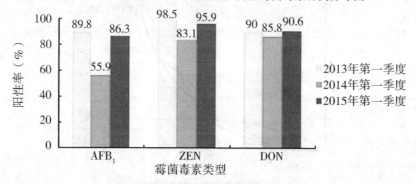

图2-2　2015年1~3月所有样品霉菌毒素污染阳性率与2014年、2013年比较

但养殖户对霉菌毒素的污染程度认识没有这么深刻,还存在着两个方面的认识误区。一是对颜色认知的误区,认为只有外观发黑的玉米才是霉变的玉米,而实际上有时外观看起来比较正常,但里面实质上已经发生了霉变。另外,一些分泌呕吐毒素、玉米赤霉烯酮的镰刀菌使谷物发生灰白色泽的霉变。还有一个认识误区认为霉菌毒素是一个季节性的问题,只有夏季高温才能导致饲料原料存放时容易发生霉变。实际上霉菌毒素既有夏季高温时分泌旺盛的,也有寒冷季节分泌旺盛的,存在于饲料原料中的大部分霉菌毒素其实在谷物收获之前就已经存在了。

2. 轻微霉变饲料对动物影响不大

人们通常认为,饲料稍微有点霉变应该没什么关系,不会引起中毒,从而放松了警惕。养殖场往往只注重霉菌毒素对动物影响的外在表现,如母猪外阴红肿、假发情、流产死胎等,而往往忽略其他症状,从而没有有效处理霉菌毒素的问题,导致最后损失惨重。霉菌毒素在动物体内有一个积累的过程,随着毒素污染水平的提高及时间的推移,对动物的致病模式主要经历 4 个阶段(图 2-3):第一阶段是免疫抑制;第二阶段因为免疫抑制表现出一些亚临床症状,比如生长缓慢、饲料利用率下降、对疾病易感等;发展到第三阶段将会出现霉菌毒素中毒的典型临床症状,如肝肾的损伤、肿大等;最后发展到第四阶段是动物的死亡。玉米赤霉烯酮不但对母猪有明显危害,其对仔猪和公猪的损伤一样值得重视。在饲喂了污染了玉米赤霉烯酮的饲料 3d 后,公猪射精量比对照组减少了 41%,精子活力明显下降。

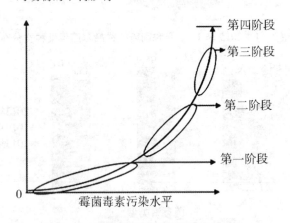

图 2-3　霉菌毒素对动物的致病模式

四、饲料中几种常见的霉菌毒素

据统计,已知的霉菌毒素有 300 多种,饲料中容易污染的并且对动物毒害较大的几种常见的毒素有黄曲霉毒素、玉米赤霉烯酮、赭曲霉毒素、烟曲霉毒素、T-2 毒素和呕吐毒素等。

(一)黄曲霉毒素

黄曲霉毒素是 20 世纪 60 年代初发现的一种真菌的有毒代谢产物,由曲霉属中的黄曲霉和寄生曲霉所产生。在自然界,黄曲霉的生长要求不高,产生黄曲霉毒素的温度为 12~41℃,其中最适宜的温度为 25~32℃。相对湿度为 86%~87% 条件下,在 48h 内黄曲霉将很快生长。花生和玉米是黄曲霉最好的繁殖场所,据报告,可能与其富含微量元素锌及能够刺激黄曲霉繁殖的生长因子有关。

1. 化学结构及理化性质

黄曲霉毒素是一类结构极其相似的化合物,其基本结构都具有二呋喃环和香豆素,依据化学结构的不同,产生的衍生物有 20 余种,黄曲霉毒素 B_1、黄曲霉毒素 B_2、黄曲霉毒素 G_1、黄曲霉毒素 G_2、黄曲霉毒素 M_1、黄曲霉毒素 M_2、黄曲霉毒素 P_1、黄曲霉毒素 Q_1 等 17 种相关化合物已经过系统鉴定其结构。饲料中污染的黄曲霉毒素主要是黄曲霉毒素 B_1、黄曲霉毒素 B_2、黄曲霉毒素 G_1、黄曲霉毒素 G_2 4 种,其中黄曲霉毒素 B_1 最强,其结构见图 2 - 4。黄曲霉毒素耐热,如黄曲霉毒素 B_1 在 268 ~ 269℃ 时才分解,黄曲霉毒素(主要是黄曲霉毒素 B_1、黄曲霉毒素 B_2、黄曲霉毒素 G_1、黄曲霉毒素 G_2)可溶于多种有机溶剂(如氯仿、丙酮、甲醇和乙醇),但不溶于己烷、石油醚、水与乙醚。

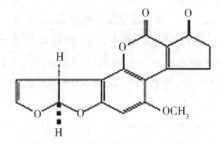

图 2 - 4　黄曲霉毒素 B_1 结构式

2. 黄曲霉毒素的毒性

黄曲霉毒素是目前发现的最强的化学致癌物,可诱发肝癌。黄曲霉毒素 B_1 诱发肝癌的能力比二甲基硝胺大 75 倍。实验结果显示,黄曲霉毒素 B_1 剧烈的毒性是人们熟知的剧毒药砒霜的 68 倍,氰化钾的 10 倍,比剧毒的农药 1059 的毒性要强 28 ~ 33 倍。一粒严重发霉含有黄曲霉毒素 40μg 的玉米,可使 2 只小鸭中毒死亡。动物对黄曲霉毒素的敏感性因种属、性别、年龄及营养状况不同而有很大的差异。畜禽对黄曲霉毒素的敏感性,其顺序大致为:雏鸭 > 雏鸡 > 仔猪 > 犊牛 > 育肥猪 > 成年牛 > 绵羊。

除肝癌外,黄曲霉毒素 B_1 还可诱发其他癌症,如胃癌、肾癌、直肠癌、乳腺瘤、卵巢瘤等。除了强烈的致癌性外,黄曲霉毒素还具有致突变性和致畸性。

3. 黄曲霉毒素对动物的危害

黄曲霉毒素被动物采食后,迅速被胃肠道吸收,在肝脏中的浓度最高,所以肝脏的受害最严重(图 2 - 5)。肝为机体重要的免疫器官和代谢器官,一旦受损会导致全身性出血、消化机能障碍和神经性症状。

图2-5　黄曲霉毒素中毒后猪肝脏病变

（1）对猪的危害　猪黄曲霉毒素中毒以亚急性最为常见，主要表现为渐进性食欲减退、口渴、便血和黄疸，组织器官广泛出血，尤以臀部明显，腿臀部肌肉不能活动，常呈犬坐式，生长发育迟缓；慢性表现为精神沉郁，低头弓背，食欲减退，饲料转化率下降，繁殖性能降低，异食癖，消瘦，被毛粗乱。随着病情的发展，出现昏迷、抽搐等神经性症状。具体症状见表2-5。

表2-5　黄曲霉毒素对猪的危害

毒素名称	猪的种类	日粮水平（μg/kg）	临床症状
黄曲霉毒素	生长育肥猪	100	没有临床症状，在肝脏中残留
		200～400	生长受阻，饲料利用率低，免疫抑制
		400～800	肝显著受损、胆管炎。血清肝酶升高，免疫抑制
		800～1 200	生长受阻，采食量减少，被毛粗糙，黄疸，低蛋白血症
		1 200～2 000	黄疸，凝血病，精神沉郁，厌食，部分动物死亡
		>2 000	急性肝病和凝血病，动物在3～10d内死亡
	母猪	500～750	不影响受孕，分娩正常仔猪，但仔猪因乳中含有黄曲霉毒素生长缓慢

（2）对家禽的危害　黄曲霉毒素对所有品种的家禽都有影响。低水平可导致生长不良、产蛋性能变差、蛋壳品质恶化、蛋重减轻。影响鸡蛋品质，现已发现在蛋黄中有黄曲霉毒素的代谢产物出现。中等水平可降低抗病能力、抗应激能力和抗挫伤能力，导致肠道、皮肤出血，肝胆肿大、受损和癌变。高水平摄入时可导致死亡。

雏鸭对黄曲霉毒素极敏感,中毒的症状主要表现为精神沉郁,食欲废绝,脱羽,鸣叫,趾部发紫,步态不稳,严重破行,往往在角弓反张中死亡。雏鸡表现为精神沉郁,食欲不振,消瘦,鸡冠苍白,虚弱,凄叫,拉淡绿色稀粪,有时带血。腿软不能站立,翅下垂。育成鸡表现为精神沉郁,不愿运动,消瘦,小腿或爪部有出血斑点,或融合成青紫色,如乌鸡腿。成鸭表现为食欲减退,消瘦,不愿活动,衰弱,贫血,生产性能低。成鸭慢性中毒表现为恶病质,往往诱发肝癌。成鸡的耐受性稍高,病情缓和,产蛋减少或开产期推迟,个别可发生肝癌,呈极度消瘦的体质而死亡。

(3)对其他动物的危害　影响饲料适口性,降低动物免疫力,降低奶牛产奶量。另外黄曲霉毒素可以将黄曲霉毒素 M_1 的形态分泌到牛奶中,可引起犊牛直肠痉挛、脱肛。高水平黄曲霉毒素也可引起成年牛肝脏的损害,抑制免疫功能,导致疾病暴发。

4. 卫生限量标准

我国对饲料中黄曲霉毒素 B_1 限量的规定见表2-6,各国对饲料中黄曲霉毒素的限量标准如表2-7所示。

表2-6　我国饲料中黄曲霉毒素 B_1 的允许量标准(GB/T 17480)

饲料品种	限量指标($\mu g/kg$)
玉米	≤50
花生饼(粕)、棉籽饼(粕)、菜籽饼(粕)	≤50
豆粕	≤30
仔猪配合饲料及浓缩饲料	≤10
生长育肥猪、种猪配合饲料及浓缩饲料	≤20
肉用仔鸡前期、雏鸡配合饲料及浓缩饲料	≤10
肉用仔鸡后期、生长鸡、产蛋鸡配合饲料及浓缩饲料	≤20
肉用仔鸭前期、雏鸭配合饲料及浓缩饲料	≤10
肉用仔鸭后期、生长鸭、产蛋鸭配合饲料及浓缩饲料	≤15
鹌鹑配合饲料及浓缩饲料	≤20
奶牛精饲料补充料	≤10
肉牛精饲料补充料	≤50

表2-7　一些国家饲料中黄曲霉毒素的限量标准

国家	饲料类型	指标(μg/kg)	国家	饲料类型	指标(μg/kg)
中国	玉米、花生饼(粕)	≤50	法国、丹麦	配合饲料和饲料原料	≤20
	肉仔鸡、生长鸡配合料	≤10	英国	猪和家禽配合饲料	≤20
	产蛋鸡配、混合饲料	≤20		其他配合饲料	≤10
	生长育肥猪配合饲料	≤20		奶牛补充饲料	≤10
美国	用于肉牛、猪、家禽饲料的棉籽饼(粕)	≤300		玉米、花生等饲料原料	≤200
	正规饲料	≤50			

（二）玉米赤霉烯酮

1. 理化性质

玉米赤霉烯酮，又称F-2毒素，是由禾谷镰刀菌等菌种产生的有毒代谢产物，是一种雌激素真菌毒素，主要影响动物的泌尿生殖系统。玉米赤霉烯酮最初是从赤霉病玉米中分离出来的，共有15种以上的衍生物。玉米赤霉烯酮主要污染玉米、麦类、谷物等，在世界各地各种粮谷与饲料中均有存在。玉米赤霉烯酮不溶于水，溶于碱性水溶液，是一种能引起雌性动物发情的毒素，雌性动物采食含有这种毒素的饲料后会出现发情综合征。

2. 对动物的毒害作用

（1）危害繁殖系统　玉米赤霉烯酮可促进子宫DNA、RNA和蛋白质的合成，使动物发生雌激素亢进症，所以又被称为类动情毒素，主要影响动物的泌尿生殖系统。特别是猪，尤其是青年母猪最为敏感。

玉米赤霉烯酮可引起未性成熟母猪外阴水肿、子宫增大、乳腺增生，甚至直肠和阴道脱出（图2-6、图2-7、图2-8）。怀孕母猪主要表现为流产、死胎、新生仔猪死亡和胎儿干尸、胚胎吸收、少胎和弱胎。泌乳母猪表现为发情抑制、卵巢萎缩和子宫角弯曲，断乳后发情时间延长。不同浓度对猪的毒害作用不同，具体见表2-8。

图2-6　配种前小母猪乳头和乳腺肿大

表 2-8　玉米赤霉烯酮中毒症的症状

猪种类	玉米赤霉烯酮 剂量（mg/kg）	症状
配种前小母猪	3~5	外阴红肿、乳头和乳腺肿大、卵巢和子宫肿大、子宫水肿、持续黄体，不发情或发情期延长
母猪	5~10	假孕（持续黄体），窝产仔数减少，流产；仔猪初生重降低或变化，仔猪出生时体弱，死胎和四肢外张；雌性仔猪外阴/乳头肿大；母猪断奶—配种间隔时间延长
	30~60	流产
公猪	30~60	精液质量降低，畸形精子数增加，性欲减弱，包皮水肿，毛发脱落
仔猪		可导致"八"字腿
所有动物		直肠和阴道脱垂，繁殖性能降低

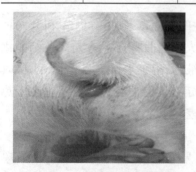
图 2-7　小母猪阴部红肿

图 2-8　仔猪"八"字腿

此外，玉米赤霉烯酮还可以透过胎盘进入胎儿体内，因此，玉米赤霉烯酮不仅对母畜而且对其后代也有影响。玉米赤霉烯酮对公猪的影响也很显著，可导致其性欲低下，精液量减少，密度降低，精子萎缩、变形或畸形率增加等。

牛对玉米赤霉烯酮不如猪敏感，但玉米赤霉烯酮导致的奶牛不孕、产乳下降、雌激素过多症已有报道。饲喂含 14mg/kg 玉米赤霉烯酮的大麦，可引起奶牛不孕。饲料中含 25~100mg/kg 玉米赤霉烯酮，可导致荷斯坦奶牛吞咽障碍和生殖器出血，但发情和排卵正常。玉米赤霉烯酮会导致青年牛乳腺增大。

（2）诱发肿瘤　玉米赤霉烯酮对肿瘤的诱发作用，与玉米赤霉烯酮的剂量、人或动物暴露于玉米赤霉烯酮时的年龄及种属差异等因素有关。玉米赤霉烯酮能增加雌性小鼠肝细胞腺瘤及垂体腺瘤的发生率，并呈剂量—反应关系。

（3）免疫抑制　玉米赤霉烯酮能抑制淋巴细胞的生物活性,能抑制植物血凝素刺激的人外周血淋巴细胞增殖,还能抑制刀豆素 A 和美洲商陆有丝分裂原刺激的 B 细胞和 T 细胞形成,因而抑制机体免疫功能。

（4）肝毒性　玉米赤霉烯酮对肝细胞有损伤作用。饲料中高剂量的玉米赤霉烯酮可使丙氨酸氨基转移酶、天冬氨酸氨基转移酶、碱性磷酸酶、γ - 谷氨酰胺转移酶以及乳酸脱氢酶显著升高。表明玉米赤霉烯酮有一定的肝毒性,对血凝过程也有一定损害作用。

（三）赭曲霉毒素

赭曲霉毒素也是感染饲料的霉菌毒素,农业部饲料质量监督检验测试中心 2014 年共检测了我国 2 423 个饲料样品,结果发现赭曲霉毒素 A 污染较为普遍。玉米、玉米副产物、小麦、小麦副产物和饼粕类样品中检出率均高于20%,但污染程度较轻,所有样品中均无超标。

1. 理化性质

赭曲霉毒素是由赭曲霉和纯绿青霉产生的霉菌毒素,可分为 A 和 B 两种类型,其中以赭曲霉毒素 A（OTA）的毒性最大。赭曲霉毒素 A 是无色结晶化合物,可溶于极性有机溶剂和稀碳酸氢钠溶液,微溶于水。醇溶液中最大吸收波长为332nm,有很高的化学稳定性和热稳定性。赭曲霉毒素普遍存在于热带和气候温和的地区,常见于燕麦、大麦、小麦和玉米等农作物上。

2. 对动物的危害

赭曲霉毒素是一种肾毒素,短期试验结果显示,赭曲霉毒素 A 对所有单胃哺乳类动物的肾脏均有毒性。可引起试验动物肾萎缩或肿大、颜色变灰白、皮质表面不平、断面可见皮质纤维性变;显微镜下可见肾小管萎缩、间质纤维化、肾小球透明变性、肾小管坏死等。除特异性肾毒性作用以外,赭曲霉毒素 A 还对免疫系统有毒性,并有致畸、致癌和致突变作用,并可造成动物免疫系统功能抑制。

动物赭曲霉毒素中毒症的主要症状为:生长性能降低,饲料报酬低;肾脏苍白、变大,导致肾小管变性、肾间质纤维化;肾功能受损,并最终导致肾衰竭;饮水量增加（剧渴）,导致排尿增多（多尿症）,这是赭曲霉毒素中毒症的一大特点。幼龄生长猪会出现肾水肿,并伴有僵硬。胃溃疡也是常见的症状。公猪的精子质量降低,受精率下降,最终导致整体繁殖性能下降。

猪是对赭曲霉毒素 A 毒性最敏感的动物,可造成母猪流产和产仔重偏轻。母猪长期过量饲喂赭曲霉毒素污染的饲料,有可能影响后代的免疫机能。

瑞士规定猪和禽配合饲料中 OTA 的允许量分别不得超过 200μg/kg 和 1 000 μg/kg。美国也正在制定有关条例。其他国家尚未见有关 OTA 的允许量规定。国内《食品安全国家标准　食品中真菌毒素限量》（GB 2761—2011）中规定谷物、豆类及其制品中 OTA 的允许量不得超过 5μg/kg。

（四）烟曲霉毒素

1. 理化性质

烟曲霉毒素主要是由串珠镰刀菌的产毒株产生的有毒次级代谢产物。目前已知的有 6 种烟曲霉毒素，但是毒性最强，且在谷物中尤其是玉米和玉米副产品中最常见的是烟曲霉毒素 B_1（FB_1）和烟曲霉毒素 B_2（FB_2）。它们在一定的暴露时间和 pH 条件下，能耐受高达 150℃ 的高温。

当前，烟曲霉毒素很可能是饲料中污染问题最严重的霉菌毒素。世界卫生组织发现，全球 59% 的玉米和玉米制品都受到 FB_1 的污染。

2. 对动物的危害

过高的烟曲霉毒素水平导致过多的体液涌入肺组织，导致肺水肿。同时，也危害肝脏组织，导致黄疸及其他组织出现黄色病变。多项研究结果表明，较低水平的烟曲霉毒素便可引起猪心肺血管系统的慢性损害，进而导致猪急性肺水肿病。其发病机制可能是烟曲霉毒素干扰了神经鞘磷脂类物质的合成，使肝细胞膜的完整性受损，诱导血管内吞噬细胞释放更多的酶与介质，肺部毛细血管通透性增加，造成肺部水肿。不同剂量的烟曲霉毒素对猪的危害不同，具体见表 2-9。

表 2-9　烟曲霉毒素对猪的危害

剂量（mg/kg）	猪临床症状
25~50	血清鞘脂类改变，肝组织损伤
50~100	生长受阻，黄疸，慢性肝机能障碍
>120	急性肺水肿，肝病

鸡烟曲霉毒素中毒主要表现为萎靡嗜睡、呼吸困难、食欲减退和生产性能下降，严重的可见肠系膜水肿、消化道黏膜出血、心脏体积增大、心包积液、胸腔积水（图 2-9）。

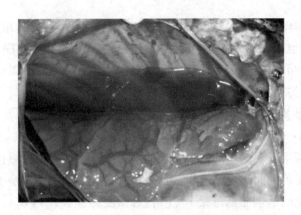

图2-9　鸡烟曲霉毒素中毒引起的胸腔积水

（五）T-2毒素

T-2毒素主要由三线镰刀真菌产生，为毒性高的免疫抑制物质，可破坏淋巴系统。主要污染玉米、小麦、大麦、燕麦等饲料原料，对猪、乳牛、家禽和人都有危害。T-2毒素有较强的细胞毒性，可破坏组织黏膜的完整性，使免疫细胞的功能下降，引起贫血、出血。由于T-2毒素能刺激肠道黏膜，因此还会引起猪的呕吐和腹泻。

T-2毒素可引起白细胞减少，可引起一些试验动物的凝血时延长、内脏器官出血和骨髓造血组织坏死。

用被T-2毒素污染的饲料喂牛，中毒后主要症状为齿龈炎和胃炎，接着转为溃疡性胃肠炎，最后出现骨髓造血机能的严重障碍等症状，加上机体免疫力受到抑制，致使病牛多数死亡。T-2毒素还可引起动物皮炎，见图2-10。

图2-10　T-2毒素引起的皮炎

(六)呕吐毒素(DON)

呕吐毒素主要由禾谷镰刀菌、尖孢镰刀菌、串珠镰刀菌、粉红镰刀菌、雪腐镰刀菌等镰刀菌产生,属于单端孢霉烯族化合物,共有150多种,是一类强有力的免疫抑制剂,所引起的典型症状是采食量降低,所以这类毒素又叫饲料拒食毒素。呕吐毒素是其中最重要的一种毒素,由于它可以引起猪的呕吐,故又名呕吐毒素。

1. 理化性质

呕吐毒素的产毒菌株适宜在阴凉、潮湿的条件下生长,广泛存在于玉米、大麦、小麦和燕麦中。调查表明我国饲料产品中呕吐毒素的超标比例接近70%。DON易溶于极性的溶剂如水等,但耐热,化学性能非常稳定,一般不会在加工、储存以及烹调过程中被破坏,在实验室条件下可长期储存保持毒力不变,有较强的热抵抗力,121℃高压加热25min仅有少量破坏。酸性环境不影响其毒力。

2. 对动物的危害

呕吐毒素可引起雏鸭、猪等动物的呕吐反应,严重者可造成死亡。呕吐毒素的急性毒性与动物的种属、年龄、性别、染毒途径有关,雄性动物对毒素比较敏感。急性中毒的动物主要表现为站立不稳、反应迟钝、竖毛、食欲下降、呕吐等,还可引起动物的拒食反应,其中猪对呕吐毒素最为敏感。呕吐毒素能引起猪食欲减退或废绝、呕吐、体重下降、流产、死胎和弱仔,抑制免疫机能和降低机体抵抗力。

呕吐毒素对猪的危害见表2-10。

表2-10　呕吐毒素对猪的危害

剂量(mg/kg)	猪临床症状
1~2	摄食量减少,增重减缓
5	摄食量减少30%~50%
10	由于拒食导致饲料消耗量和增重急剧减少
12	完全拒食
20	导致呕吐

五、预防霉菌毒素污染的措施

霉菌生长条件有4个要素:碳水化合物(如玉米等谷物、饲料)、充足的水分(相对湿度在85%以上)、适宜的温度(12~25℃)、氧气。因此预防霉菌毒素污染的措施主要有两个方面：一是改变霉菌繁殖的条件，防霉；二是对饲料中已经存在的霉菌毒素可采用吸附剂等去毒，就可以减少或杜绝霉菌毒素的污染。

通过防霉和去毒，可减缓霉菌及其毒素对畜禽健康及畜牧生产的危害。

1. 防霉

防霉是预防饲料被霉菌及其毒素污染的最根本的措施。防霉措施有以下几方面：

（1）控制湿度　即控制饲料的水分和储存环境的相对湿度。对谷物饲料的防霉必须从谷物在田间收获时开始做起，关键在于收获后使其快速干燥，使谷物含水量在短时间内降到安全水分范围内。一般谷物含水量在 13% 以下，玉米在 12.5% 以下，花生仁在 8% 以下，霉菌即不易繁殖，故这种含水量称为安全水分。

（2）储藏　理想的储存条件是将谷物储于干燥低温状态。温度在 12℃以下，能有效地控制霉菌繁殖和产毒。

（3）防止虫害和鼠咬　虫害和鼠咬损伤粮粒使霉菌易于侵入繁殖而引起霉变，故应利用机械清除及化学防治等方法处理粮仓储藏害虫，并注意防鼠。

（4）无氧保存　大多数霉菌是需氧的，无氧便不能生长繁殖。因此，谷物在氮气或二氧化碳等气体的密闭容器内，可保持数月不发生霉变。同时，此法还有防虫作用，是一种很有前途的措施，应在实践中逐步完善。

（5）应用防霉剂　经过加工的饲料原料与配合饲料极易发霉，故在加工时可应用防霉剂。常用的防霉剂主要是有机酸类或其盐类，例如丙酸、山梨酸、苯甲酸、乙酸以及它们的盐类。目前复合防霉剂在生产上应用较多。

2. 去毒

霉菌毒素污染严重的饲料，应该废弃。对于轻度污染的饲料，经适当的处理后可以达到饲用标准的，仍可利用。一般的去毒方法有：

（1）使用化学制剂　可用碱液（1.5% 氢氧化钠或草木灰水等）处理或用清水多次浸泡，直到泡洗液清澈无色为止，其饲喂量不可过多。

（2）使用饲料添加剂　有些矿物元素复合体，如活性炭、酵母细胞壁产品、膨润土等，可在机体内对抗霉菌毒素。另外，一些使用中的合成产品有沸石、γ-氨基丁酸等，它们对毒素都有对抗作用。如沸石有对抗黄曲霉毒素、T-2毒素和呕吐霉素之功效。

（3）补充蛋氨酸　被血液吸收的霉菌毒素由肝脏负责解毒，肝脏对黄曲霉毒素的解毒作用以谷胱甘肽为基础,谷胱甘肽的部分组成就是蛋氨酸和胱氨酸。因此,这一过程将消耗蛋氨酸,从而影响生长和生产性能。故当饲料受黄曲霉毒素污染时,推荐加入更多的蛋氨酸。

(4)酶的使用 大多数霉菌毒素都可通过肝脏中的微粒体氧化作用进行生物学转化。因此,人们可利用一些可增强霉菌毒素代谢的酶,这些酶能把毒素降解为无毒的代谢物,从机体中排出,从而降低肝脏中的毒素浓度和毒素毒性。

第三节　农药

一、饲料中常用的几种农药

农药是指用于预防、消灭或者控制危害农作物、农林产物和树木的病、虫、草及其他有害物质的药物的统称。农药广泛地使用于农业、林业和畜牧业等领域。农药的作用具有两面性:一方面,可以有效控制或消灭农业、林业的病、虫及杂草,提高农、林产品的产量和质量。另一方面,使用农药也带来环境污染,同时也造成食品和饲料中农药残留,对动物和人类健康产生危害。

农药的种类繁多,其中大部分农药是化学合成的,称为化学性农药;小部分农药来源于生物或其他天然物质的一种或几种物质的混合物及其制剂,称为生物性农药。按化学成分可分为有机氯类、有机磷类、有机氮类、氨基甲酸酯类、有机砷类、有机汞类等。

1. 有机氯类

有机氯类杀虫剂是以碳氢化合物为基本架构,并有氯原子连接在碳原子上,同时又有杀虫效果的有机化合物。大多数有机氯杀虫剂具有生产成本低廉、在动植物体内及环境中长期残留的特性。有机氯杀虫剂包括滴滴涕和六六六等化合物。两者都是常用的杀虫剂,六六六、滴滴涕等本身及其代谢产物毒性并不高,但化学性质稳定,在农作物及环境中消解缓慢,同时容易在人和动物体脂肪中积累。因而,它们的残留问题是畜牧工作者考虑的主要方面。国标中对饲料农药残留测定的主要指标就是六六六、滴滴涕。

2. 有机磷类

有机磷杀虫剂是我国目前使用最广泛的杀虫剂。尤其是我国停止使用有机氯杀虫剂以后,有机磷杀虫剂已上升为最主要的一类农药。有机磷杀虫剂的化学性质较不稳定,在外界环境和动植物组织中能迅速进行氧化和加水分解,故残留时间比有机氯杀虫剂短。但多数有机磷杀虫剂对哺乳动物的急性毒性较强,故污染饲料后易引起急性中毒。

与有机氯杀虫剂相比,有机磷杀虫剂在农作物中的残留甚微,残留时间也较短。因品种不同,有机磷杀虫剂在农作物上的残留时间差异甚大。有的施药后数小时至两三天可完全分解失效,如辛硫酸、敌敌畏等,而内吸性农药品种由于对作物的穿透性强,可维持较长时间的药效,易产生残留,如甲拌磷。

二、农药在饲料中的残留

在给农作物喷洒农药时,极易造成农作物籽实、根、茎或叶中农药的残留,其中作为副产品又是畜禽饲料的主要来源之一的作物外皮、外壳及根茎部的农药残留量更高。使用这些饲料饲喂动物,畜产品中难免出现农药残留。因此,作为能量和蛋白质饲料来源的主要饲料原料的农药残留问题不应被忽视。

饲料中的农药残留一方面来自农药对饲用作物的直接污染,另一方面来自饲用作物从污染的环境(土壤、水、空气)中对农药的吸收。

1. 农药对饲用作物的直接污染

农药喷洒到农作物上,经过一段时间后,一部分会残留在作物表皮,渗透到作物组织内部并输送到植物全株,另一部分则由于光照、自然降解、雨淋、高温、微生物分解和植物代谢等作用而逐渐被降解消失。但是,如果农药性能稳定,则会长期残留在植物可食部位,并通过食物链最终传递给人和畜禽。渗透性强的农药不仅残留量大,污染程度也很大,可直达果实内层。如果用药次数多、用药量大或用药间隔时间短,则产品残留量也会相应增大。

2. 饲用作物从污染的环境中吸收农药

农作物施用农药时,农药可残存在土壤中,有些性质稳定的农药如六六六、滴滴涕能在土壤中残存十余年。农药的微粒还可随空气飘移至很远的地方,污染饲料和水源。这些环境中残留的农药又被作物吸收、富集,而造成饲料的污染。影响农药在田间土壤中残留的因素,除农药的理化性质及施用情况外,还与土壤的种类、结构等有关,土壤中残留的农药大多积储在离土表10cm的土层处,水田土壤中农药残存的时间比旱地短。不同种类的作物从土壤中吸收残存农药的能力也有所不同,一般来说根菜类、薯类吸收土壤中残存农药的能力强,而叶菜类、果菜类较弱。此外,水生植物从污染水源中吸收农药的能力比陆生植物从土壤中吸收农药的能力要强得多,水生植物体内农药残留量往往比所生长的环境中的农药含量高出若干倍。

不管饲用作物通过哪种途径被农药污染,都易造成饲料残留,从而危害动物和人类健康,我国《饲料卫生标准》规定了六六六和滴滴涕在饲料中的残留限量,见表2-11。

表2-11 我国《饲料卫生标准》规定的农药的残留限量

序号	指标项目	产品名称	允许的限量(mg/kg)	试验方法
1	六六六	米糠	≤0.05	GB/T 13090
		小麦麸		
		大豆饼、粕		
		鱼粉		
		肉用仔鸡、生长鸡配合饲料	≤0.3	
		产蛋鸡配合饲料		
		生长育肥猪配合饲料	≤0.4	
2	滴滴涕	米糠	≤0.02	GB/T 13090
		小麦麸		
		大豆饼、粕		
		鱼粉		
		鸡配合饲料,猪配合饲料	≤0.2	

三、控制饲料中农药残留的措施

1. 合理规范使用农药

解决饲料中农药残留问题,必须从作物种植的源头上解决(即饲料原料的生产)。严格遵守我国已经制定(修订)并发布的《农药合理使用准则》国家标准并在农业生产中严格执行。在使用农药时,根据防治的对象确定用药时期对症下药,禁止滥用;确定严格的用药剂量、施药次数,防止盲目过量用药;选择最佳的施药方法和性能好的施药设备;留足施药安全间隔期,最大限度地减少农药残留。

2. 研发出高效低残留的无公害农药

生产企业应加大产品研发力度,以绿色、生态、健康、环保为核心,改善农药本身的理化性质,开发新型的农药品种,降低农作物中的农药残留。减少及禁止高毒高残留农药的生产。

3. 加强饲料中农药残留限量的监测

饲料中农药残留监测将有力地促进饲料质量的提高。饲料质量监督检验单位、技术监督单位及其他相关部门应加强合作,充分认识到农药残留限量监测工作的重要性,加强立法与监督。

目前饲料卫生标准中仅对有机氯农药(包括六六六、滴滴涕)进行了限量规定,而对有机磷类、除虫菊酯类农药无限量规定。有关敌百虫、蝇毒磷、敌敌畏、甲胺磷、乐果在食品中的残留量及测定方法在国标及行业标准中已有颁布。

第四节　转基因饲料

利用基因工程技术导入外源基因而选育获得的生物体称为转基因生物,它包括转基因植物、转基因微生物和转基因动物 3 大类。来源于转基因生物及其衍生产品的食品称为转基因食品,来源于转基因生物及其衍生产品的饲料也就叫转基因饲料。

目前,国际上被批准商业化生产的转基因生物 90% 以上是转基因作物。因此,当前所说的转基因食品(饲料)实际上主要是指转基因植物性食品(饲料)。它们与传统食品(饲料)的不同之处在于前者含有来源于其他生物体的外源基因和由外源基因产生的物质(蛋白质等)。

从 1999 年开始,我国每年都要从美国、加拿大进口大量的大豆和油菜籽等。这些进口的大豆、油菜籽包含有较多的转基因成分,而其中部分经加工生产成饲料原料(豆粕、菜籽粕等)。随着全球转基因作物种植面积的扩大,今后将会有越来越多的转基因作物及其副产品被用作饲料原料。

一、主要转基因饲料

目前,已进入大规模商业化生产,并已用作饲料原料的转基因作物种类有转基因大豆、转基因玉米和转基因油菜。

1. 转基因大豆

现在, 国际市场上转基因大豆主要有两种:①抗除草剂转基因大豆。主要是抗草甘膦和草甘二膦。②抗虫转基因大豆。主要转自苏云金杆菌抗虫基因。

目前应用面积较大的是抗草甘膦除草剂的转基因大豆,草甘膦是一种十分有效且低残留的非选择性广谱除草剂,但其除草时能杀死大豆本身而限制了其使用范围,因此,筛选抗草甘膦基因并转入植物之中一直是研究热点。美国一家公司从土壤细菌中分离出抗草甘膦基因,再用生物工程法转入大豆,创造了抗草甘膦大豆。抗草甘膦转基因大豆针对草甘膦的作用机制,使植株对草甘膦不敏感,从而能够忍受正常剂量或更高剂量的草甘膦而不被杀死。

2. 转基因玉米

被批准商品化的转基因玉米主要有两类:转苏云金杆菌毒蛋白基因的抗虫玉米和几种抗除草剂的转基因玉米。

玉米螟是世界性的主要玉米害虫。20 世纪 90 年代以来,通过转基因途径将苏云金杆菌毒蛋白基因等外源基因导入玉米获得抗玉米螟的杂交种取得突破性进展。1990 年美国首次报道获得正常结实的转苏云金杆菌玉米。1997 年美国正式批准了几种转苏云金杆菌毒蛋白基因玉米杂交种上市。我国在 1997 年对外开放转基因试验,正式批准美国公司在中国进行中间试验和环境释放试验。

近年来转基因玉米种植面积不断扩大,到 2012 年全球转基因玉米种植面积已达 $5.6 \times 10^7 hm^2$,占转基因作物种植面积的 80%。

除以上两类转基因玉米外,一些新的转基因玉米品种已经出现或正在研究,如低植酸玉米、高植酸玉米、高赖氨酸玉米、高蛋氨酸玉米、高苏氨酸玉米。此外,其他性状如抗旱耐盐、抗病毒、抗真菌以及基因工程雄性不育性转基因玉米的研制亦是玉米改良研究的重点。

3. 转基因油菜

油菜是重要的油料作物,2011 年全球油菜种植面积为 $3.1 \times 10^7 hm^2$,转基因油菜种植面积为 $8.2 \times 10^6 hm^2$,占全球转基因作物种植面积的 5.13%,相当于油菜种植面积的 26%。

常用的转基因油菜品种有以下几种:

(1)耐除草剂转基因油菜 主要包括耐草甘膦转基因油菜和耐草铵膦转基因油菜。目前均已进行商业化种植。

(2)高油酸、低亚麻酸转基因油菜 1996 年,美国先锋公司用化学诱变筛选获得脂肪酸去饱和酶突变体,获得具有高油酸性状的油菜突变体,育成具有高油酸、低亚麻酸性状的油菜品种 45A37、46A40。利用 45A37、46A40 加工的菜籽油称为 P6 油菜籽油,其油酸含量与花生油和橄榄油相近。1996 年加拿大批准 45A37、46A40 用于食品。

(3)高月桂酸和高豆蔻酸转基因油菜 美国卡尔金公司以卡那霉素抗性为筛选标记,将来自加州月桂的硫酯酶编码基因转入双低油菜,获得了高月桂酸和高豆蔻酸转基因油菜 23 - 18 - 17 和 23 - 198。1994 年,美国批准

23 – 18 – 17 和 23 – 198 的种植,并批准其作为食品和饲料。1996 年,加拿大批准了 23 – 18 – 17 和 23 – 198 的种植,并批准其作为食品和饲料。

目前已商业化生产的转基因油菜主要是几种转基因抗除草剂油菜,如美国孟山都公司的抗草甘膦油菜、德国艾格福公司的抗除草剂"Basta"油菜、美国先锋种子公司的"Smart"品种。

二、转基因饲料的安全性

随着全球转基因植物种植面积的扩大,转基因作物及其副产物如玉米、豆粕、菜籽粕、棉籽粕等用作饲料原料的比例愈来愈高。近 15 年来,动物消费的转基因作物占消费总量的 70% ~ 90%,转基因饲料已经成为家畜饲料来源的一部分。

关于转基因饲料的安全性目前无统一评价。转基因作物及其副产品作为饲料原料,安全评价主要包括其营养物质对畜禽的影响、毒性和致敏性检测等。美国的研究机构进行了 20 多项转基因饲料对畜禽影响的试验,迄今尚未发现转基因饲料对畜禽的生产性能、健康状况、肉、蛋、奶组分产生危害性影响。同时,在畜禽肌肉组织、奶和蛋中也没有检出转基因蛋白质,也未检出转基因 DNA。英国利兹大学的研究认为,加工工艺可能使某些外源转入的 DNA 发生碎裂,因此转基因饲料不具有遗传活性。

但一项由澳大利亚和美国研究人员合作进行的新研究发现,由转基因饲料喂养的猪的胃炎发病率远高于传统饲料喂养的猪。研究人员针对美国一个商业养猪场里的 168 只刚断奶的猪仔进行了为期 159 天的研究。他们将一半的猪仔用转基因大豆和玉米喂养,另一半用同样分量的非转基因饲料喂养,发现喂转基因饲料的猪患上严重胃炎的概率为 32%,显著高于对照组(12%)。

目前有关转基因饲料安全性的研究尚不多。由于转基因饲料的安全性是一个比较复杂的问题,因此对转基因饲料的商业化开发应持谨慎态度。为此,我国应研究和确立符合我国国情的并与国际接轨的转基因饲料安全性评价和相关检测方法,并对转基因饲料的商业化推广应用制定相应的法律、法规。

第三章　动物源性饲料安全及应用

　　动物源性饲料是指以动物或动物副产物为原料,经工业化加工、制作的单一饲料。动物源性饲料产品在畜禽和水产养殖上得到广泛应用,特别是用以补充某些必需氨基酸的不足和提供丰富的各种 B 族维生素与矿物元素。但是,动物源性饲料产品的品质变化通常远远大于植物性饲料产品,其原因主要在于所含蛋白质及脂肪量高且易变质,在制造过程中易污染杂质与细菌,如果选料不当还易造成动物疫源的传播。

第一节 病原微生物

病原微生物是指可以侵犯动物体,引起感染甚至传染病的微生物,也称病原体。病原微生物包括朊毒体、寄生虫(原虫、蠕虫、医学昆虫)、真菌、细菌、螺旋体、支原体、立克次体、衣原体、病毒。动物源性饲料由于蛋白质和脂肪含量高、温度过低或过高、湿度过大(水分含量≥12%,相对湿度80%~90%)或运输储藏不当时,均易滋生有害的微生物。

病原微生物污染饲料后,对饲料造成的危害主要有3类:

一是引起饲料腐败变质,使饲料降低或失去其营养价值。腐败变质的过程较为复杂,主要是使饲料中的营养成分分解,出现特异的感官性状。如饲料污染芽孢杆菌、梭菌、假单胞菌或链球菌后,产生的蛋白质分解酶和肽链内切酶作用于饲料中的蛋白质,使其分解为胺类、酮类、不饱和脂肪酸及有机酸等,造成饲料发黏、渗出物增加,并出现特殊难闻的恶臭味。同时,细菌产生的脂肪水解酶可使动物源性饲料脂肪发生水解和氧化,脂肪酸败不仅使饲料的气味发生变化,其营养价值也大大降低。动物源性饲料污染细菌发生腐败后,常会导致下列不良作用:饲料感官异常,出现不正常的颜色、气味,影响饲料适口性,降低动物的采食量;营养物质遭到破坏,营养价值大幅度降低;增大了致病菌及产毒霉菌存在的可能性,引起动物机体的不良反应,发生疾病,甚至中毒;腐败变质的产物也可能直接危害动物机体,如鱼粉腐败产生的组胺可使雏鸡中毒等。

二是感染型饲料中毒。即病原细菌污染动物源性饲料后,在饲料中大量繁殖,这种含有大量活菌的饲料被动物摄入以后,引起动物消化道的感染造成中毒。如沙门菌污染饲料后,引起急性肠胃炎,发生呕吐、腹泻、腹痛、四肢发冷、黏膜苍白、抽搐、体温升高等,腹泻严重时可引起脱水或虚脱,如不及时抢救可致死亡。

三是毒素型饲料中毒。即动物源性饲料污染了某些细菌后,在适宜的条件下,这些细菌在饲料中繁殖并产生毒素,这种饲料被动物摄入后引起中毒。毒素可分为外毒素及内毒素两大类。细菌之所以会产生不同类型的细菌毒素,主要是由于细菌细胞壁结构的不同和细菌种类的不同。

外毒素根据宿主细胞的亲和性及作用方式不同等,又可分成神经毒素、细胞毒素和肠毒素3大类。表3-1列出了常见的产生外毒素的微生物种类及其引起的疾病。

表 3 - 1　外毒素的种类

类型	细菌	外毒素	所致疾病	症状和体征
神经毒素	破伤风梭菌	痉挛毒素	破伤风	骨骼肌强直性痉挛
	肉毒梭菌	肉毒毒素	肉毒中毒	肌肉松弛麻痹
肠毒素	霍乱弧菌	肠毒素	霍乱	小肠上皮细胞内水分、Na^+大量丢失,腹泻、呕吐
	产毒性大肠杆菌	肠毒素	腹泻	同霍乱肠毒素
	产气荚膜梭菌	肠毒素	饲料中毒	呕吐,腹泻
	金黄色葡萄球菌	肠毒素	饲料中毒	呕吐为主,腹泻
细胞毒素	葡萄球菌	TSST - 1	TSS	发热、皮疹、休克
		表皮剥脱毒素	烫伤样皮肤综合征	表皮剥脱性病变
	A 型链球菌	致热外毒素	猩红热	猩红热皮疹

内毒素主要指存在于革兰阴性菌及其他一些微生物(衣原体、立克次体、螺旋体)细胞壁外膜中的脂多糖成分,对于维持细菌外膜的屏障功能以及在革兰阴性菌感染的致病机制中起着十分重要的作用。革兰阴性菌主要通过两个途径释放内毒素:一是以外膜泡形式释放内毒素,外膜泡的形成只出现在细菌的对数增殖期,其释放方式类似于成熟果实的自然脱落,不损坏细胞的完好性。二是细菌溶解时把内毒素释放到宿主体内,然后随血液进入各组织器官。如沙门菌除引发肠道疾病外,菌体还在肠道内崩解,释放出内毒素,对肠道黏膜、肠壁及肠壁的神经有强烈的刺激作用,造成肠道黏膜肿胀、渗出和脱落。内毒素由肠壁吸收进入血液后,还可作用于体温调节中枢和血管运动神经,引起体温上升和运动神经麻痹。细菌内毒素的致病机制见图 3 - 1。

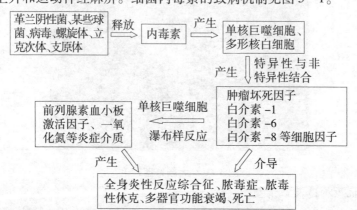

图 3 - 1　细菌内毒素的致病机制

一、大肠埃希氏菌(图3-2)

大肠埃希氏菌,通常被称为大肠杆菌。1885年,德国细菌学家蒂尔德·埃希查尔氏分离得到了细菌模式株——大肠埃希菌,就以他的名字而命名。在相当长的一段时间内,大肠杆菌一直被当作正常肠道菌群的组成部分,认为是非致病菌。直到20世纪中叶,研究人员才认识到一些特殊血清型的大肠杆菌对人和动物有

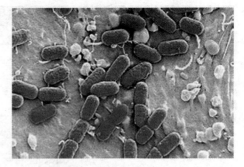

图3-2　大肠埃希氏菌

致病性,尤其对幼畜(禽),常引起严重腹泻和败血症。

(一)病原

1. 形态特征(图3-3)

革兰阴性,周身鞭毛,能运动,兼性厌氧,无芽孢的中等大小的直杆菌,大小为$(0.4 \sim 0.7)\mu m \times (2 \sim 3)\mu m$。菌体两端钝圆,多散在,也有成对存在,运动时就以周身鞭毛存在,但也有无鞭毛或丢失鞭毛的无动力变异株。通常无荚膜,但有微荚膜。在普通培养基中生长良好,菌落不透明、光滑、有光泽,有的菌落带有黏稠性,有的菌株在血液琼脂上表现有溶血。

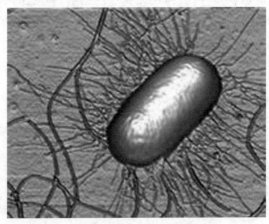

图3-3　大肠杆菌鞭毛

2. 抗原构造及血清型

大肠埃希菌抗原主要有菌体抗原(O)、鞭毛抗原(H)及菌体表面的荚膜、被膜或菌毛抗原(K)3种,它们是血清型划分和鉴定不同血清型的物质基础。

目前,已经确定的大肠埃希菌 O 抗原有 170 多种,H 抗原有 56 种,K 抗原有 80 种。在动物中发现的菌毛抗原主要有 F4(K_{88})、F5(K_{99})、F6(987P)、F41 等。大肠杆菌有很多血清型,但致病性大肠埃希菌的血清型数量是有限的,猪源大肠杆菌的血清型中引起仔猪发病的主要有 O_8、O_{45}、O_{60}、O_{138}、O_{141}、O_{147}、O_9、O_{157}、O_{20}、O_{101}、O_{139} 等群,优势血清型为 O_{141}、O_{147}、O_9、O_8、O_{101}、O_8、K_{88}、K_{99}、987P 等。

(二)致病性

多数大肠杆菌是人和动物肠道中的共栖菌,肠道大肠杆菌在维护肠道微生态平衡、产生大肠菌素来拮抗外来病原性细菌、参与合成各种维生素等方面起重要作用。但当细菌发生移位入侵肠外组织时,即成为条件性致病菌。迄今发现某些血清型的大肠杆菌是人和动物的重要致病菌,这些细菌通过产生的毒素和一些毒力因子致病。根据不同的发病机制将致病性大肠杆菌分为 5 类:产肠毒素性大肠埃希菌、产类志贺毒素大肠埃希菌、肠致病性大肠埃希菌、败血性大肠埃希菌及尿道致病性大肠埃希菌。

1. 产肠毒素性大肠埃希菌(ETEC)毒力因子及其致病机制

ETEC 主要由产生黏附素和肠毒素 2 类毒力因子致病。

(1)黏附素 也称定居因子,即大肠杆菌的菌毛。致病大肠杆菌须先黏附于宿主肠壁,以免被肠蠕动和肠分泌液清除。有证据表明,只有肠毒素而无黏附素的菌株,虽然在动物肠道产生肠毒素,但不引起腹泻,反之亦然。这说明肠毒素和黏附素在 ETEC 的致病机制上缺一不可。黏附素不是导致腹泻发生的直接致病因子,但它是构成 ETEC 感染的首要毒力因子,所以黏附素能增强细菌致病性。已知来源于猪的 ETEC 主要有 F4(K_{88})、F5(K_{99})、F6(987P)和 F41,其次为 F42 和 F17(旧称 FY 或 Att25);犊牛和羔羊的 ETEC 为 F5(K_{99})和 F41。黏附素能否附着于小肠上皮细胞主要取决于动物上皮细胞有无相应的受体存在,所以黏附素具有相对的种的特异性。黏附素具有较强的免疫原性,能刺激机体产生特异性免疫保护性抗体。

(2)肠毒素 这是产肠毒素性大肠埃希菌在生长繁殖过程中释放的外毒素,分为不耐热和耐热 2 种。

1)不耐热肠毒素(LT) LT 对热不稳定,65℃经 30min 即失活。其成分为蛋白质,相对分子质量大,具有很好的免疫原性,经福尔马林处理可以变成类毒素。由 A、B 两个亚单位组成,A 又分成 A1 和 A2,其中 A1 是毒素的活性部分。B 亚单位与小肠黏膜上皮细胞膜表面的 GM1 神经节苷脂受体结合后,

A 亚单位穿过细胞膜与腺苷酸环化酶作用,使胞内 ATP 转化 cAMP。当 cAMP 增加后,导致小肠液体过度分泌,超过肠道的吸收能力而出现腹泻。

2)耐热肠毒素(ST) 对热稳定,100℃经 20min 仍不被破坏,相对分子质量小,免疫原性弱。ST 可激活小肠上皮细胞的鸟苷酸环化酶,使胞内 cGMP 增加,在空肠部分改变液体的运转,使肠腔积液而引起腹泻。

2. 产类志贺毒素大肠埃希菌(SLTEC)毒力因子及其致病机制

(1)细胞毒素 该毒素最早是从人源 ETEC 培养物滤液中发现的一种能致非洲绿猴肾传代细胞病变的毒素物质,又称 vero 细胞毒素(verotoxin,VT),因它的毒性作用相似于痢疾志贺氏菌毒素,所以又称类志贺氏毒素。该毒素可致猪的水肿病,以头部、肠系膜和胃壁浆液性水肿为特征。很多致病性大肠杆菌均可产生这种毒素,如可引起婴、幼儿腹泻的 ETEC 以及引起人出血性结肠炎和溶血性尿毒综合征的肠出血性大肠杆菌均能产生此类毒素。

(2)大肠杆菌神经毒素 该毒素是猪水肿病菌株产生的一种毒素,其化学性质可能是一种脂蛋白或脂多肽。对热敏感,可被福尔马林破坏,半饱和硫酸铵或三氯醋酸在 pH 3.0 时可使其沉淀。可使小鼠发生麻痹,对猪先引起中枢神经症状,表现为共济失调、麻痹或惊厥等,继而皮肤和肌肉水肿。

3. 致病性大肠杆菌产生的其他毒性物质

(1)β - 溶血素 已知一些猪源 ETEC 和猪水肿病菌株能产生 β - 溶血素。并且凡是 ETEC 菌株多数具有 K_{88},产生 LT 或 ST,这些菌株的毒力较强,可引起严重的腹泻特征,死亡率高。不溶血的 K_{88} 菌只产生 ST,所致腹泻轻微,死亡也少,说明该毒素与 ETEC 菌株的毒力有一定关系。

(2)血管渗透因子 最早报道的是人源 ETEC 菌株产生的一种毒素,后来在猪的 ETEC 菌株上也得到证实。该毒素不耐热,抗原性强,将其皮下注入家兔可引起局部血管的渗透性增高,发生水肿。该毒素的毒性可被 LT 血清所中和,所以有人认为它和 LT 是同一种物质,尚需进一步确证。

(3)内毒素 也是一种毒性物质,试验证实给犊牛静脉注射同样可引起腹泻,大剂量注射可引起死亡。

(三)常见疾病

1. 猪

(1)仔猪黄痢 由典型的 ETEC(有黏附素)和一些非典型的 ETEC(无黏附素)约 70 个不同血清型引起,常见的有:O_8:K_{88},K_{99},O_{60}:K_{88},O_{138}:K_{81},O_{139}:K_{82},O_{141}:K_{88},K_{85},O_{45},O_{115},O_{147},O_{101},O_{149},等,这些菌株产生 LT 和(或)ST,主

要在生后数小时至5日龄以内仔猪发病，以1~3日龄最为多见，1周以上的仔猪很少发病。表现为拉黄痢，粪大多呈黄色水样，内含凝乳小片，顺肛门流下，其周围多不留粪迹，易被忽视。下痢重时，后肢被粪液沾污，从肛门冒出稀粪。病仔猪不愿吃奶、很快消瘦、脱水，最后因衰竭而死亡。小母猪阴户尖端可出现红色，病仔猪精神、食欲不振。急者不见下痢，身体软弱，倒地昏迷死亡。发病率和致死率相对较高。以腹泻排出黄色或灰黄色水样稀粪、发病急、迅速脱水、衰弱、死亡为特征。发病率通常在90%以上，死亡率可高达100%。发病率随日龄的增加而逐渐降低。

（2）仔猪白痢　可由多个血清型引起，主要是由血清型 $O_8:K_{88}$ 的大肠杆菌引起，O_{66}、O_{115}、O_{141}、O_{149}、O_2、O_{45} 血清型次之，这些菌株只有部分产生 LT 或（和）ST。本病一年四季都可发生，但一般以严冬、早春及炎热季节发病较多。本病的发生与仔猪日龄有关，主要发生于10~30日龄仔猪，以10~20日龄仔猪发病最多，7日龄以内或30日龄以上发病的较少。其特点是发病率高，致死率低，临床表现为下痢、排出乳白色或灰白色黏稠腥臭粪便，剖检以肠炎为特征。母猪的饲养管理和猪舍卫生等多方面的各种不良的应激，都是促使本病发生的重要原因，并可影响病情的轻重和能否痊愈。

（3）仔猪水肿病　本病多由 $O_{139}:K_{82}$、$O_{138}:K_{81}$、$O_{141}:K_{85}$ 等多种血清型的 SLTEC 引起，细菌产生神经毒素和 VT 毒素。该病是仔猪断奶前后的一种大肠杆菌毒素中毒性疾病，发病率不高，但致死率非常高。流行特点常见于肥胖的断奶不久的仔猪，肥育猪或10日龄以下的仔猪很少见。在气候骤变、饲料单一的情况下，容易诱发本病。一般呈散发，有时呈地方流行性发生。临床症状是突然发病，不食，眼睑、头部、颈部水肿，严重的可引起全身水肿，指压水肿部位有压痕。发病初期有神经症状，表现兴奋、转圈、痉挛或惊厥，运动失调，粪尿减少，有的下痢，体温不高，后期后躯麻痹，经1~2d死亡。主要病理变化为水肿。切开水肿部位，常有大量透明或微带黄色液体流出，胃水肿最明显，大肠和其肠系膜高度水肿，呈白色透明胶冻样，体表淋巴结和肠系膜淋巴结肿大，胸腔和腹腔积液。

2. 禽类

由多种血清型引起，最常见的是 O_1、O_2、O_{78} 等，可引起禽类不同临床特征的大肠杆菌病，如败血症、腹膜炎、气囊炎、肠炎、肉芽肿、关节炎、输卵管炎等，对养禽业危害严重。

在各种禽类中，以鸡、鸭、鹅和火鸡等较为易感。各种年龄的鸡均可感染，其发病率与死亡率因受各种因素影响而有差异。大肠杆菌在饲料、饮水、鸡的体表、孵化场、孵化器等各处普遍存在，在种蛋表面、鸡蛋内、孵化过程中的死胚及在蛋中分离率较高。本病在雏鸡阶段、育成期和成年产蛋鸡中均可发生，雏鸡呈急性败血症经过，大鸡则以亚急性或慢性感染为主，若混有其他病原体或应激因素的影响，可使其感染更为严重。对于青年鸡与成年鸡，大肠杆菌病经常与其他病并发。禽大肠杆菌病主要通过种蛋、尘埃、污染的饲料和饮水而传播，一年四季均可发生，多雨、闷热、潮湿季节多发。

禽大肠杆菌病的潜伏期为数小时至3d，无特征性临床症状，但与禽发病日龄、病程长短、受侵害的组织器官及是否并发其他疾病有很大关系，临床上常见下列类型：

(1)急性败血症　急性败血症在鸡、鸭中最常见，多在3～7周龄的肉鸡中发生，死亡率通常为1%～7%，并发感染时可高达20%。3周龄以下雏鸡多为急性经过，病鸡离群呆立或挤堆，羽毛松乱，肛门附有粪污，排黄白色稀粪，病程1～3d。4周龄以上病鸡，一般病程较长，少数呈最急性经过。病鸡常有呼吸道症状，鼻分泌物增多，呼吸时发生"咕咕"的声音或张口呼吸，结膜发炎，鸡冠暗紫，排黄白色或黄绿色稀粪，食欲下降或废绝。

鸭大肠杆菌败血症主要发生于2～6周龄雏鸭，病鸭精神委顿，食欲减少，偶立一旁，缩颈嗜睡，两眼和鼻孔处常附黏性分泌物，有的病鸭排出灰绿色稀便，呼吸困难，常因败血症或体质衰竭，脱水死亡。纤维素性心包炎是本病的特征性病理变化，心包膜肥厚、混浊，纤维素和干酪状渗出物混合在一起附着在心包膜表面，有时和心肌粘连，常伴有肝包膜炎，肝肿大，包膜肥厚、混浊、纤维素沉着，有时可见肝脏有大小不等的坏死斑。脾脏充血肿胀，可见到小坏死点。

(2)胚胎与幼雏早期死亡　用感染的种蛋进行孵化，则鸡胚在孵化后期出壳之前引起死亡，若感染鸡胚不死，则多数出壳后表现大肚与脐炎，俗称"大肚脐"，病雏少食或不食，精神沉郁，腹部大，脐孔及其周围皮肤发红、水肿，多在1周内死亡或淘汰。有的表现下痢，排出泥土样粪便，1～2d内死亡。发生脐炎的病理变化可见卵黄没有吸收或吸收不良，卵囊充血、出血，囊内卵黄液黏稠或稀薄，多呈黄绿色，肠道呈卡他性炎症。肝脏肿大，有时可见散在的淡黄色坏死灶，肝包膜略有增厚。

(3)鸡卵黄性腹膜炎　在腹腔中见有蛋黄液广泛分布于肠道表面，稍慢死亡的鸡腹腔内有多量纤维素样物粘在肠道和肠系膜上，腹膜粗糙发炎，有的可见肠粘连。

（4）母鹅卵黄性腹膜炎　母鹅卵黄性腹膜炎，又称鹅的"蛋子瘟"，一般在初春产卵旺季极易发生，病死率为47%～73%，病鹅一般表现精神委顿，停食，产卵停止，如蛋黄破于腹腔，常见肛门周围羽毛粘有蛋白或蛋黄样物，排泄物中含有蛋白状黏性物和白色或黄色的凝块。

（5）心包炎　心包炎临床上一般无明显症状，但常见突发性倒地，心脏停止跳动而死亡。病理变化可见明显的心包囊混浊并充满淡黄色纤维蛋白渗出液，心外膜水肿并被覆有淡黄色的渗出物。

（6）肠炎　肠炎是禽大肠杆菌病的常见病型，肠黏膜充血、出血，肠内容物稀薄并含有黏液血性物，有的脚麻痹，有的病鸡后期眼睛失明。

（7）输卵管炎　输卵管炎多发生于产蛋期家禽，病禽输卵管膨大，管壁变薄，管内有条索状干酪样物，常于感染后数月内死亡，幸存者大多不再产蛋。

（8）气囊炎　气囊炎常由大肠杆菌与鸡败血霉形体等呼吸道病合并感染而致，一般表现有明显的呼吸音、咳嗽、呼吸困难并发异常音，食欲明显减少，病鸡逐渐消瘦，死亡率可达20%～30%。有些病鸡若心包炎严重，则常可突然死亡。病理变化可见胸、腹等气囊壁增厚呈灰黄色，囊腔内有数量不等的纤维性渗出物或干酪样物。

（9）全眼球炎　全眼球炎临床表现眼前房积脓、失明，大部分鸡以死亡或淘汰而告终，临床上不常见。

（10）肉芽肿　肉芽肿常见于火鸡，多发于产蛋期将结束的母禽，一般以慢性过程为特征，临床表现为消瘦衰弱，剖检时主要病理变化在肝、盲肠、十二指肠、肠系膜或肺上产生特殊的花椰菜状的结节。肝脏则表现大小不一、数量不等的坏死灶。

3. 牛、羊

一部分是由产生 ST 的 ETEC 菌株引起的犊牛或羔羊腹泻，其血清型繁多，有近40个血清型。另一部分是不产生 ST 的致病性大肠杆菌引起的牛乳腺炎、腹泻或败血症。

除上述动物外，其他幼龄动物均可发生大肠杆菌病，多表现为腹泻或败血症。

（四）控制

大肠杆菌主要通过饲料、饮水、畜舍、浮尘、种蛋等途径传播，因此选购动物源性饲料时，应特别注意检测。另外，应改善饲养环境的条件，包括：加强鸡群的饲养管理,降低鸡舍的饲养密度,注意控制鸡舍内的温度、湿度和通风,尤其是雏鸡阶段,更要注意防止潮湿、寒冷。由于经蛋传播是大肠杆菌病传播方式之一,因此应加强对种蛋污染的控制。同时,孵化器和各种器具均要按严格的消毒制度进行彻底消毒。此外,还要增加饲料中的蛋白质和维生素 E 的含量,减少各种应激因素。不定期饲喂乳酸菌片,维持鸡肠道正常菌的平衡,减少致病性大肠杆菌的侵入。

二、沙门杆菌

沙门杆菌(图 3 - 4)是肠杆菌科中寄生于人和动物肠道内的革兰阴性杆菌。1885 年沙门氏等在霍乱流行时分离到猪霍乱沙门菌,故定名为沙门菌属。绝大多数沙门菌对人和动物有致病性,能引起人和动物的多种不同临床表现的沙门菌病,并为人类食物中毒的主要病原之一。

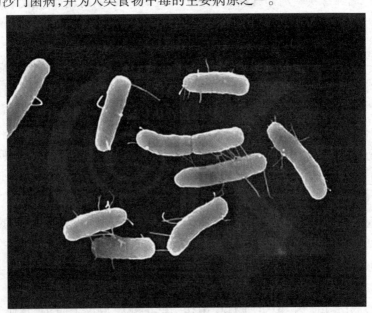

图 3 - 4　沙门杆菌

沙门菌繁殖的适宜温度为 20 ~ 30℃,在水中可生存 2 ~ 3 周,粪便中生存 1 ~ 2 个月,在冰冻土壤中可过冬。在自然条件下,病菌的抵抗力较强,在室温条件下可存活 7 年之久,在土壤中可以存活 14 个月,鸡舍内的病菌可以生存到第二年。由于沙门菌很容易在自然环境及动物体内存活和增殖,所以饲料原料(包括动物性及植物性原料)在粉碎加工及打包过程中都可能会引进沙门菌而污染饲料。

（一）病原

1. 形态特征

沙门菌的形态和染色特性与同科的大多数其他菌属相似,多为两端钝圆的中等大杆菌,菌体长为 2 ~ 5μm,宽为 0.7 ~ 1.5μm,革兰阴性,兼性厌氧。除鸡白痢沙门菌和鸡伤寒沙门菌无鞭毛不运动外,其余各菌均以周生鞭毛运动,且绝大多数具有 I 型菌毛。多数菌株的菌体表面有纤毛,能吸附于宿主细胞表面和凝集红细胞,无芽孢。

2. 抗原构造及血清型

沙门菌具有菌体抗原(O)、鞭毛抗原(H)、荚膜或被膜抗原(K)和菌毛抗原 4 种,并以此对细菌进行分群和分型。O 抗原和 H 抗原是其主要抗原,构成绝大多数沙门菌血清型鉴定的物质基础,目前已发现并鉴定出沙门菌菌株血清型达 2 500 多种,人和畜禽常见沙门菌血清型见表 3 - 2。试验表明,污染饲料的沙门菌主要有以下血清型:O_1、O_4、O_5、O_{12} 和 H 抗原第一相 f,g,第二相 1,2。

表 3 - 2　畜禽及人常见沙门菌血清型

组别	血清型	O 抗原	H 抗原	
			1 相	2 相
A	甲型副伤寒沙门菌(*S. paratyphi* - A)	1,2,12	a	[1,5]
B	鼠副伤寒沙门菌(*S. typhijurium*)	1,4,[5],12	i	1,2
	乙型副伤寒沙门菌(*S. paratyphi* - B)	1,4,[5],12	b	1,2
	德尔卑沙门菌(*S. derby*)	1,4,[5],12	f,g	[1,2]
	布雷登尼沙门菌(*S. bredeney*)	1,4,12,27	l,v	1,7
	圣保罗沙门菌(*S. saint paul*)	1,4,[5],12	e,h	1,2
	海德堡沙门菌(*S. heidelberg*)	1,4,[5],12	r	1,2
	阿哥纳沙门菌(*S. agona*)	4,12	f,g,s	-
	牛流产沙门菌(*S. abortubovis*)	1,4,12,27	b	e,n,x
	羊流产沙门菌(*S. abortusovis*)	4,12	d	1,6
	马流产沙门菌(*S. abortusequi*)	4,12	-	e,n,x

组别		血清型	O 抗原	H 抗原	
				1 相	2 相
C	C1	猪伤寒沙门菌(*S. typhisuis*)	6,7	c	1,5
	C1	猪霍乱沙门菌(*S. choleraesuis*)	6,7	c	1,5
	C1	猪霍乱沙门菌孔成道夫生物型 (*S. choleraesuis biotype Kunzendors*)	6,7	[c]	1,5
	C1	丙型副伤寒沙门菌(*S. paratyphi－C*)	6,7,[Vi]	c	1,5
	C1	汤卜逊沙门菌(*S. thompson*)	6,7,14	k	1,5
	C1	婴儿沙门菌(*S. infantis*)	6,7,14	r	1,5
	C1	蒙得维沙门菌(*S. montevideo*)	6,7,14	g,m,[p],s	
	C1	奥兰尼堡沙门菌(*S. oranienburg*)	6,7	m,t	－
	C2	纽波特沙门菌(*S. newpert*)	6,8	e,h	1,2
	C2	牛病沙门菌(*S. bovismorbificans*)	6,8	r	1,5
	C3	肯塔基沙门菌(*S. kentuck*)	8,20	i	z6
D	D1	伤寒沙门菌(*S. typhi*)	9,12,[Vi]	d	
	D1	肠炎沙门菌(*S. enteritidis*)	1,9,12	g,m	[1,7]
	D1	都柏林沙门菌(*S. dublin*)	1,9,12,[Vi]	g,p	
	D1	仙台沙门菌(*S. sendai*)	1,9,12	a	1,5
	D1	鸡沙门菌(鸡伤寒沙门菌)(*S. gallinarum*)	1,9,12	－	－
	D1	雏沙门菌(鸡白痢沙门菌)(*S. paratyphi*)	1,9,12		
E	E1	鸭沙门菌(*S. anatum*)	3,10	e,h	1,6
	E1	伦敦沙门菌(*S. london*)	3,10	l,v	1,6
	E1	火鸡沙门菌(*S. meleagridis*)	3,10	e,h	1,w
	E2	纽因顿沙门菌(*S. newington*)	3,15	e,h	1,6
	E4	山夫顿堡沙门菌(*S. senftenberig*)	1,3,9	g,[s],t	－
F		阿伯丁沙门菌(*S. aberdeen*)	11	i	1,2

(二)致病性

　　沙门菌均具有毒力较强的内毒素,可引起机体发热、黏膜出血、白细胞减少之后增多和中毒性休克,以致死亡。沙门菌最常侵害幼龄动物发生败血症、

饲料安全应用关键技术

胃肠炎以及局部炎症,成年动物则多表现为散发或局限性发生,但在某些条件下,也呈急性流行性。环境卫生差、饲养密度大、气候条件恶劣、长途运输以及其他病毒或寄生虫感染等应激,均可增加易感动物发生沙门菌病的概率。

沙门菌主要由粪便、尿、乳汁以及流产胎儿、胎衣和羊水排出病菌污染水源、土壤和饲料等传播,特别是因宰杀患病及带菌的牲畜导致病菌的散布,经消化道感染畜禽。也有人认为,鼠类可传播该病菌。饲料和水源的污染是导致沙门菌相互传染的主要原因。各种饲料中均可发现沙门菌,尤其是动物性饲料(如鱼粉)。该菌污染饲料后,不仅引起动物中毒,还造成菌血症,表现为呕吐、腹痛、腹泻并引起局部炎症或加重局部炎症。

沙门菌属是饲料中污染率最高、危害最大的病原细菌。饲料产品中沙门菌属污染主要来自肉骨粉、肉粉、鱼粉等动物性饲料原料,其次是加工、运输、储藏过程污染。但在配合饲料加工过程中,由于制粒(包括蒸汽处理)工艺高温、高压的作用使沙门菌等病原性细菌灭活,能较好地控制沙门菌的污染。

(三)常见疾病

1. 鸡白痢

鸡白痢是由鸡白痢沙门菌引起的,各种年龄鸡都可发生的一种传染病。雏鸡发病表现以发热、拉灰白色粥样或黏性液状粪便为特征;成年鸡发病以损害生殖系统为主的慢性或隐性感染为特征。

病鸡的内脏中都有病菌,以肝、肺、卵黄囊、睾丸和心血中最多。鸡是该病的自然宿主,火鸡也被证明是又一个重要宿主。火鸡和病鸡接触而被传染,以后就在火鸡群中传播下去。此菌对鸡的适应性很高,对火鸡的适应性较低。除了鸡和火鸡以外,鸭、珠鸡、雉鸡、鹌鹑、金丝雀、雏鹅、鹭鸶等有时也可被感染。

病鸡的排泄物是传播本病的媒介物,可以传染给同群未感染的鸡,可以从一个养鸡单位传给另一个养鸡单位。带菌鸡的卵巢和肠道含有大量病菌,病菌随排泄物排出体外,污染周围环境。饲料、饮水和用具被污染后,同群鸡食入这种排泄物,是本病传播的一个主要因素。饲喂患鸡白痢鸡的蛋壳粉,往往引起发病。由于感染鸡长期带菌,产出被感染的受精蛋,不但可以把此病传给后代,而且这些被感染的蛋内含有大量的病菌,对有啄蛋或吃蛋癖的鸡也是一个重要的传染源。感染了的蛋可以污染孵化器和孵坊。感染母鸡产的蛋,在孵化过程中通过蛋壳、羽毛等扩大传染。在孵化器或孵坊中即使只有少数感染雏鸡,也可以很快把病菌传给多数幼雏。此病能通过血液传染,因此啄蛋癖也是传播方式。苍蝇污染了本菌以后，如果接触了饲料，再用这种饲料喂雏鸡，或者苍蝇被雏鸡吃掉，都能引起发病。该病还可以通过交配、断喙、性别鉴别传播，被污染了的免疫器材也能广泛地传播本病。饲养管理条件差，如雏群拥挤、环境不卫生、育雏室温度太高或者过低、通风不良、饲料缺乏或质量不良、较差的运输条件或者同时有其他疫病存在，都是诱发本病和增加死亡率的因素。

鸡白痢由于感染对象不同，临床上表现不同的症状。

（1）胚胎感染　感染种蛋孵化一般在孵化后期或出雏器中可见到已死亡的胚胎和即将垂死的弱雏。胚胎感染出壳后的雏鸡，一般在出壳后表现衰弱、嗜睡、腹部膨大、食欲丧失，绝大部分经 1~2d 死亡。主要病理变化是肝脏的肿胀和充血，有时正常黄色的肝脏夹杂着条纹状出血。胆囊扩张，充满胆汁。卵黄吸收不良，内容物有轻微的变化。

（2）雏鸡白痢　雏鸡在 5~7 日龄时开始发病，病鸡精神沉郁，低头缩颈，闭眼昏睡，羽毛松乱，食欲下降或不食，怕冷喜欢扎堆，嗉囊膨大充满液体。突出的表现是下痢，排出一种白色似石灰浆状的稀粪，并黏附于肛门周围的羽毛上。排便次数多，使肛门常被粪便封闭，影响排便，病雏排粪时感到疼痛而发生尖叫声。有的病雏呼吸困难，伸颈张口。有的可见关节肿大，行走不便，跛行，有的出现眼盲。剖解发现卵黄吸收不全，卵黄囊的内容物质变成淡黄色并呈奶油样或干酪样黏稠物；心包增厚，心脏上常可见灰白色坏死小点或小结节；肝脏肿大，并可见点状出血或灰白色针尖状的灶性坏死点；胆囊扩张充满胆汁，脾脏肿大，质地脆弱；肺可见坏死或灰白色结节；肾充血或贫血，输尿管显著膨大，有时在肾小管中有尿酸盐沉积。肠道呈卡他性炎症，特别是盲肠常可出现干酪样栓子。

（3）青年鸡白痢　青年鸡白痢突出的病理变化是肝脏肿至正常的数倍，整个腹腔常被肝脏覆盖，肝的质地极脆，一触即破，被膜上可见散在或较密集的小红点或小白点，腹腔充盈血水或血块，脾脏肿大，心包扩张，心包膜呈黄色不透明。心肌可见数量不一的黄色坏死灶，严重的心脏变形、变圆。整个心脏几乎被坏死组织代替。肠道呈卡他性炎症，肌胃常见坏死。

（4）成年鸡白痢　成年鸡白痢主要病理变化在生殖系统，表现卵巢与卵泡变形、变色及变性，卵巢未发育或发育不全，输卵管细小，卵子变形呈梨形、三角形、不规则形等形状，卵子变色如呈灰色、黄灰色、黄绿色、灰黑色等不正常色泽，卵泡或卵黄囊内的内容物变性，有的稀薄如水，有的呈米汤样，有的较黏稠成油脂样或干酪状。有病理变化的卵泡或卵黄囊常可从卵巢上脱落下来，成为干硬的结块阻塞输卵管，有的卵子破裂造成卵黄性腹膜炎，肠道呈卡他性症状。

2. 猪副伤寒

又称猪沙门菌病，由于它主要侵害2~4月龄仔猪，也称仔猪副伤寒，是一种较常见的传染病。临床上分为急性和慢性两型。急性型呈败血症变化，慢性型在大肠发生弥漫性纤维素性坏死性肠炎变化，表现慢性下痢，有时发生卡他性或干酪性肺炎。其病原体是猪霍乱沙门菌和猪伤寒沙门菌。本病主要发生于密集饲养的断奶后的仔猪，成年猪及哺乳仔猪很少发生。

其传染方式有两种：一种是由于病猪及带菌猪排出的病原体污染了饲料、饮水及土壤等，健康猪吃了受传染的食物而感染发病；另一种是病原体平时存在于健康猪体内，但不表现症状，当饲养管理不当、寒冷潮湿、气候突变、断乳过早、有其他传染病或寄生虫病侵袭、使猪的体质减弱、抵抗力降低时，病原体即乘机繁殖，毒力增强而致病。本病呈散发，若有恶劣因素的严重刺激，也可呈地方流行性发生。

该病潜伏期3~30d，急性型（败血型）多见于断奶后不久的仔猪。病猪体温升高（41~42℃），食欲不振，精神沉郁，但不像猪瘟那样委顿，鼻端干燥。病初便秘，以后下痢，粪便恶臭，有时带血，常有腹部疼痛症状，弓背尖叫。耳、腹部及四肢皮肤呈深红色，后期呈青紫色。最后病猪呼吸困难，体温下降，偶尔咳嗽，痉挛，一般经4~10d死亡。慢性型（结肠炎型）最为常见，临床表现与肠型猪瘟相似。体温稍许升高，精神不振，食欲减退，反复下痢，粪便呈灰白色、淡黄色或暗绿色，形同粥状，有恶臭，有时带血和坏死组织碎片，以后逐渐脱水消瘦，皮肤上出现痂样湿疹。有些病猪发生咳嗽。病程2~3周或更长，最后衰竭死亡。病理变化是诊断本病的重要依据。急性型主要是败血症变化，耳及腹部皮肤有紫斑；淋巴结肿胀、充血、出血；心内膜、心外膜、膀胱、咽喉及胃黏膜出血；脾肿大，呈暗紫色；肝肿大，有针尖大至粟粒大灰白色坏死灶；胆囊黏膜坏死；盲肠、结肠黏膜充血、肿胀，肠壁淋巴小结肿大。慢性型主要病变在盲肠和大结肠，肠壁淋巴小结先肿胀隆起，以后发生坏死和溃疡，表面被覆有灰黄色或淡绿色麸皮样物质，以后许多小病灶逐渐扩大融合在一起，形成弥漫性坏死，肠壁增厚。肝、脾及肠系膜淋巴结肿大，常见到针尖大至粟粒大的灰白色不死灶，这是猪副伤寒的特征性病变。肺有时见到卡他性或干酪样肺炎病灶。

（四）控制

动物源性饲料中的沙门菌,主要来源于饲料原料如鱼粉、肉骨粉、骨粉、蚕蛹粉等。因此选购时,应特别注意检测。控制沙门菌污染饲料,应采取综合性措施:严格检测,禁止使用被污染的原料;原料和成品分开放置,防止交叉污染;制定灭鼠措施,隔离鸟类和昆虫接触原料;控制饲料的含水量不超过13%;及时清理各种废料;减少粉尘,避免沙门菌扩散;抗菌药物对该菌有抑制作用,因此饲料中添加沙门菌敏感的抗菌药物,可以避免或减轻沙门菌对动物的危害;添加有机酸,消灭和抑制饲料中沙门菌的生长与繁殖。瑞士部分企业实践证明,热处理和有机酸结合使用,是首选的控制饲料中沙门菌的解决方案。

三、葡萄球菌

葡萄球菌属是一群革兰阳性球菌,因常堆聚成葡萄串状而得名,广泛分布于空气、饲料、饮水、地面及物体表面。人及畜禽的皮肤、黏膜、肠道、呼吸道及乳腺中也有寄生,但大多数是不致病的。致病性葡萄球菌常引起各种化脓性疾病、败血症或脓毒败血症。

（一）病原

1. 形态特征(图 3-5)

葡萄球菌呈球形或稍呈椭圆形,直径 $0.5 \sim 1.5 \mu m$,排列成葡萄状。葡萄球菌无鞭毛,不能运动。无芽孢,除少数菌株外一般不形成荚膜,易被常用的碱性染料着色,革兰染色为阳性。其衰老、死亡或被白细胞吞噬后,某些菌株可被染成革兰阴性。

葡萄球菌分类方法很多,过去按产生的色素分为 3 种:金黄色葡萄球菌、白色葡萄球菌、柠檬色葡萄球菌。1974 年根据其生理特性和化学组成分为金黄色葡萄球菌、表皮葡萄球菌、腐生葡萄球菌。《伯吉氏系统细菌学手册》(1986)则将本属细菌分为 20 多种,其中常见的动物致病菌有金黄色葡萄球菌、金黄色葡萄球菌厌氧亚种、中间葡萄球菌及猪葡萄球菌。

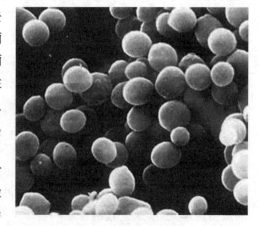

图 3-5　葡萄球菌

2. 抗原构造

葡萄球菌抗原构造复杂,已发现的在 30 种以上,但化学组成及生物学活性被人类了解的仅有少数几种。葡萄球菌细胞壁含有两类抗原:①多糖抗原,具有型特异性。金黄色葡萄球菌的多糖抗原为 A 型,表皮葡萄球菌的多糖抗原为 B 型。②蛋白抗原,即葡萄球菌蛋白 A(SPA),存在于细胞壁上,具有种特异性,无型特异性。90% 以上的金黄色葡萄球菌含有 SPA。

(二)致病性

金黄色葡萄球菌可产生多种毒素和酶,故致病性强。常引起两类疾病:一类是化脓性疾病,例如动物的创伤感染、脓肿、蜂窝组织炎、乳腺炎、关节炎、败血症和脓毒败血症等。另一类是毒素性疾病,被葡萄球菌污染的食物或饲料引起人或动物的中毒性呕吐、肠炎及人的毒素休克综合征等。

致病性葡萄球菌主要的毒力因子包括毒素和酶。毒素主要有溶血毒素、肠毒素、杀白细胞素。多数致病型葡萄球菌可产生溶血毒素,破坏细胞膜的完整性而造成细胞溶解。肠毒素到达中枢神经系统后,刺激呕吐中枢导致食物中毒。致病菌产生的酶主要有凝固酶、耐热核酸酶、溶纤维蛋白酶、透明质酸酶等,利于细菌在体内的扩散。

(三)常见疾病

致病性葡萄球菌引起动物的主要疾病见表 3 – 3。

表 3 – 3 致病性葡萄球菌引起动物的主要疾病

菌名	宿主	所致疾病
金黄色葡萄球菌 (*S. aureus*)	多种动物	脓肿及局部化脓,可导致全身感染、手术后感染
	牛	亚临床、慢性、急性、亚急性或坏疽性乳腺炎,乳房脓疱,乳头基部小脓疱
	绵羊	急性、亚急性或坏疽性乳腺炎,2～5 周龄羔羊脓毒血症,眶周湿疹,葡萄球菌性皮炎
	山羊	亚急性或急性乳腺炎,葡萄球菌性皮炎
	猪	急性、亚急性或慢性乳腺炎,坏死性葡萄球菌皮炎,乳房脓疱
	马	急性,去势所致精索炎
	兔	新生兔渗出性皮炎、脓肿、结膜炎、脓毒血症
	禽	"跛足病",活结葡萄球菌性关节炎及败血症,脐炎
	犬、猫	类似于中间葡萄球菌所致的化脓

菌名	宿主	所致疾病
金黄色葡萄球菌厌氧亚种	绵羊	类似假结核棒状杆菌所致干酪型淋巴结炎
中间葡萄球菌（S. inte rmedius）	犬、猫	幼犬、猫及成年犬、猫脓皮病，伴有细胞介导的迟发型变态反应，内分泌失调，抗生素使用失当所致葡萄球菌性化脓性皮炎、耳炎、呼吸道、骨骼、关节、伤口、结膜、眼睑等感染
猪葡萄球菌（S. hyicus）	猪	渗出性皮炎（通常7周龄以下），败血性多发性关节炎
	牛	乳腺炎

（四）控制

葡萄球菌广泛存在于空气、水、土壤、动物的皮肤及牛的乳房中，尤其是存在于患乳腺炎的动物及其分泌物中。蛋白质、脂肪、糖和水分含量高的饲料或鱼、肉等被葡萄球菌污染后，则迅速繁殖并产生毒素。该毒素耐热，煮沸也不能破坏，被污染物质饲喂动物就有中毒危险。生产中应根据饲料中葡萄球菌的常见污染途径和条件制定相应措施，控制污染。葡萄球菌对磺胺类、青霉素、金霉素、土霉素、红霉素、新霉素等抗生素敏感，因此可在饲料中添加相应药物用于控制，但易产生耐药性。

四、肉毒梭菌

肉毒梭菌，又称肉毒杆菌，是一种腐生性细菌，在营养适宜且严格厌氧环境条件下具有极强的生存能力，是毒性最强的细菌之一。肉毒梭菌是一种致命病菌，在繁殖过程中分泌肉毒毒素，该种毒素是目前已知的最剧毒物，可抑制胆碱能神经末梢释放乙酰胆碱，导致肌肉松弛型麻痹。人和动物食入和吸收这种毒素后，神经系统将遭到破坏，出现眼睑下垂、复视、斜视、吞咽困难、头晕、呼吸困难和肌肉乏力等症状，严重者可因呼吸麻痹而死亡。

（一）病原

1. 形态特征（图3-6）

肉毒梭菌为革兰阳性的粗短杆菌，大小为(0. 9 ~ 1. 2) μm × (4 ~ 18) μm，不同代谢菌群菌株的大小有差异，单在或成双存在。无荚膜，着周生

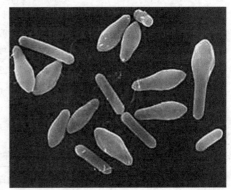

图3-6　肉毒梭菌

鞭毛,能运动。本菌专性厌氧。对温度的要求因菌类不同而异,一般最适生长温度为 30 ~ 37℃,多数菌株在 25℃ 和 45℃ 可生长。

2. 抗原构造

根据毒素抗原性的差异,可将该菌分为 A、B、C_α、C_β、D、E、F 共 7 个型,C 型毒素是目前已知的毒素中毒性最强的。用各型毒素(或类毒素)免疫动物,只能获得中和相应型毒素的特异性抗毒素。另外,各型菌虽产生各型特异性毒素,但型间尚存在交叉现象。

(二)致病性

肉毒梭菌的主要毒力因子是它产生的肉毒毒素。肉毒毒素是一类锌结合蛋白质,具蛋白酶活性,性质稳定,是毒性最强的神经麻痹毒素之一。各型肉毒梭菌均可产生这种毒素,其毒性是氰化钾的 1 万倍。在小肠吸收后两个亚单位分解,神经毒素亚单位通过淋巴、血液作用于靶器官细胞,阻断乙酰胆碱的释放,导致肌肉迟缓型麻痹。

所有恒温动物和变温动物对肉毒毒素具有感受性,在家畜中以马最为敏感,猪最为迟钝。肉毒毒素的型别与致病关系见表 3 - 4。

表 3 - 4　肉毒毒素的型别与致病关系

毒素	媒介物	易感机体	所致疾病
A	发酵豆类、肉类、鱼类饲料	人、鸡	人食物中毒及鸡的软颈病
B	发酵豆类、肉类饲料	人、马、牛	人食物中毒及动物饲料中毒
C_α	池沼腐败植物	雏鸡、鸡、绵羊	鸡麻痹症及雏鸡和绵羊的饲料中毒
C_β	污染毒素的饲料	牛、马、貂	动物饲料中毒
D	腐肉、腐败植物	牛、羊	非洲牛跛病
E	生鱼	人	人食物中毒
F	肉类	人	人食物中毒

(三)控制

肉毒梭菌是一种腐败寄生菌,广泛存在于土壤、动物的粪便、鱼的肠管及人的粪便中,在未开垦的土壤和牧场所在地污染尤为严重。植物性饲料潮湿堆积发热造成腐败和发霉,或动物源性饲料鱼、肉类在加工过程中不注意卫生,均易被肉毒梭菌污染。肉毒梭菌污染的控制措施如下:鼠、鸟可成为肉毒梭菌的携带者,因此要注意灭鼠、控制与防治鸟类接触饲料传播本菌;动物源性饲料原料如屠宰下脚料、鱼类、肉类等需注意消毒,同时加强动物源性饲料肉毒梭菌的检测；畜禽粪便也是污染源，要控制和防治。

五、其他有害细菌及其毒素

(一)小肠结肠炎耶尔森菌

小肠结肠炎耶尔森菌是近几年来国内外很受重视的肠道菌，以肠道感染为主，饲料和饮水污染是肠炎型耶尔森菌病暴发的重要原因。有些肠道菌在6℃以下不能繁殖，而本菌在0~4℃可以发育，因而对于这种可通过饲料传播，而具有嗜冷性的致病菌必须予以重视。

本菌分布广，曾从乳、乳制品、肉、水产等食品，以及猪、牛、羊、狗、鼠及禽类的排泄物检出，猪的带菌率较高(4%~17%)。

(二)链球菌

链球菌种类很多，大多数为兼性厌氧菌，少数为厌氧菌。在自然界分布甚广，水、尘埃、动物体表、消化道、呼吸道、泌尿生殖道黏膜、乳汁等都有存在，有些是非致病菌，有些构成人和动物的正常菌群。致病性链球菌可产生各种毒素或酶，可致人及马、牛、猪、羊、犬、猫、鸡、实验动物和野生动物等各种化脓性疾病、肺炎、乳腺炎、败血症等。

(三)蜡样芽孢杆菌

蜡样芽孢杆菌是需氧性、有运动性、能产生芽孢的革兰阳性大杆菌。在自然界分布极广，常见于土壤和尘埃中。蜡样芽孢杆菌感染有明显的季节性，通常以夏季、秋季最高(6~10月)，由于饲料放置时间较长，使污染的蜡样芽孢杆菌得以生长繁殖，产生毒素引起中毒，分致呕吐型和腹泻型胃肠炎肠毒素两类。引起蜡样芽孢中毒的饲料或食物，大多数腐败变质现象不明显，需用生物学方法进行检测。主要引发恶心、呕吐以及腹泻和肠胃疼痛等。

(四)布氏杆菌

又名布鲁菌，是多种动物和人布氏杆菌病的病原，不仅危害畜牧生产，而且严重损害人类健康，因此在医学或兽医学领域都极为重视。细菌呈球形、球杆形或短杆形，新分离者趋向球形。大小为(0.5~0.7)μm×(0.6~1.5)μm，多单在，很少成双，短链或小堆状。不形成芽孢和荚膜，偶尔有类似荚膜样结构，无鞭毛不运动。革兰染色阴性，不产生外毒素，但有毒性较强的内毒素。

布氏杆菌主要引起人、家畜和野生动物的生殖系统疾病。各种动物感染后，一般无明显临床症状，多属隐性感染，病变多局限于生殖器官，主要表现为流产、睾丸炎、附睾丸炎、乳腺炎、子宫炎、后肢麻痹、跛行等。

(五)副溶血性弧菌

副溶血性弧菌又称嗜盐菌,在含盐 3% ~ 3.5% 的培养基中,37℃ 下 pH 7.5 ~ 8.5 时生长最好,无盐时不生长。副溶血性弧菌广泛存在于近岸海水和鱼贝类食物中,温热地带较多。目前引起中毒的食品主要为海产鱼、虾、贝类,其次为肉类、家禽和咸蛋。临床上以急性起病、腹痛、呕吐、腹泻及水样便为主要症状,重者为黏液便和黏血便。

第二节　脂肪氧化酸败

随着饲料工业的发展,油脂作为一种高能饲料来源被广泛应用,其能为动物提供必需脂肪酸、代谢能,同时能提高饲料适口性和转化率。但是其在储藏加工和使用过程中容易被氧化酸败及变质,特别是当油脂添加到配合饲料中后,表面积增大,为油脂提供了更大的氧化空间。此外,饲料中的铜、锌、铁、锰等元素也会加速氧化酸败,给配合饲料的品质、营养价值及生产安全带来非常严重的危害,给养殖户和饲料生产厂家带来严重的经济损失。

一、脂肪氧化酸败概述

(一)氧化酸败的概念

脂肪暴露在空气中,经光、热和空气的作用,或者经微生物的作用,可被氧化、水解并进一步分解产生醛、酸和酮的复杂混合物,逐渐产生一种特有的臭味,这种作用被称为氧化酸败作用。

(二)氧化酸败的机制

饲料氧化酸败,其实质是由于其中含有不饱和键的物质(脂肪、脂肪酸、脂溶性维生素及其他脂溶性物质)的氧化酸败。脂类氧化酸败分自动氧化酸败和微生物氧化酸败,它们同时发生,也可能由于油脂本身的性质和储存条件的不同而主要表现其中一种。

1. 油脂的自动氧化

自动氧化,是化合物和空气中的氧在室温下,未经任何直接光照,未加任何催化剂等条件下的完全自发的氧化反应,随反应进行,其中间状态及初级产物又能加快其反应速度,故又称为自动催化氧化。脂类的自动氧化是自由基的连锁反应,其酸败过程可以分诱导期、传播期、终止期和二次产物的形成 4 个阶段。饲料中常常存在变价金属(铁、铜、锌等)或由光氧化所形成的自由基和酶等物质,这些物质成为饲料氧化酸败启动的诱发剂,脂类物质和氧气在这些诱发剂的作用下反应,生成氢过氧化物和新的自由基,又诱发自动氧化反应,如此循环,最后由游离基碰撞生成的聚合物形成了低分子产物醛、酮、酸和醇等物质。

2. 油脂的微生物氧化

微生物氧化是由微生物酶催化所引起的,存在于植物饲料中的脂氧化酶或微生物产生的脂氧化酶最容易使不饱和脂肪酸氧化。荧光杆菌、曲霉菌和青霉菌等微生物对脂肪的分解能力较强。饲料中脂肪含水量超过0.3%时,微生物即能发挥分解作用。脂肪分子在微生物酶作用下,分解为脂肪酸和甘油,油脂酸价增高。若此时存在充足的氧气,脂肪酸中的碳链被氧化而断裂,经过一系列中间产物(酮酸、甲基酮等),最后彻底氧化为二氧化碳和水,造成饲料营养价值和适口性降低,并产生一系列的毒害作用。

(三)饲料脂肪氧化酸败的原因

引起饲料脂肪氧化酸败的原因很多,如饲料的来源、生产过程、加工工艺、储存条件等因素或多种单个因素共同作用,均可能导致饲料脂肪氧化酸败,发出哈喇味。

1. 温度与湿度

在生产实践中,饲料的氧化酸败主要发生在高温、高湿季节。实验证明,在常温下放置2个月才会变味的饲料在高温、高湿条件下几天就会变味,这说明高温、高湿条件是加速氧化的主要因素。

2. 油脂含量

脂肪或油脂含量高或添加油脂量较大是饲料氧化变质的内部因素。如果饲料中富含动植物油脂或国产鱼粉,因其所含脂肪量和游离脂肪酸含量较高,在加工和储存条件与技术不当时,饲料极易氧化酸败。

3. 微量元素的添加剂量

不饱和脂肪酸具有自动氧化特征,光、热、酸、碱、金属离子等均是很好的催化剂,特别是Cu^{2+}、Zn^{2+}、Fe^{2+}等金属离子较活泼,使用高水平添加剂易促进饲料氧化变质,其作用机制是将氧活化成激发态,促进自动氧化过程。例如当铜的浓度达到0.05mg/kg时,就能使油脂的保质期缩短1/2。从饲料哈喇味产生的严重程度,乳猪料>仔猪料>鸡料,也可以看到,微量元素水平特别是Cu^{2+}水平对饲料氧化酸败起较大作用。

4. 空气中的氧和过氧化物

空气中的氧和过氧化物不断地对饲料进行着氧化作用。籽实被粉碎成颗粒后,失去了种皮的保护作用,比完整的籽实更易于氧化。饲料中的脂溶性维生素如维生素 A、维生素 D 和 β - 胡萝卜素最易遭受氧化破坏。其次是饲料中的不饱和脂肪酸和部分氨基酸及肽类对氧化作用也很敏感,抗氧性极差,易被氧化变质,发生酸败。

5. 其他原因

(1)光照 紫外线能加速油脂中的游离基生成的速度,还能激活氧变成臭氧,使之极易发生加成反应,生成臭氧化物。臭氧化物极不稳定,在水的作用下进一步分解成醛、酮、酸等物质,使油脂酸败。另外,油脂中残留的天然色素会强烈吸收邻近的可见光,加速氧化。光照还能破坏油脂中的维生素 E,使抗氧化性下降而发生酸败。

(2)表面积 油脂添加于配合饲料中后,随着表面积的增大,加大了与空气的接触面积,也会加速氧化过程。

(3)存放时间 随着存放时间的延长,油脂的抗氧化性能下降,一旦氧化开始,其速度会成倍增加。

(4)储存不当 饲料存放于高温、高湿环境,饲料中水分含量较高、保存期过长等都可造成饲料脂肪酸败的发生。

二、饲料脂肪氧化酸败对动物健康和饲料品质的影响

脂肪氧化酸败的产物有醛、酮、醇、酯、酸等不同化合物,这些物质可能产生各种异味,有些本身具有毒性,对动物产生不良影响,有些则对其他营养成分产生破坏作用。其危害大致可归纳为以下几个方面:

1. 降低适口性

酸败油脂中含有脂肪酸的氧化产物如短链脂肪酸、脂肪聚合物、醛、酮、过氧化物和烃类,具有不愉快的气味及苦涩滋味,降低了饲料的适口性,甚至出现动物拒食现象,严重者会导致畜禽采食后中毒或死亡。

2. 降低饲料营养价值

脂肪酸败造成油脂中营养成分的破坏,使其营养价值降低或完全不能作为饲料使用。首先,作为必需脂肪酸的高不饱和脂肪酸,如亚油酸和亚麻酸等遭到破坏,动物长期饲喂后,会因缺乏必需脂肪酸而出现缺乏症。其次是脂肪氧化过程中能形成大量高活性的自由基,这些自由基能破坏维生素,特别是脂溶性维生素,并能破坏细胞膜的功能,造成维生素缺乏症,例如脑软化症、猪的脂肪肝以及总体生产性能下降。饲料油脂中的维生素遭到破坏后,其他饲料成分及添加的复合维生素也会发生连锁反应而被破坏,从而严重影响饲料中脂溶性维生素的吸收,可能造成母畜不孕或孕畜流产。

实验证明,长期摄入酸败脂肪能加剧核黄素缺乏,影响机体生长发育,使机体抵抗力下降。据推测可能有两方面的原因:一方面,由于酸败过程的氧化或分解产物对肠道菌群的作用,使核黄素不能很有效地被机体吸收利用;另一方面,氧化产物增强机体对核黄素的消耗及代谢,致使核黄素需要量增高。

3. 降低饲料利用率

由于氧化酸败产生的过氧化物对肠黏膜造成的刺激,降低了营养物质的吸收;同时,氧化产物与脂类形成不能被吸收的聚合物,影响了脂类的消化吸收;蛋白质与次级氧化产物发生交联反应,降低蛋白质的消化吸收;氧化产物还可直接破坏赖氨酸及含硫氨基酸等,使饲料利用率降低。

4. 降低动物的生产性能

多数研究表明,动物摄取含氧化油脂的饲料后生产性能降低。其主要原因,可能与氧化饲料适口性下降导致饲料摄入减少有关或与饲料转化率降低以及氧化油脂营养价值下降有关,也可能与氧化油脂加快肠黏膜上皮细胞和肝细胞增殖更新,从而增加了维持需要有关。同时氧化产物对动物机体生理生化功能的不良影响可能是最重要的原因。

5. 降低酶活性

酸败油脂不仅能破坏饲料中营养素,而且其氧化产物如酮、醛等,对机体的几种重要酶系统如琥珀酸氧化酶和细胞色素氧化酶等有损害作用,从而造成机体代谢紊乱,生长发育迟缓。

6. 影响免疫功能

酸败油脂的代谢产物对机体内某些细胞(如免疫活性细胞等)有毒害作用。研究证明,酸败氧化过程的副产物能使免疫球蛋白生成下降,肝和小肠上皮细胞损伤率提高,而饲料利用率下降,致使动物(尤其是幼雏)发生脑软化症,引起小肠、肝脏等器官的肥大。

7. 影响着色效果

脂肪氧化酸败的过程必然会同时对叶黄素等色素产生类似的破坏作用,而且氧化代谢产物对叶黄素的吸收、沉积产生不良影响,会严重影响肉鸡皮肤、脚胫及蛋黄的着色。

8. 实质器官病变

长期摄入酸败油脂,会使动物体重减轻和发育障碍,这可能是由于油脂氧化产物破坏饲料中的维生素和必需不饱和脂肪酸所引起的,也可能是由于这些氧化产物本身具有毒性。以亚油酸为例,其过氧化物在过氧化物值达到最高后的下降期,生成的量最多,而且易通过肠壁运转,因而对机体造成不良的影响。

三、饲料脂肪氧化酸败的评定

1. 感官评定

饲料氧化酸败后,往往会在颜色、气味、组织结构上发生一系列的变化。酸败油脂往往颜色变褐或变绿,出现浑浊或絮状物,并且常常伴有辛辣、脂化和腐败等不良气味,用手触摸时有湿和黏滑的感觉。

2. 实验室评定

(1)油脂中酸价的测定 酸价是指中和1g油脂中游离脂肪酸所需的氢氧化钾毫克数。饲料氧化酸败后,往往会产生游离脂肪酸。根据这一特性,用乙酸和乙醚等量混合后提取游离脂肪酸,然后用标准碱溶液中和滴定到终点,根据消耗碱量计算出酸价。一般酸价大于6时,表示油脂已经氧化酸败。

(2)油脂中过氧化物值的测定 碘化氢与油脂中的过氧化物反应而析出碘,再用微热、中性或弱酸性的硫代硫酸钠标准溶液滴定析出的碘,根据硫代硫酸钠消耗量可求得油脂过氧化物值,当过氧化物值大于200时,表示油脂已经氧化酸败,不适宜使用。

(3)油脂硫代巴比妥(TBA)值的测定 由于饲料中的不饱和脂肪酸氧化分解而产生的丙二醛,可在酸性条件下被蒸馏出来,并能与硫代巴比妥(TBA)反应生成TBA色素(红色化合物),用分光光度计进行比色测定。

(4)碘值的测定 碘值指100g油脂吸收碘的克数。该值的测定是利用不饱和双键的加成反应。碘值越高,油脂中双键越多;碘值降低,说明油脂发生了氧化。

(5)羰基值的测定 油脂氧化时,会产生醛类和酮类,醛和酮的量以羰基值表示。羰基值的测定方法一般是以测量由醛或酮与2,4-二硝基苯肼作用所产生的腙为基础。

四、控制饲料脂肪氧化酸败的措施

饲料油脂氧化是不可逆的化学反应,它在储存加工过程中时刻都在进行着,且很难为人所觉察,哈喇味产生后,再采取抗氧化措施为时已晚。控制饲料脂肪氧化酸败最有效的方法是改进饲料配方,改善储存环境,控制酸败条件。

(一)改进饲料配方

1. 合理选择饲料原料

饲料原料对于饲料的氧化酸败具有重要的影响,尤其是饲料中脂类物质的种类、含量以及脂类本身的不饱和程度。研究发现,亚油酸和其他多不饱和脂肪酸的氧化速度比油酸高得多,说明油脂的不饱和程度越高,精炼程度越低,则越容易发生氧化酸败。炎热季节要谨慎使用鱼油、玉米油等富含高不饱和脂肪酸的油脂以及全脂米糠、统糠等。

2. 合理选择和配比维生素

在饲料中添加维生素 A、维生素 E 和维生素 C 能有效保护脂肪免受氧化。维生素 E 可通过中和过氧化反应所产生的游离基和阻止自由基的生成使氧化链中断,从而阻止脂肪的过氧化。维生素 C 可使主要的抗氧化剂再生,而维生素 A 是单氧清除剂。

3. 合理确定微量元素的添加量

微量元素铁、铜、锌等对于促进动物生长、保障动物健康具有重要的作用,但同时这些金属离子又是脂类自动氧化的良好催化剂和抗氧化剂的拮抗因子。因此,在制作配方时,既要考虑微量元素的营养作用,又要考虑其对饲料保存的影响,合理配比。也可选用微量元素螯合物,可防止铁、铜等金属离子对油脂自动氧化的促进作用。

4. 科学使用抗氧化剂

添加抗氧化剂可有效阻止脂类氧化酸败,而添加剂量和种类是油脂稳定性的决定因素。在生产中常用的抗氧化剂有叔丁基对羟基茴香醚(BHA)和叔丁基对羟基甲苯(BHT)。抗氧化剂的最佳使用浓度为 0.02%,过高或过低都会导致油脂的不稳定性增加。

酒石酸、柠檬酸、乳酸、琥珀酸、延胡索酸、山梨酸、苹果酸等物质具有抗氧化剂效力,也可与某些金属离子络合,对促进氧化的金属离子起钝化作用,多作为抗氧化增效剂在饲料中使用。

在生产中,不同种类抗氧化剂之间、抗氧化剂与增效剂之间的合理配制,可起到协同增效作用,具有抗氧化效果好、价格低、使用方便等优点。

(二)改善储存环境,控制酸败条件

1. 降低储存温度

随温度升高,脂肪酶活性增加,微生物生长速度也随之加快,从而加速油脂酸败的速度。温度每升高 10℃能使氧化速度增加 1 倍,相反,降低温度可延缓氧化过程。因此,降低温度有利于饲料的保存。

2. 降低湿度

环境湿度和饲料本身含水量是影响饲料微生物增殖的重要条件。配合饲料中水分含量高时或使用油脂的含水量较高时,能促进油脂水解酸败。

3. 降低饲料包装中含氧量

氧和过氧化物不断地对饲料进行着氧化作用,产生的自由基作为脂类自动氧化酸败的诱发剂。降低饲料包装中的含氧量是防止氧化酸败的有效途径。桶装油脂应尽量装满并盖紧,开启后应尽快使用,未用完应及时封闭盖好。在条件和经济许可范围内,可向饲料包装袋中充入二氧化碳、氮气或运用真空包装技术,使环境缺氧,防止自由基和微生物分泌脂肪酶,可有效防止油脂的氧化酸败。

4. 避光保存

紫外线能加速油脂中游离基生成的速度,并破坏油脂中维生素 E 的抗氧化性,加速脂肪氧化酸败。有试验表明,装在蓝色或无色玻璃瓶内的油脂在 4 周内开始酸败,而在绿色玻璃瓶中的油脂,2 个月仍无变化,故用绿色包装袋包装饲料进行储存和运输是减少脂肪氧化酸败简捷经济的途径。

第三节 疯牛病

疯牛病学名为牛海绵状脑病(BSE),是一种发生在牛身上的进行性中枢神经系统病变,症状为行为反常、恐惧、过度敏感、震颤、共济失调甚至狂乱等,因此俗称为疯牛病。

疯牛病于 1985 年 4 月首次发现于英国,最早被认为是牛的一种新神经系统疾病。当时,英国的农场发现有牛患上了这种神经系统疾病,并具有传染性。英国国家兽医中心实验室的兽医专家对病牛的大脑进行解剖时,发现病牛脑组织呈海绵状变性。根据病理变化,1986 年 11 月这种神经系统的疾病被定名为牛海绵状脑病。

1987 年疯牛病约发生 20 头,当年 9 月以后,该病发生呈上升势,至 1988 年 11 月,共报告有 1 544 头;1990 年 2 月,又暴发此病,并以每月 600 多头递增,每周需处理 130 ~ 200 头患病牛,发病牧场 1 234 个,以南部和西部居多,牛死亡率很高。经调查英国疯牛病并不是从一处扩散,而是从多处同时发生。在排除各种因素后,发现了相同的传播因子,就是牛饲料的原材料在 20 世纪

80 年代后发生了改变,从传统的植物性饲料增加了动物性饲料,这种动物性饲料是由羊脑脊髓及屠宰场内各种内脏弃物加工制成。病羊携带羊瘙痒病因子(即 PrPsc),经饲料转移给牛,成为疯牛病的病原朊病毒。该病原体耐高温,饲料加工温度达不到灭活程度,使得病原体存活下来。首批牛在吃了这种饲料经 3~5 年潜伏期,于 1986 年暴发了第一批疯牛病,以后陆续发生。

一、疯牛病的病原

一般认为该病与羊瘙痒病具有同源性,它们与人类克雅综合征均是海绵状脑病,由被称为朊蛋白(Prion)的蛋白质引起。

朊蛋白(PrP)是由美国加州大学神经生物学和生物化学家 Stanley B Prusiner 发现,并证明其是一种与病毒、细菌、真菌和寄生虫等已知物质并列的全新致病物,该蛋白被发现以来引起生物学与医学界广泛关注,Prusiner 也因此荣获 1997 年诺贝尔生理医学奖。Prusiner 的学说认为,人与动物中枢神经海绵状变性组织均是 Prion 的宿主,其核心内容 PrP 是一种蛋白质,其致病原因是该蛋白错误折叠,具有传染性,是人和动物中枢神经退行性变疾病的共同病原体。Prion 的正常态是正常细胞膜上的糖蛋白分子,称为 PrPc,对蛋白酶敏感;另一类是有致病作用的转化形态称为 PrPsc,正常动物脑中只有 PrPc 而没有 PrPsc,患病动物中则可同时测到 PrPc 及 PrPsc。研究表明这两种 PrP 的氨基酸序列虽然无差别,但其立体构象不同。PrPc 构象中 Ot 螺旋占 42%,P 折叠只占 3%;而 PrPsc 却相反,Ot 螺旋只占 3%,而 p 折叠则高达 43%。朊病毒结构模式图见图 3-7。

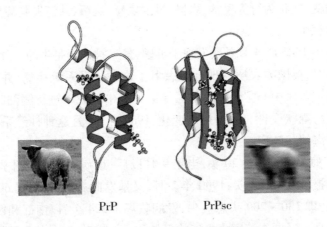

PrP   PrPsc

图 3-7 朊病毒结构模式图

目前对 PrP 有关的脑病发生机制的理论是:感染性的 PrPsc 首先引起宿主 PrP 的翻译后修饰,给予细胞内的 PrPc 一个异常的继发性结构改变,这个结构像 PrPsc 引起最初的感染一样,具有同样的传染性、神经病变和复制能力。修饰后的细胞内的 PrP 也能够聚集和形成与海绵状脑病有关的痒病相关纤维(SFA)。

Prion 的感染和增殖曾提出两种假说,即 Prusiner 的杂二聚体假说和 Lansbury 的聚合作用假说。Prusiner 的杂二聚体假说认为,PrPc 与 PrPsc 形成杂二聚体,在二聚体中可被置换,形成 2 个 PrPsc 分子,下一周期 2 分子 PrPsc 与 2 分子 PrPc 结合,置换后形成 4 分子 PrPsc。感染就是 PrPsc 侵入,复制就是在 PrPsc 的催化作用下,使 PrPc 变为 PrPsc。而 Lansbury 的聚合作用假说认为在聚合体中,以 PrPsc 为核心,外面包围 PrPc,PrPc 对形成聚合体是很必要的,感染就是 PrPc 进入 PrPsc 中。无论哪个假说都说明这种复制机制与以前的病毒和细菌完全不同。即 PrPsc 感染宿主,以 PrPsc 为核心,将宿主的 PrPc 置换为 PrPsc 进行不断增殖,这些 PrPsc 在细胞质内蓄积从而引起疯牛病。

二、疯牛病的传播途径

起初 BSE 源于喂食经病原体污染的、由同类动物肉、血液、凝胶、脂肪等加工制成的饲料,经消化道传染。病原体存在于正常脑细胞里,但能发生变异。变异过程可通过喂食受到变异细胞污染的饲料在动物之间传播。大量的调查和研究得出结论:在种间或个体间,BSE 不能靠接触传播。英国 BSE 危机的直接原因就是饲喂了有问题的肉骨粉,即:患有痒病的羊的副产品—肉骨粉—喂牛—引起牛感染 BSE。

研究表明,不仅牛易感,其他动物也发现痒病因子。早在发现牛患 BSE 时,英国、德国及法国等专家学者就开始对其他动物易感性及与人类感染的可能性进行了系统研究。研究表明,BSE 可以实验感染的其他动物有鼠、牛、绵羊、山羊、猪及水貂等。英国野生动物园的长角羚及德国动物园的鸵鸟均发生过 BSE。英国还有 69 只猫食用由牛肉(骨)制成的动物饲料后感染 BSE。

疯牛病的第二大传播途径是受孕母牛传染给后代。

病牛粪便很可能是传染疯牛病的第三条途径。英国专家向世界各地通报了这一研究结果。他们称,通过给实验鼠直接注射病牛的排泄物,许多实验鼠都感染上了疯牛病。这表明,病牛排泄的粪便也可以成为疯牛病的传播媒介。他们强调说,食粪虫等可以将病牛粪便到处搬移。病牛粪便中传播疯牛病的锯蛋白在土壤中可以存活数年,如果健康牛群恰巧在被病牛粪便污染过的牧场吃草,便可能被传染上疯牛病。

人们一直认为疯牛病是通过食物途径传播的,只要不食用患病畜肉,人类就不会受感染。但英国政府 2003 年宣布,该国一名病人因输血感染了疯牛病,现已死亡。这是世界上第一例可能通过血液传播的疯牛病,从而加剧了人们多年以来的担心,引起了全球新一轮疯牛病恐慌。这名英国病人 1996 年 3 月曾经接受输血,2003 年秋天因患疯牛病而死亡。经查实,供血者是一名已证实的疯牛病感染者,他在当年献血时并没有表现出任何疯牛病症状,3 年后才发病死亡。尽管供血者和受血者分别受到感染,而且均死于疯牛病,但现在还不能证实死者确系血液途径感染,"他也许是食用了不合格的食品而染病的"。这是全球首次出现"疑似血液感染"病例。

三、疯牛病的症状及流行病特征

(一)疯牛病的症状

疯牛病的症状主要是中枢神经系统出现变化,表现为行为反常、容易紧张、激怒;后肢共济失调、战抖和倒下,姿势和步态不稳,身体平衡障碍,难以站立,运动失调,经常乱踢以至摔倒、抽搐;少数病畜可见头部和肩部肌肉震颤和抽搐;对声音和触摸,尤其是对头部触摸过分敏感;产奶量下降,体重下降。

该病潜伏期长,可达几年、十几年甚至几十年。症状出现后,进行性加重,一般只需 2 周到 6 个月,疯牛以死亡而告终。患病牛年龄多在 3~5 岁。常见的一般症状是体质下降、体重减轻和产奶量减少,大部分病牛保持良好的食欲。

剖检发现病牛中枢神经系统的脑灰质部分形成海绵状空泡,脑干灰质两侧呈对称性病变,神经纤维网有中等数量的不连续的卵形和球形空洞,神经细胞肿胀成气球状,细胞质变窄。另外,还有明显的神经细胞变性及坏死。

(二)流行病特征

牛海绵状脑病在奶牛群的发病率高于哺乳牛群,这与品种的易感性无关,原因是两种牛的饲养方式不同。奶牛通常在断奶后前 6 个月饲喂含肉骨粉的混合饲料,而哺乳肉牛则很少饲喂这种饲料。

牛海绵状脑病患牛的比例与牛群的大小成正比,牛群越大,就需要越多的饲料,那么购买被污染的饲料的比率就更大。

疯牛病等海绵状脑病除在牛之间传播外,还能传染给猫、鼬、麋鹿、鹿等多种动物,但兔、马和狗却似乎对此类疾病拥有天生的抵抗力,其中原因还无人知晓。

四、疯牛病的危害

疯牛病发生以来,其阴云就从欧洲扩展到世界各地。疯牛病早已从单纯的畜牧业疾病,发展到危及人类健康和社会稳定甚至人类生存的疾病。疯牛病的传播及危害见图3-8。

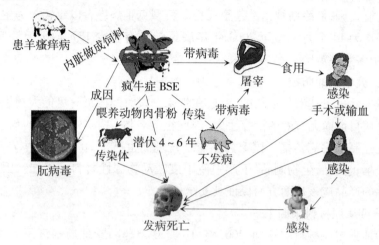

图3-8　疯牛病的传播及危害

(一)对畜牧业的影响

英国疯牛病造成的恐慌已席卷欧洲,并已波及亚洲及全球。今天,疯牛病已成为全世界关注的焦点。特别是在欧洲,群众"谈牛色变",法国出现"恐牛症",许多人不敢再吃牛肉。由于疯牛病的影响,消费者将转向购买白色肉(如鸡肉),如果人们持续购买用粮食转化来的家禽肉和猪肉、谷物,玉米和小麦的价格就会上涨,将造成世界谷物市场动荡不定。

在英国,牛及牛肉产品的出口在农牧产品的出口中占15%～20%,几乎是仅次于谷类产品的第二大类农牧产品。由于疯牛病暴发而出现的一系列禁令和限制,使得英国牛及牛肉出口受到了极大的影响。同时英国用草饲养的牛的出口价格也明显降低,牛奶及奶制品的出口也受到影响。

疯牛病的发生不仅使英国和欧盟其他国家在畜牧业上遭受了直接的经济损失,而且对英国和欧盟其他国家相关产业的市场份额产生了明显的影响。这些产业包括各种肉类加工工业、肉类包装产业、肉类废料处理工业、饲料加工制造产业、明胶制造工业等。这些间接的影响所造成的损失以及中长期的负面影响很难准确估计,但肯定是巨大的,同时也是难以在短期内消除的。

(二)对人类健康的影响

1996年3月20日,英国政府宣布,疯牛病同人类所患的克雅病之间有关系。这是英国在过去10个多月期间对已被发现的10名克雅病患者研究后宣布的。患者脑部会出现海绵状空洞,先是表现为焦躁不安,后导致记忆丧失,身体功能失调,最终精神错乱甚至死亡。新型克雅病患者以年轻人为主,发病时间平均为14个月。截至2003年年底累计已有至少137人死于新型克雅病,其中多数在英国。

五、疯牛病的防控

疯牛病由于其潜伏期长的特点,在将来一段时间内极有可能大规模暴发。由于该病目前尚无有效的治疗手段,因此世界各国均采取了严格的预防和管理措施控制疯牛病传播。国家药品监督管理局也已于2001年6月7日发布了关于禁止药品、生物制品、生产中使用疫区动物源性材料的通知。因此,动物源性的产品应该从两方面保证其安全性:

(一)从原材料来源上

为加强对原材料的管理,2003年10月欧盟药品管理局修订了动物组织的分类,A类为高度传染性组织:中枢神经系统,如牛脑、脊髓、视网膜眼神经、脊髓神经中枢、三叉神经中枢、垂体、硬脑脊髓膜;B类为较低感染性组织:外周神经系统,如外周神经、肠静脉丛;淋巴网状内皮细胞组织,如扁桃体、淋巴结、脾脏、胸腺、瞬膜;消化道,如食管、胃、十二指肠、回肠、空肠、大肠;生殖组织,如胎盘;其他组织,如肝、肺、胰腺、肾、肾上腺、骨髓、血管、嗅觉黏膜、齿龈组织、唾液腺、角膜、血液等;C类为未检测到有感染性的组织:生殖组织,如睾丸、前列腺、精子、卵巢、子宫、胎盘液、胎儿、晶胚;肌肉骨骼组织,如骨骼肌、舌、心肌;其他组织,如气管、皮肤、脂肪、甲状腺、乳腺;体液、分泌物、排泄物,如牛奶、初乳、脐带血、唾液、汗液、眼泪、鼻黏膜、尿液、粪便等。

同时,应建立和保留完备的文件体系来保证动物组织原料的品质,其中应包括:动物地理来源的规范说明等相关资料;屠宰过程达到了卫生品质保证要求;动物组织原料的采集、保存、处理、储存及运输程序。

(二)从疯牛病病原体灭活工艺上

牛源性产品目前的生产工艺主要包括屠宰、组织、器官收集、血液收集步骤的控制;防止脑、脊髓与其他组织、血液的交叉污染等,要有病毒灭活步骤,按照欧洲药审委员会公布的指导原则,一般采取以下办法灭活:

1. 明胶

由牛皮、牛骨制成，需要去除头骨和脊髓，一般采用强碱＋酸预处理。欧洲药审委员会规定，来自一类、二类地区的原材料需要经过酸或强碱处理；而来自三类地区的原材料需要再增加强碱处理。

2. 氨基酸

由牛皮制成，需要进行强酸（pH＜2）及强碱（pH＞11），140℃高压处理30min，过滤，确定高分子的限度。

3. 牛脂衍生物

需进行200℃蒸馏处理20min进行酯基转移或水解反应，12mol/L NaOH进行皂化反应（95℃超过3h或140℃超过8min加压处理）。

漂白液或NaOH处理已被世界卫生组织推荐为病毒以及疯牛病病原体灭活的有效方法。对于来源于动物的生物材料制品，建议参照世界卫生组织推荐的疯牛病病原体灭活的方法。在这样的条件下，不仅可以有效灭活疯牛病病原体，还可以杀灭病毒、细菌等所有其他病原体。企业和科研单位在开发动物源性产品时要有预防为主的理念，考虑疯牛病病原体灭活工艺。

第四节 二噁英

20世纪60年代的美国雏鸡浮脚病事件、越战落叶剂事件、日本米糠油事件，90年代的比利时污染鸡事件、欧洲畜禽乳制品致癌事件，乃至2004年的乌克兰尤先科毁容事件，人们依然记忆犹新。其罪魁祸首就是具有"世纪杀手"、"隐形杀手"、"重复杀手"、"世纪之毒"等多种恶名的"二噁英"。它既非人为生产，又无任何用途，难于生物降解，在食物链中富集，对环境和健康构成严重威胁，已成为全球普遍关注的环境问题以及公共卫生问题。

一、二噁英概述

二噁英（dioxin）是指含有两个或一个氧键连接两个苯环的一类含氯有机化合物的总称，即聚氯二苯并二噁英（PCDDs）和聚氯二苯并呋喃（PCDFs），其分子结构式见图3-9。每个苯环上都可以取代1~4个氯原子，从而形成众多的异构体，其中PCDDs有75种异构体，PCDFs有135种异构体。

（一）理化特性

二噁英有两种形态：挥发性的气体二噁英和颗粒状的固态二噁英。它们在环境中都能长时间存在，且随着氯化程度的增强，PCDDs或PCDFs的溶解

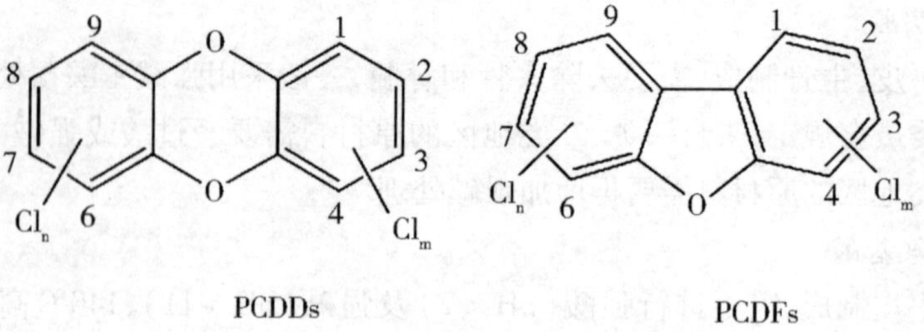

图 3-9   二噁英分子结构

（图中标注：PCDDs、PCDFs，原子编号 1~9，O，Cl_n，Cl_m）

度和挥发性减小。

1. 热稳定性

对热极其稳定，只在温度高达 800℃下才能降解，超过 1 000℃下才能分解破坏。

2. 低挥发性

二噁英及其类似物的蒸汽压很低，在空气中除可被气溶胶体颗粒吸附之外，很少能游离存在，主要积聚于地面、植物表面或江河湖海的游泥中。

3. 脂溶性

二噁英仅在有机溶剂中溶解，几乎不溶于水，极具亲脂性，可以通过脂质转移而富集于食物链中，例如通过食品或饲料而进入人或动物的体内，并积聚于机体的脂肪组织内。其在机体内的存留时间很长，排出人或动物体外的半衰期为 5~10 年，平均长达 7 年。

4. 环境稳定性

二噁英及其类似物对酸、碱稳定，其环境稳定性极高，它在土壤中存在的半衰期长达 9~12 年。

（二）来源

二噁英类化合物在环境中并不自然存在，但由于人类工业活动而使其无处不在。主要的污染源是化工冶金工业、垃圾焚烧、造纸以及生产杀虫剂等产业。日常生活所用的胶袋、聚氯乙烯（PVC）、软胶等物都含有氯，这些有机物在不完全燃烧的情况下可生成芳烃，同时在氯化物和催化剂的作用下，就会在 300~700℃相互反应而释放出二噁英，悬浮于空气中。大气环境中的二噁英 90% 来源于城市和工业垃圾焚烧，目前已知环境中二噁英的主要来源有：①含铅汽油、煤、防腐处理过的木材以及石油产品、聚氯乙烯塑料、各种废弃物特别是医疗废弃物在燃烧温度低于 300~400℃时容易产生二噁英。②造纸厂在

饲料安全应用关键技术

080

纸浆的氯气漂白过程中漂白废液的处理副产物。③某些农药(如除草剂三氯苯氧丙酸和2,4,5-三氯苯氧基乙酸)的生产环节、木材防腐剂、落叶剂、钢铁冶炼、催化剂高温氯气活化等过程都可向环境中释放二噁英。④二噁英还作为杂质存在于一些农药产品中,如灭螺用的五氯酚等。⑤烟草的燃烧和苯酚类的除草剂的生产过程和燃烧过程及用这种除草剂喷洒过的植物的燃烧过程产生二噁英。⑥汽车长期以来因使用二氯乙烷为溶剂的含四乙基铅的高辛烷值汽油,当其燃烧或不完全燃烧时都会产生二噁英有毒物质排入大气中,继而污染植物等。此外,光化学反应和某些生化反应也会产生二噁英污染物。

(三)生成机制

焚烧过程中二噁英生成机制研究主要集中在以下两个方面:Dickson 等提出以氯代芳香族化合物作为前生体,如氯酚、氯苯等,通常在飞灰表面通过非均相催化在 250~400℃反应生成;Stieglitz 等提出由活性炭颗粒与空气、水分和无机氯化物 Cu(Ⅱ)催化通过气—固和固—固反应合成二噁英。

二、二噁英的主要污染途径

1. 通过动物食物链造成的环境污染和生物蓄积

例如,农药、杀虫剂、除草剂等含氯化学品的使用,纸张、废木料、废塑料和金属电线等固体垃圾及作物秸秆的焚烧,城市垃圾掩埋和纸张、纺织品漂白等排放的污水,城市日常使用的橡胶添加剂、增塑剂、润滑剂、胶粘剂、油漆及油墨等的使用均可污染空气、水源和土壤,然后再以大气、河水和海水为媒介通过食物链扩大到生态系统的全面污染,其中包括人畜、陆地和海洋动植物、鱼贝类和鸟类等。大气和土壤中的二噁英可以污染植物,牲畜吃被污染的植物后便将二噁英储存于脂肪中,再经食物链进入人体。现在我国许多城镇都有专门从事收集饭店周围阴沟饭菜的人,将废油重新炼制成食用油或供作饲料,残饭多用于喂猪。可想而知,这种靠阴沟饭菜和垃圾喂养的生猪肉必定富集大量二噁英,危害极大。此外,某些塑料饲料袋,尤其是聚氯乙烯袋、经漂白的纸张或含油墨的旧报纸包装材料等都会将二噁英转移至饲料或含油脂的食品中。从被二噁英污染的纸制包装袋向牛奶的转移仅需几天的时间。

2. 饲料的运输、加工和储存不当也会造成二噁英污染

1957 年、1960 年和 1969 年,美国曾因使用含 PCDDs 的五氯酚处理生皮后提取的肥油做雏鸡饲料,导致数万只雏鸡死亡的"雏鸡浮脚病"。1968 年日本用多氯联苯做热液加热米糠油,因泄漏造成数十万只鸡的突然死亡和 5 000

多人中毒的"米糠油事件"。1973年美国某赛马场因撒放含二噁英的乳油防尘剂而导致马匹中毒。1999年5月,比利时的福格拉公司在收集家畜肥油和废弃植物油的油罐中注入大量废机油,购买这批油脂的维克斯特油脂加工公司又转卖给饲料厂为原料,饲料厂又将被二噁英污染的饲料出口到荷兰、德国和法国等欧洲国家,仅比利时就有400家养鸡场、500家养猪场和150家养牛场受到二噁英污染,涉及用户达7 000多家,污染波及面很广,经济损失达15亿欧元,并造成了严重的经济、政治危机。

此外,因环境污染造成的矿物源性饲料污染也是二噁英污染饲料的途径之一。欧盟2010年发布的监测数据显示,二噁英污染程度最高的饲料产品依次为鱼粉鱼油、油脂类产品和矿物源性饲料产品。

三、二噁英的毒性及危害

在PCDDs/PCDFs众多异构体中,其中毒性最强的2,3,7,8-四氯代二苯并二噁英(2,3,7,8-TCDD)相当于剧毒的沙林的10倍、氰化钾的10 000倍、砒霜的900倍;其皮肤接触毒性是DDT农药的20 000倍,摄入毒性是DDT农药的4 000倍。

二噁英类物质本身没有用处,但其属急性毒性物质,且具有生物浓集的特点,长期微量摄入可造成慢性中毒,在大气、水体和土壤等环境介质中性质稳定,故对人类、牲畜等生物体危害极大。大量研究表明,很低浓度的PCDDs/PCDFs对动物可表现出致死效应,其最大危险是具有不可逆的致畸、致癌、致突变"三致"毒性。人畜暴露在很低浓度的PCDDs/PCDFs环境中,可造成的主要危害有:

1. 致死作用与废物综合征

二噁英可使人畜中毒死亡。其特征是染毒几天之内便出现严重的体重下降,并伴随有肌肉和脂肪组织的急剧减少,即废物综合征,即使低于致死剂量的染毒也会引发体重减轻。但不同动物差异较大。

2. 胸腺萎缩及免疫毒性

二噁英可引起动物的胸腺萎缩,以胸腺皮质中淋巴细胞减少为主,并伴随有免疫抑制,且对体液免疫和细胞免疫均有抑制作用。

3. 氯痤疮

二噁英中毒的重要特征标志是"氯痤疮",即发生皮肤增生或角化过度,并以痤疮的形式出现,并伴随有胸腺萎缩和废物综合征。

4. 肝中毒

中毒以肝脏肿大,实质细胞增生与肥大为其共同特征,但其变损程度与动物种属有关。

5. 生殖毒性

二噁英可使受试动物受孕、坐窝数、子宫重量减少,月经和排卵周期改变,还会造成男性雌性化,如精子减少、睾丸发育中断、永久性性功能障碍、性别自我认知障碍等,女性可能造成子宫癌变、乳腺癌等。儿童可造成免疫机能、智力和运动能力的永久障碍,如多动症、痴呆、免疫功能下降等。

6. 发育毒性和致畸性

二噁英对某些种属的动物有致畸性,并对啮齿动物发育构成毒性。二噁英可使母体致死剂量以下的胎儿死亡。

7. 致癌性

二噁英对动物有很强的致癌毒性。不断染毒的啮齿动物可诱发多部位肿瘤,对小鼠的最终致肝癌剂量为 10ng/kg。1997 年国际癌症研究机构(IARC)将二噁英定为对人致癌的 I 级致癌物。二噁英是全致癌物,单独使用二噁英即可诱发癌症,但它没有遗传毒性。

四、预防二噁英对饲料污染的措施

(1)控制污染的源头 严格执行和实施我国1996年4月1日发布的关于《固体废物污染环境防治法》。减少化学和家庭废弃物。禁止焚烧固体垃圾和作物秸秆,加强对垃圾填埋场的监管。

(2)建立、健全和完善现有饲料监督机构 定期对国内及进出口饲料,尤其是饲用动物骨粉和动物下脚料制成的蛋白类饲料进行管理和监测,一旦发现被二噁英污染或可能污染的饲料应当立即销毁或封存。应当加强对畜牧养殖场和肉、禽、蛋等加工品的监测和管理,务必防止二噁英对饲料仓库、运输车皮及包装材料等的污染。

(3)禁止使用"十二种污染物" 2000年年底由联合国持久性有机污染物(POP)协议签署国(100多个)参加制定了"十二种污染物",即8种杀虫剂(艾氏剂、异狄氏剂、毒杀芬、氯丹、狄氏剂、七氯、灭蚁灵和滴滴涕)、六氯苯、多氯联苯等工业化合物及其副产品。应当减少生产和使用含氯化学农药、除草剂、杀虫剂、杀菌剂、防霉剂和消毒液。在饲料和牧草生产中提倡及推广施用生物农药和有机微肥,开发抗虫基因的饲料作物。

(4)严格管理和严厉打击"油耗子" 防止从酒家、宾馆、食堂等下水道和畜禽加工副产品下脚料中加工回收的油脂重新进入食用或饲用市场,坚决禁止饲养和销售"垃圾猪",坚决堵住二噁英等有毒物质通过食物链污染人畜的污染源。

此外,还要加强对二噁英及其类似物的危险性评估和危险性管理方面的研究,加强对预防二噁英污染方面的知识宣传,以及提高对二噁英污染中毒的自我保护意识。

第四章　饲料添加剂的安全性

随着动物营养学的发展,饲料添加剂的研究和应用得到了迅速的发展,添加剂种类大大增加,其作用不仅是促进生长,一些添加剂已成为促进养分消化吸收或保障动物健康所"必需"的物质,成为全价饲粮中不可或缺的部分。但与此同时,全球性的与畜牧生产有关的食品安全危机愈加突出,如果饲料添加剂产品中存在不安全因素,不但会影响饲养动物的健康和生产,而且会通过残留、转移和蓄积等方式危害环境安全和畜产品安全,最终影响人类健康。

第一节 营养性饲料添加剂的安全性

一、维生素添加剂

在营养性饲料添加剂中,维生素类添加剂造成畜产品食用不安全性的因素主要是:

(一)有毒有害物质含量超标

维生素制剂品质不良,可能含有某些有毒成分或被掺假,所以在使用维生素类添加剂时要注意产品中铅、砷等重金属及有毒有害物质的含量,在使用时应避免化学性和生物性污染。表 4 - 1 列举了我国部分饲用维生素的有毒杂质容许含量。

表 4 - 1 我国部分饲用维生素的有毒杂质容许含量

种类	铅(Pb)	砷(As)
饲料添加剂维生素 K_3(GB 7294—87)	≤0.002%	≤0.000 5%
饲料添加剂维生素 B_6(GB 7298—87)	≤0.003%	–
饲料添加剂 D - 泛酸钙(GB 7299—87)	≤0.002%	–
饲料添加剂烟酸(GB 7300—87)	≤0.002%	–
饲料添加剂烟酰胺(GB 7301—87)	≤0.002%	–
饲料添加剂维生素 C(GB 7303—87)	≤0.002%	–
饲料添加剂维生素 E(GB 9454—88)	≤0.002%	–
产蛋鸡、肉用仔鸡维生素预混合饲料(GB 8831—88)	≤30mg/kg	≤10mg/kg

(二)维生素过量引起中毒

维生素类添加剂根据其溶解性分为水溶性维生素和脂溶性维生素,前者一般对畜禽无害,而脂溶性维生素,特别是维生素 A 与维生素 D,能在动物体内储存,当摄入量显著高于需要量时,可引起维生素中毒。因此,应用维生素制剂时,要注意用量和持续用药时间,防止过量蓄积造成中毒。

1. 维生素 A

(1)中毒机制 维生素 A 从机体排泄的效率不高,如果长期摄入高于代谢需要的剂量,或一次给予超大剂量(50 ~ 500 倍),均有可能引起动物中毒。维生素 A 在肠壁与脂肪酸结合生成酯,通过门静脉进入肝脏,因其排泄速度慢,大量摄入维生素 A 后主要蓄积在肝脏,造成对肝脏的损害,引起畜禽中毒。维生素 A 中毒时,可使肝细胞坏死、肝纤维化和肝硬化,对肝脏造成不可恢复的损伤,并发生肝功能紊乱;可延长凝血时间,使机体易于出血;维生素 A 对软骨正常生长、矿化及重新溶解都很重要,当维生素 A 过多时可引起骨皮质内成骨过度,可使骨细胞活性增强,导致骨质脱钙,骨脆性增加,长骨变粗及关节疼痛,还会影响皮肤和角蛋白的发育。长期大量服用维生素 A,可使动物胎儿畸形。

(2)中毒症状　主要表现为食欲不振或废绝,生长缓慢,消瘦,皮肤干燥、发痒、出现鳞屑和皮疹,被毛脱落,蹄、爪脆而易碎裂,骨变脆、易骨折,长骨变粗,关节疼痛,易出血。妊娠早期饲喂过量的维生素 A 易导致死胎,后期可引起胎儿畸形。因动物品种不同而有一定差异。

1)猪中毒的主要症状　表现为被毛粗乱,皮肤触觉敏感,腹部和腿部有出血斑点,粪尿带血,肢体僵硬,并呈周期性肌震颤。仔猪常因大面积出血而死亡。妊娠早期饲喂大量的维生素 A 可引起胎儿增大,但实验性的大量饲喂并未发现对猪胚胎的毒性和致畸作用。

2)家禽中毒的主要症状　表现为食欲不振或废绝,精神委顿,生长减慢,体重减轻,骨质疏松,骨骼变形。产蛋鸡产蛋下降,有的产软壳蛋;产蛋鸭产蛋个小、色暗、蛋壳变薄。

3)犊牛中毒的主要症状　表现生长缓慢,跛行,步态不稳,瘫痪等。第三指节骨形成外生骨疣,骨节间软骨消失。长期大量给予维生素 A,可造成角的生长缓慢,脑脊液压力降低。

4)犬、猫中毒的主要症状　表现倦怠,牙龈充血、水肿,食欲下降,腹胀,便秘,骨骼生长发育受阻。颈椎和前肢关节周围生成外生骨疣,颈部僵硬,前肢肘部和腕部骨骼融合,行走困难,跛行。猫脊椎骨融合时,脊柱弯曲困难,不能用舌梳理自己的被毛。有的病例表现齿龈炎和牙齿脱落,影响动物的采食和咀嚼。

(3)中毒剂量　维生素 A 在体内存留时间较长,不易从机体排泄,容易造成蓄积性中毒。对于非反刍动物,若连续摄入大于代谢需要剂量的 4 ~ 10 倍以上,反刍动物为需要剂量的 30 倍以上时,会发生机体中毒。如果一次给予超过代谢需要的 50 ~ 500 倍剂量时,则会发生严重的中毒反应。

2. 维生素 D

(1)中毒机制　维生素 D 在畜禽肝脏中可转化为 25 - 羟胆钙醇,进入血液循环,在肾脏中转化为 1,25 - 二羟胆钙醇,是促进骨骼钙化和增加肠道钙吸收的活性物质。但过多的1,25－二羟胆钙化醇可使机体钙代谢紊乱。长期超大剂量使用维生素D,可促进骨盐溶解,使大量钙从骨组织中转移出来,造成骨骼缺钙的同时引起高血钙,随着血液循环,大量钙盐沉积于软组织中,引起大动脉管壁、心肌、肾小管、肺等软组织的广泛性钙化。

(2)中毒症状　畜禽临床表现为厌食、腹泻、呕吐,呼吸困难,体质虚弱,饮水量增加、多尿等症状。同时,由于大量钙从骨中转移出来,使骨骼因脱钙而变脆,易于变形或骨折。由于血钙浓度升高,长期高钙还可造成多发性外周钙化现象,如肾钙化及肾功能衰退,并常形成肾结石。

(3)中毒剂量　维生素D被机体吸收后排泄速率较慢,对于大多数动物,连续饲喂超过机体需要量的4～10倍或更多达2个月后可引起中毒;动物在短时间内,当饲喂超过需要量的100倍剂量时可发生中毒。

二、微量矿物元素添加剂

微量矿物元素一般指在动物体内含量低于0.01%的元素,目前查明必需的微量元素有铁、铜、锌、锰、碘、硒、钴、钼、氟、铬、硼等12种。铝、钒、镍、锡、砷、铅、锂等8种元素在动物体内含量非常低,在实际生产中基本上不出现缺乏症,但实验证明可能是动物必需的微量元素。目前广大畜牧兽医工作者对于微量元素在动物体内的营养生理功能已经充分了解,生产上多以硫酸盐、碳酸盐等形式添加到饲料中,一般不容易出现缺乏或不足。但由于动物对这些微量矿物元素的需要量都非常低,若用量过大或混合不匀,最容易出现的是中毒问题,几乎所有的必需矿物元素摄入过量后都会出现中毒,轻则影响畜禽的生长发育和生产性能,重则造成死亡。

(一)铁

饲料中补充铁盐过多或混合不匀是引起铁中毒的主要原因。预防或治疗动物铁缺乏症时,过量注射铁制剂也可引起中毒。炼铁厂等工厂的污水含铁及可溶性铁化合物较高,若未经处理排出可污染饲草和饮水,动物采食或饮用也可引起中毒。

1. 中毒机制

动物消化道吸收铁的能力较差,吸收率只有5%～30%,在缺铁的情况下可提高到40%～60%,十二指肠是铁的主要吸收部位。铁主要经粪排泄,吸收后的铁排泄很慢,粪中内源铁量少,主要是随胆汁进入肠中的铁。

当高浓度的铁盐进入消化道后,一方面强烈刺激胃肠道黏膜,可引发出血性胃肠炎;另一方面与消化酶作用,使酶蛋白变性、沉淀,影响营养物质的消化。同时,被肠道吸收后的铁盐进入血液,当血液中铁盐浓度超过运输铁蛋白的结合能力时,多余的三价铁沉淀为氢氧化铁,进而释放出人量的氢离子,使血液酸度增加,造成代谢性酸中毒。

2. 临床症状

动物急性铁中毒分为 3 个阶段,初期表现为出血性胃肠炎,如腹泻和呕吐。动物在 1~2d 内可发生休克,血压下降,并伴有惊厥,接着可能引发肝坏死或肝昏迷,最后导致死亡。急性铁中毒血液二氧化碳结合力下降,血小板减少,白细胞增多,血清谷丙转氨酶和谷草转氨酶活性增高,血清铁浓度增加。仔猪可能发生瘫痪及剧烈腹泻。家禽表现为冠苍白,头藏翅下,口流清水,呈昏睡状,水泻,产蛋减少或停止。反刍动物对铁过量较为敏感,表现为剧烈腹泻、运动失调,严重者造成死亡。

动物慢性铁中毒多因饲料中含铁过多或因饲料被含铁的矿物质污染所致,表现为食欲下降,生长缓慢,饲料转化率降低等。

3. 中毒剂量

各种动物对过量铁的耐受力都较强,只有当添加量为正常需要量的 50~100 倍时才发生铁中毒。另外,注意饲粮中添加铁的化学形式和生物学效价,同时须考虑饲粮中与铁的吸收有关的其他因素。猪、禽、牛、羊和兔对饲粮中铁的耐受量分别为 3 000mg/kg、1 000mg/kg、1 000mg/kg、500mg/kg 和 500mg/kg。

(二)铜

铜中毒主要是由于农业及医药上使用了过量的铜盐,饲料中添加高铜或在大型铜矿、冶炼厂等附近,"三废"污染土壤和饮水,造成高铜土壤上生长的牧草中铜含量过高而引起的。

1. 中毒机制

铜的吸收主要部位是小肠,吸收率低,为 5%~10%。吸收方式受饲料铜含量的影响,此外饲料中的锌、硫、钼、铁、钙等元素对铜的吸收也有影响。肝是铜代谢的主要器官,内源铜主要经胆汁由肠道排泄。

急性铜中毒多是由于动物在短期内摄入过量具有凝固蛋白质和腐蚀作用的铜盐,造成胃肠道黏膜出现凝固性坏死,严重者表现为出血性坏死性胃肠炎。慢性铜中毒多是由于动物长期摄入少量铜从而使铜在肝中蓄积,导致许多重要酶的活性受到抑制,肝功能障碍,甚至肝坏死,使谷草转氨酶、乳酸脱氢酶、血浆精氨酸酶及血浆胆红素含量升高。当肝中铜蓄积到一定程度后,大量铜释放入血。血铜浓度迅速升高并进入红细胞和排入尿液,进而造成红细胞脆性增加引发的溶血和肾功能衰竭,甚至血尿和尿毒症。

2. 临床症状

一般而言,急性铜中毒时,动物表现为呕吐、腹泻、剧烈腹痛、粪便稀等胃肠炎症状。慢性铜中毒时,动物食欲下降,生长减缓,被毛粗糙,排绿便或黑便,后期出现溶血、黄疸、血尿等。

猪表现为食欲下降或绝食,走路摇摆、大便黑色干燥呈栗子状,有的带白色薄膜样黏液,随病情恶化,耳、四肢、腹部和臀部皮肤发绀,严重者全身发紫。妊娠母猪中毒后导致流产,死胎。

鸡中毒后,先兴奋后抑制,死前昏迷、惊厥和麻痹。鸭厌食,口腔黏膜形成溃疡或坏死,嗉囊扩张并含有大量黏液,粪便稀呈绿色。后期两腿麻痹,卧地不起,贫血,死亡。

牛急性中毒时,剧烈腹痛,后肢频繁踏步,不断摇尾努责。在运动场中,烦躁不安奔跑,最后卧地不起,心率增加,口吐白沫,瞳孔放大死亡。羊还会出现腹泻,有的发生黄疸、血尿。

鱼中毒后体表和腮的黏液分泌增多,呼吸困难。身体失去平衡,侧游或头向上游,有时在水中转圈,最后呼吸衰竭死亡。

3. 中毒剂量

饲粮在正常钼、硫、锌、铁水平下,不同动物对铜的耐受力因动物种类、品种、年龄而不同。羔羊最敏感,其次是其他反刍动物,单胃动物对过量铜的耐受力较强。绵羊、牛、兔、猪、鸡、马和大鼠耐受量分别为:25mg/kg、100mg/kg、200mg/kg、250mg/kg、300mg/kg、800mg/kg、1 000mg/kg,超过此水平,各种动物均可产生毒性反应。

(三)锌

研究表明,引起动物锌中毒的原因很多,概括起来主要有两个方面:一是随着对锌在促生长、提高免疫力方面的关注,造成广大养殖户实际生产中用高锌饲料、饲草饲喂动物,锌添加量过高而引起锌中毒。另一方面是集约化畜舍输送饲料的镀锌管道污染饲料或动物啃咬镀锌物品中毒。

1. 中毒机制

非反刍动物锌的吸收主要在小肠,反刍动物在真胃、小肠都可吸收,动物对锌的吸收率为 30% ~ 60%。饲料中的有机酸、氨基酸等低分子配位体可与锌螯合促进锌的吸收,而钙、植酸、铜和葡萄糖硫苷与锌有拮抗作用,降低锌的吸收。

高剂量锌的直接毒性使膜性结构的脂质双层分子结构受到破坏,造成胃肠炎;同时,各种含锌酶结构受损,膜的主动运输障碍,导致细胞功能障碍,从而出现腹泻。由于高锌引起饲粮中铜、铁、钙、磷等元素的吸收受阻,引起贫血、骨骼畸形。高锌毒性可使红细胞免疫功能受损、抑制T淋巴细胞增殖,从而降低动物的免疫机能。

2. 临床症状

动物锌中毒一般先出现食欲下降、生长迟缓,然后被毛粗乱、肺气肿、腹泻、关节炎、腿麻木、流产、惊厥以致死亡。

鸡锌中毒表现为产蛋率下降、瘦弱、精神抑郁,低头、闭目、垂尾、羽毛脱落蓬乱、体温偏低、腹泻、便血或粪便混有泡沫和白色稀薄黏液。剖检可见消化道、胰脏、肝脏、生殖器官和免疫器官的病变。

猪锌中毒时,生长变缓、窝产仔数减少,仔猪断奶窝重降低、病猪关节炎、跛行并伴有不同程度的腋窝出血;易发胃肠炎,母猪还会发生软骨病。

3. 中毒剂量

由于猪对锌的正常需要量与中毒量之间的范围较大,生产中一般不会出现锌中毒。正常情况下,猪可耐受正常量的20~30倍的锌量,但由于有机锌比无机锌吸收率高,更易导致猪锌中毒。研究表明,日粮高钙及其他二价矿物元素增多可拮抗锌的吸收而降低锌的毒性。

鸡对高锌的耐受力较强。生产上,添加高锌被广泛应用,是蛋鸡强制换羽的有效措施。有研究表明,当蛋鸡日粮锌水平达4 000mg/kg时,蛋鸡即表现出临床中毒效应。

其他动物对锌的最大耐受量分别为:鹌鹑1 000mg/kg,鸭1 000mg/kg,牛500mg/kg,绵羊300mg/kg,马500mg/kg,兔500mg/kg。

(四)锰

锰是人和动物体维持正常生理活动所必需的微量元素之一,但摄入过量的锰化合物,则会引起机体中毒。中毒主要表现为慢性中毒,急性中毒病例较少。在畜禽生产中,急性锰中毒常见于锰制剂作药用时剂量过大或浓度过高,如高锰酸钾溶液饮水时配制浓度过大,或甲醛与高锰酸钾熏蒸消毒后残剩物被动物误食。生产过程中涉及锰的工厂排放"三废"或锰矿的粉尘污染牧草、饮水以及空气,也可造成动物锰中毒。

1. 中毒机制

锰的吸收主要在十二指肠,吸收率为5%~10%。锰的来源、患病应激及饲粮中铁、钙和磷的水平等因素都可影响锰的吸收率。

过量的锰对神经、肝脏、生殖、免疫和心血管等多种器官和系统均具有毒性作用,锰中毒主要损害中枢神经系统,脑是主要的靶器官。锰中毒机制可能与下列3方面有关:

(1)锰对线粒体有特殊的亲和力　锰在富含线粒体的神经细胞和神经突触中,抑制了 ATP 的合成,产生细胞能量代谢障碍,导致神经细胞病变,引发各种神经症状。

(2)在生物体内适量锰可以对抗自由基氧化作用　过多则激活细胞色素氧化酶 P_{450} 的活性,继而产生自由基,引起细胞死亡。

(3)锰对铁的吸收有拮抗作用　高锰造成铁代谢受抑制,血红蛋白合成降低,产生继发性的缺铁性贫血。

2. 临床症状

畜禽锰中毒均表现为生长受阻、贫血、胃肠道损伤和步态不稳、震颤等神经症状。鸭中毒后精神不振,喜饮水,部分有呕吐现象,不断从口中流出黏稠状液体,排白色粪便,进而陆续死亡。日粮干物质中锰水平大于 500mg/kg时,生长猪就会出现食欲下降、生长受阻。

3. 中毒剂量

禽对锰的耐受力最强,可高达 2 000mg/kg,牛、羊可耐受 1 000mg/kg,猪对锰最敏感,只能耐受 400mg/kg。各种动物耐受力可随锰的拮抗物含量增加而增大。

(五)硒

硒在地壳中含量极低,而且分布不均。硒在动物体内协同维生素 E 发挥着抗氧化、提高免疫力等重要功能,缺硒会导致诸如白肌病、仔猪营养不良和桑葚心及鸡渗出性素质病等多种疾病,但若动物采食高硒地区(如我国湖北恩施和陕西紫阳)生长的植物或作物,如玉米、小麦、青草等,易导致硒急性或慢性中毒。在生产中治疗白肌病等硒缺乏症时,若使用亚硒酸钠过量或混合不均匀都可能引起硒中毒。此外,由于工业污染,用含硒废水灌溉,也可使作物、牧草高硒而导致动物硒中毒。

1. 中毒机制

硒主要在小肠吸收,吸收后硒可分布于全身,主要分布于肝、肾及脾脏,慢性中毒时可大量分布于动物的毛与蹄内,还可通过胎盘屏障造成胎儿畸形。此外,硒还可通过损伤的皮肤及呼吸道吸收。在硒类物质中,有机硒毒性最大,而硒元素相对无毒。

硒及其化合物对动物的毒性主要是硒可取代含硫氨基酸中的硫,从而抑制多种含硫氨基酸酶,使细胞代谢失调,影响蛋白质合成。有研究认为,亚硒酸盐与谷胱甘肽反应产生的硒化氢,与氧反应产生超氧阴离子和其他形式的活性氧,从而对机体造成损伤。过量的硒会影响维生素 C、维生素 K 的代谢,造成血管系统损害。

2. 临床症状

畜禽硒中毒可分为急性和慢性中毒。急性硒中毒以神经症状为主,动物表现步履蹒跚、视觉障碍、食欲下降、腹痛、黏膜发绀等,故又称为"蹒跚病"或"瞎撞病"。初期常不停转圈,后出现四肢及其他部位瘫软,呼吸困难、鼻孔流出白色泡沫状液体,最后因呼吸衰竭而突然死亡。

慢性中毒时表现为精神抑郁、食欲不振、消瘦、贫血、迟钝、关节僵硬、失明等,被毛脱落,蹄过度生长而变形。母畜受胎率低,畸形胎和死胎增多,家禽产蛋率和孵化率低。

3. 中毒剂量

日粮中硒含量为 5mg/kg 即可出现明显的中毒症状,2mg/kg 出现可疑的表现,一般认为动物对硒的最大耐受量为 2mg/kg。同时,动物对硒的最大耐受量与元素的化学形式、动物摄入的持续时间和日粮的成分密切相关,高蛋白日粮可降低硒的毒性,亚麻籽饼对硒的毒性有拮抗作用,饲料中砷、银、汞、铜和镉的水平对硒的毒性影响很大。

(六)碘

碘作为必需微量元素,主要功能是参与甲状腺素组成,动物缺碘就会使甲状腺细胞代偿性实质增生而表现肿大,生长受阻等。但甲状腺肿大不全是缺碘,当动物持续摄入高剂量的碘也会造成因碘中毒而致甲状腺肿大。如果生产中长期饲喂含有几种补充碘成分的物质,或作为治疗和预防传染性蹄部皮炎、呼吸道疾病、放线菌病、乳腺炎以及不孕不育等的方法,将碘化合物作为饲料添加剂来长时间饲喂,就容易造成碘中毒。

1. 中毒机制

碘主要通过甲状腺激素对机体产生毒性作用,可抑制腺体内碘的有机化过程,导致甲状腺素合成受阻,也可抑制腺体分泌激素,导致血液中甲状腺激素水平降低,促甲状腺激素水平升高,引起甲状腺肿大。

2. 临床症状

不同动物碘中毒的表现有所不同,家禽表现为皮疹、咳嗽、鼻炎、结膜发红、产蛋率下降等。猪表现为生长缓慢、采食量降低等。牛在碘中毒后会有持续性咳嗽、高热、流鼻液、食欲减退、精神抑郁、皮炎以及脱毛等症状出现,进而引起呼吸系统疾病,严重者可导致呼吸衰竭而死。绵羊所表现的体征有精神沉郁、食欲不振、高热、咳嗽以及呼吸系统的变化。

3. 中毒剂量

动物碘中毒的程度与碘化合物的类型有关,应激、夹杂症、其他营养性病症等因素也会影响动物对碘的耐受量。不同动物对碘过量的耐受力不同,生长猪可耐受 400mg/kg,禽 300mg/kg,马 5mg/kg,牛、羊 50mg/kg。

三、氨基酸添加剂

氨基酸是构成蛋白质的基本单位,参与机体的生化反应和生理机能过程,是动物最重要的一类营养物质。目前已经发现的氨基酸有 25 种以上,构成动物蛋白质的氨基酸有 20 种左右。这些氨基酸分为两类:一类是动物机体能够合成,并能满足需要,不需要由饲料提供的氨基酸,称为非必需氨基酸;另一类是动物体内不能合成或合成的数量不能满足动物机体的需要,必须由饲料提供的氨基酸,称为必需氨基酸。猪的必需氨基酸为赖氨酸、蛋氨酸、色氨酸、精氨酸、苏氨酸、苯丙氨酸、亮氨酸、异亮氨酸、缬氨酸、苏氨酸共 10 种;鸡除上述10 种外,还有甘氨酸、胱氨酸和酪氨酸共 13 种;鱼类的必需氨基酸为精氨酸、组氨酸、异亮氨酸、亮氨酸、赖氨酸、蛋氨酸、苯丙氨酸、苏氨酸、色氨酸和缬氨酸共 10 种。

蛋白质的营养实质是氨基酸营养,而氨基酸营养的核心是氨基酸的平衡。饲料或饲粮中必需氨基酸的量与动物所需蛋白质氨基酸的量相比,比值偏低的氨基酸,称为限制性氨基酸。目前应用最多的氨基酸添加剂主要是限制性氨基酸。氨基酸添加剂的主要作用是平衡和补足饲粮限制性氨基酸的不足,使其他氨基酸得到充分利用,提高蛋白质的营养价值,改善动物生产性能,增强动物免疫力,促进对钙的吸收以及改善肉品质的作用。常用的植物性饲料,对于猪,赖氨酸常为第一限制性氨基酸,第二限制性氨基酸为蛋氨酸;而鸡等禽类的第一限制性氨基酸为蛋氨酸,第二限制性氨基酸为赖氨酸。

(一)常用的氨基酸添加剂

近年来,随着饲料配方技术的发展,饲料配方已由传统的能量-蛋白模式慢慢向可利用氨基酸模式转变。为了使配方中氨基酸的比例更为平衡和合理,使用氨基酸添加剂就成为必要。目前在必需氨基酸中,使用较多的大品种氨基酸主要是蛋氨酸与赖氨酸,作为饲料添加剂的商品化的氨基酸产品主要有6种。

1. L – 赖氨酸盐酸盐

盐酸盐是赖氨酸的主要商品形式,也是最常用的赖氨酸,L – 赖氨酸盐酸盐为白色或淡褐色粉末或颗粒状,有特殊气味,易溶于水,有旋光性,含量在98%以上,实际 L – 赖氨酸含量在78%左右。主要品牌有日本协和、日本味之素、韩国世元和美国 ADM 等。

2. DL – 蛋氨酸

DL – 蛋氨酸是最常用的蛋氨酸添加剂,为白色、淡黄色结晶粉末,有特殊气味,流动性好,微溶于水,易溶于稀盐酸,无旋光性,含量在98%以上,效价为100%。主要品牌有日本曹达、法国罗纳 – 普朗克、德国的迪高沙等。

3. 蛋氨酸羟基类似物

蛋氨酸羟基类似物又叫羟基蛋氨酸或 MHB,是一种深褐色、有硫化物特殊气味的黏性液体,有效含量大约为88%,效价为蛋氨酸的80%左右。主要品牌为美国的艾立美、法国罗迪美、美国的诺伟思等。

4. N – 羟甲基蛋氨酸钙

N – 羟甲基蛋氨酸钙是羟基蛋氨酸的钙盐,是一种流动性较好、有硫化物特殊气味的白色粉末,蛋氨酸含量大约为67%,效价为86%左右。主要品牌为德国的麦普伦。

5. DL – 色氨酸

DL – 色氨酸是白色或淡黄色结晶粉末,略有异味,难溶于水,有效含量在95%以上。DL – 色氨酸的相对效价,猪为 L – 色氨酸的80%,鸡为50%左右。色氨酸的价格较高,饲料添加剂中较为少用。

6. L – 苏氨酸

L – 苏氨酸为无色或黄色结晶,有微弱特殊气味,易溶于水,除特殊需要外,饲料中并不常用。

(二)氨基酸类饲料添加剂使用的注意事项

1. 选用可靠产品

氨基酸类添加剂因作用重大,价格较高,且目前大多数为进口产品,所以应谨慎选用,防止假冒伪劣。一般来说,进口产品生产工艺较为先进,质量较为可靠。选购这类添加剂时应对产品的包装、外观、气味、颜色等仔细观察,进行鉴别和判断。对有怀疑的产品不要选用,以免影响饲料品质,造成经济损失。

2. 掌握有效含量和效价

赖氨酸饲料添加剂多为 L - 赖氨酸盐酸盐,含量为 98% 以上,其实际含 L - 赖氨酸为 78% 左右,效价可以按 100% 计算;而 DL - 赖氨酸的效价只能以 50% 计算。蛋氨酸饲料添加剂有 DL - 蛋氨酸、蛋氨酸羟基类似物和 N - 羟甲基蛋氨酸钙等。DL - 蛋氨酸的有效含量多在 98% 以上,其效价以 100% 计算;蛋氨酸羟基类似物的效价按纯品相当于 DL - 蛋氨酸的 80%;而 N - 羟甲基蛋氨酸钙的蛋氨酸含量为 67% 左右。因此,在实际应用氨基酸类添加剂时,应先折算其有效含量和效价,以防止添加量过多和不足。

3. 注意使用对象

氨基酸类添加剂多使用于畜禽饲料,特别是动物幼小阶段,以及为减少鱼粉等一些高价格原料的用量而使用,而牛、羊等反刍动物由于能利用微生物合成多种氨基酸,对于中等以下生产水平的反刍动物,一般不使用氨基酸类饲料添加剂。但对高产反刍动物,微生物合成氨基酸则不能满足需要,据研究,日产奶 15kg 以上的奶牛,蛋氨酸和亮氨酸可能是限制性氨基酸;日产奶 30kg 以上的奶牛,除上述两种外,赖氨酸、组氨酸、苏氨酸和苯丙氨酸可能都是限制性氨基酸。水产类动物对化学合成氨基酸的利用率还存在争议,一些研究和实验报道,化学合成氨基酸在鱼类中的利用率不高。因此,水产类配合饲料还是谨慎使用这类添加剂为好。

4. 氨基酸添加种类

饲料添加剂所用的氨基酸一般为必需氨基酸,特别是第一和第二限制性氨基酸。动物对氨基酸的利用还有一个特性,即只有第一限制性氨基酸得到满足,第二和其他限制性氨基酸才能得到较好的利用,以此类推。如果第一限制性氨基酸只能满足需要量的 70%,第二和其他限制性氨基酸含量再高,也只能利用其需要量的 70%。因此,在饲料中应用氨基酸添加剂时,应根据饲料原料配方的实际氨基酸含量,首先考虑第一限制性氨基酸,再依次考虑其他限制性氨基酸。

5. 注意氨基酸的平衡与相互影响

氨基酸平衡是指饲料中氨基酸的品种和浓度符合动物的营养需求。如果饲料中氨基酸的比例不合理,特别是某一种氨基酸的浓度过高,则影响其他氨基酸的吸收和利用,整体降低氨基酸的利用率,称为氨基酸的拮抗作用。氨基酸之间以及与其他物质之间的关系见表 4 - 2。因此,在应用氨基酸添加剂时,应根据畜禽的种类、饲料情况综合、平衡考虑,不要盲目添加,否则可能适得其反,影响生产性能,并造成浪费。

表 4 - 2　氨基酸之间以及与其他物质之间的关系

组成部分	协同物质	拮抗物质
蛋氨酸	胱氨酸、苯丙氨酸、酪氨酸、甜菜碱	胆碱、无机硫酸盐
苯丙氨酸	酪氨酸	缬氨酸、苏氨酸
甘氨酸	丝氨酸	亮氨酸
赖氨酸		精氨酸
缬氨酸		亮氨酸、异亮氨酸
色氨酸	烟酸	苏氨酸

6. 防止氨基酸中毒

在自然条件下几乎不存在氨基酸中毒,只有在使用合成氨基酸大大过量时才会发生。例如,在含酪蛋白的正常饲粮中添加 5% 的赖氨酸或蛋氨酸、色氨酸、亮氨酸、谷氨酸,都可导致动物采食量下降和严重的生长障碍。就过量氨基酸的不良影响来说,蛋氨酸的毒性大于其他氨基酸。

第二节　重金属元素的安全性

重金属元素主要指相对密度在 5.0 以上的 45 种金属元素,包括金、银、铜、铁、铅等,因砷的毒性及某些性质与重金属相似,故在毒理学和卫生学中将砷列入重金属范围,它们在少量甚至微量的接触条件下可引起动物明显的毒性作用,且较难被动物排出体外而蓄积在动物体内,最终对人体造成危害。目前已发现并确定危害较大的重金属元素有汞、铅、镉、砷、铬和钼等,虽然在动物营养上钼、铬等是动物所需的元素,但金属元素对动物的作用具有双重性,毒性作用是相对的。

一、汞

汞(Hg),俗称水银,是常温下唯一的液态金属,呈银白色而有金属光泽。在自然界以金属汞、无机汞和有机汞化合物等形式存在。

汞污染主要来自使用和生产汞或汞化合物的工厂。煤和石油的燃烧、含汞金属矿物的冶炼及以汞为原料的工业生产所排放的废气,是大气中汞污染的主要来源;用含汞农药做种子消毒和施用含汞污泥肥料,是造成作物汞污染的主要来源。因此,在选择饲料原料时,应考虑其来源的区域性。值得注意的是,饲料一旦被汞污染,很难进行脱毒处理。

制碱工业(以汞为电极)、塑料工业、电池工业和电子工业所排放的废水,是水体中汞的主要来源。一般认为,元素态汞无特殊毒性,但若污染水体后,在微生物的作用下,可逐步转化形成毒性更强的甲基汞或二甲基汞等有机汞化合物,进而在水生植物和鱼、虾、贝类蓄积。当富集汞的鱼、贝类加工成鱼粉或贝粉用作饲料后,则会引起畜禽中毒。因此,在利用鱼、虾等水产品作为动物性饲料原料时,要特别注意含汞的工业废水污染水体后通过汞的生物迁移过程危害畜禽。

1. 汞中毒机制

汞中毒是汞化合物进入机体后释放汞离子,刺激局部组织并与多种含巯基的酶蛋白结合,阻碍细胞正常代谢,引起以消化、泌尿和神经系统症状为主的中毒性疾病。

饲料中的汞进入畜禽机体后,多数与血浆蛋白结合,少部分与红细胞内血红蛋白结合,随血液循环分布于全身各组织器官,在肝、肾蓄积,并通过血脑屏障进入脑组织。体内汞的排泄速度很慢,主要经尿、粪和汗液排出,此外,也可通过畜产品排出。

汞离子进入机体后易与蛋白质或其他活性物质中的巯基结合,形成较稳定的硫汞键,破坏蛋白质或酶的结构,从而使一系列具有重要功能的含巯基活性中心的酶失去活性,导致机体的一系列代谢过程发生障碍。这是汞产生毒效应的基础。

汞作用于细胞膜上的巯基、磷酰基,改变其结构和正常功能,进而影响整个细胞。如造成肾小管和肠壁上皮细胞损伤,血管上皮细胞损伤可引起出血,肾小管上皮细胞损伤可导致肾功能衰竭,肠上皮损伤可出现下痢、出血、疝痛等症状。

汞作用于血管及内脏感受器,不断使大脑皮层兴奋并转为抑制,从而出现一系列神经症状。因运动中枢功能障碍,反射活动的协调紊乱,从而表现出称之为"汞毒性震颤"的肌肉纤维震颤。

2. 汞中毒临床症状

汞对动物的毒性很大,家畜家禽都对汞敏感。反刍动物,特别是犊牛、貂和母牛,易感性最高,猪可发生自然中毒,禽、马的抵抗力较大。

畜禽汞中毒会引起消化道黏膜炎症和肾脏损伤,急性中毒临床上多表现为胃肠炎、呕吐(猪)、流涎,反刍停止(牛、羊),腹泻、血尿,粪便中混有血液、黏膜等,随着疾病的发展,导致肾脏和神经机能紊乱,进而体温升高、尿量减少、肌肉震颤、共济失调、失明(猪)、心律不齐、黏膜出血,最终因休克或脱水而死亡。牛中毒时可能仅表现腹痛和体温低于正常而迅速死亡。

慢性中毒主要影响中枢神经系统,表现为流涎、齿龈红肿甚至出血,口腔溃疡,食欲减退,逐渐消瘦,站立不稳。神经症状主要包括兴奋、痉挛、肌肉震颤,后肢麻痹,全身抽搐,在昏迷中死亡。

3. 汞的饲料卫生标准

我国《饲料卫生标准》规定了汞的最大允许量,猪、鸡配合饲料≤0.1mg/kg,石粉≤0.1mg/kg,鱼粉≤0.5mg/kg。

二、铅

铅(Pb),质地柔软,呈灰白色,不溶于水,但溶于稀盐酸、碳酸和有机酸。铅及其化合物在工农业生产中应用广泛,如塑料的稳定剂、颜料或涂料中均含有铅,蓄电池的铅质电极,以及建筑行业中大量使用的铅管、铅板等。铅对环境的污染主要来源于铅矿冶炼、含铅农药和汽车尾气。铅污染环境后随各种途径进入饲料中,动物体内的铅90%来自饲料或食物。

由于产地不同,石粉、磷酸盐等矿物质饲料的铅含量变化很大,可从每千克几毫克到几百毫克。骨粉及肉骨粉中也可能含有较多的铅,因为动物铅主要沉积在骨骼中。某些矿物饲料及鱼粉中,往往含有较高水平的铅。用海水污染较严重区域的鱼制成的鱼粉,产品中含有较高水平的铅。植物中含铅量变化较大,因使用含铅农药(如砷酸铅)可使植物中铅含量从0.2mg/kg升高到100mg/kg,铅矿附近污染的农作物中铅含量可达500mg/kg以上,常常引起畜禽铅中毒。

1. 铅中毒机制

铅对动物的毒性主要引起以神经机能紊乱、共济失调和贫血为特征的中毒。

过量铅摄入后,对红细胞膜及其酶有直接的损害作用,使红细胞脆性增加,寿命缩短,导致成熟的红细胞溶血。另外,铅与蛋白质上的巯基高度亲和,使血红素生物合成过程中各种含巯基酶的功能受损,导致血红素合成障碍,表现低色素小红细胞性贫血。

铅对神经系统的损伤表现为中毒性脑病和外周神经炎。过量铅损伤血脑屏障,引起毛细血管内皮的损伤而减少血液供给,大脑皮层发生坏死性病变和水肿,妨碍外周神经的传导,导致一系列的神经症状和共济失调。

2. 铅中毒临床症状

动物铅中毒主要表现兴奋不安、肌肉震颤、失明、运动障碍、麻痹、胃肠炎及贫血等,因动物品种不同,临床症状有一定差异。

猪对铅有较强的耐受力,中毒后出现尖叫、腹泻、流涎、磨牙、肌肉震颤、共济失调、惊厥和失明等。

家禽表现食欲下降、体重减轻、运动失调、随后兴奋、心跳加快、腹泻、产蛋和孵化率下降。

牛、羊急性铅中毒症状相似,表现明显的兴奋甚至狂躁不安或惊恐、吼叫、视力下降或失明、不避障碍物瞎撞、肌肉震颤、痉挛、流涎、口吐白沫、有的蹒跚、角弓反张。呼吸、心跳加快,一般 12～36h 因呼吸衰竭而死亡。慢性中毒表现为精神沉郁,共济失调,前胃弛缓,便秘或腹泻,3～5d 死亡。

犬、猫表现厌食、呕吐、腹泻、腹痛、咬肌麻痹、有的流涎、狂叫、呈癫痫样惊厥、共济失调等神经症状。

3. 铅的饲料卫生标准

我国《饲料卫生标准》规定,饲料中铅的最大允许含量为:鸡、猪配合饲料≤5.0mg/kg,鱼粉、石粉≤10.0mg/kg,磷酸盐≤30.0mg/kg。

三、砷

砷(As)为类金属,具有金属和非金属的性质。室温下稳定,但加热灼烧时,产生白色的剧毒物质——三氧化二砷和五氧化二砷。

砷为动物营养所必需,小剂量的砷可促进畜禽生长,改善生产性能,常用的含砷添加剂有对氨基苯砷酸(又称阿散酸、普乐健、康乐1)、对氨基苯砷酸钠(又称康乐2)、3-硝基-4-羟基苯砷酸(又称罗沙砷、洛克沙生、康乐3),但含砷饲料添加剂使用过量、混合不匀或长时间连续使用,易引起畜禽中毒。

另外,饲料加工中使用的一些载体物质,如沸石中砷含量超标、作物使用含砷农药或砷污染水源灌溉等都会引起动物砷中毒。

1. 砷中毒机制

砷制剂通过肠壁吸收后进入机体释放砷离子,通过对局部组织的刺激及抑制酶系统,可与多种酶蛋白的巯基结合使酶失去活性,影响细胞的氧化和呼吸以及正常代谢。砷引起的细胞代谢障碍首先危及最敏感的神经细胞,引起中枢神经及外周神经的功能紊乱,出现神经衰弱症状和多发性神经炎。砷进入血液后,可直接损害毛细血管,改变血管壁的通透性,导致脏器严重充血,阻碍组织营养过程,引起器官实质的损伤,如胃肠道和其他脏器损伤。

2. 砷中毒临床症状

各种动物砷中毒症状基本相似。最急性中毒,一般看不到任何症状而突然死亡,或出现腹痛、站立不稳、虚脱、瘫痪以致死亡。

急性中毒表现剧烈腹痛不安、呕吐、腹泻、粪便中混有黏液和血液。呻吟、流涎、大量饮水、站立不稳、呼吸急促、肌肉震颤、卧地不起,多在1~2d内全身抽搐和心力衰竭而死。

慢性中毒表现为食欲、反刍减退,生长停滞,渐进性消瘦,被毛粗乱,易脱落,口腔黏膜红肿。奶牛产奶量下降,孕畜流产或死胎。猪慢性中毒时仅表现神经症状,如运动失调、视力减退、肌肉痉挛等。家禽慢性中毒时,羽毛蓬乱、食欲减退、血便、站立不稳、运动失调,最后在昏迷中死亡。

3. 砷的饲料卫生标准

我国《饲料卫生标准》规定了砷的最大允许量,鸡、猪配合饲料≤2.0mg/kg,鱼粉、石粉≤2.0mg/kg,磷酸盐≤30.0mg/kg。

四、氟

氟(F),在自然界中以化合物形式存在。氟化物溶解度很高,所以水、土壤、岩石、动植物的一切组织中均含有氟。氟在动物体内的主要作用是保护牙齿健康,增加牙齿强度,预防成年动物产生骨质疏松症和增加骨强度。

我国的高氟地区主要集中在荒漠草原、盐碱盆地和内陆盐池周围,当地植物氟含量高达40~100mg/kg,超过动物的安全范围。某些工矿企业(如铝厂、氟化盐厂、氟利昂厂、水泥厂等)排放的"三废"中含有大量的氟,造成邻近土壤、水源和植物的污染。另外,农业上用氟化物做驱虫药及杀鼠药,使农作物中蓄积大量氟。天然矿物质饲料中常有含氟杂质,如用含氟量多的磷灰石为原料制成的饲用磷酸盐常含有过量的氟,连续摄入后导致动物氟中毒。

1. 氟中毒机制

氟是一种对细胞有毒害作用的原生质毒物,进入机体后可直接损伤细胞结构,并对多种酶的活性都具有抑制作用,造成对肝脏、肾脏、内分泌和免疫系统的组织器官结构和功能的损害。除此之外,其主要特征是引起骨骼和牙齿的严重损伤。

过量氟进入体内,被吸收转移到血液中,几乎立即与钙反应形成氟化钙,进而造成过多的氟在骨骼中沉积,使骨质硬化,密度增高。同时,氟对骨基质胶原的影响导致机体骨质疏松,易于骨折。因此,氟对骨的双向作用使动物氟中毒是骨质出现硬化、疏松或者两者共存一体。

过量的氟使牙齿发育期釉母细胞发育和功能受影响,阻碍牙釉质的发育和矿化,导致釉质失去正常结构,引起原发性牙釉质缺损。

2. 氟中毒临床症状

牛、羊对氟最敏感,特别是奶牛,其次是马,猪较少发生氟中毒。氟急性中毒时,猪表现为流涎、呕吐、腹痛、腹泻、呼吸困难、肌肉震颤、瞳孔散大。多数动物出现不断咀嚼动作,严重时抽搐和虚脱,在数小时内死亡。

慢性中毒后,幼畜在哺乳期内一般不表现症状,断奶后放牧 3 ~ 6 个月出现生长缓慢,被毛粗乱,牙齿在形态、大小、颜色和结构方面都发生改变,切齿的釉质失去正常的光泽,出现黄褐色的条纹,并形成凹痕。随年龄增长,氟沉积严重,颌骨、掌骨、肋骨等呈对称性肥厚,外生骨疣和骨变形。骨质密度增大或异常多孔,骨髓腔变窄,骨外膜呈羽状增厚,骨小梁形成增多。

3. 氟的饲料卫生标准

我国《饲料卫生标准》规定了氟的最大允许量,猪配合饲料≤100mg/kg,鸡配合饲料≤250mg/kg,鱼粉≤500mg/kg,石粉≤2 000mg/kg。

五、镉

镉(Cd)是一种可弯曲、有延伸性、有光泽、呈灰色的有色金属,在自然界主要以硫化镉和碳酸镉的形式存在于锌矿中,镉与锌的比例为1:(1 000 ~ 1 200),因镉与锌矿伴生,加工不合理的含锌矿物质饲料原料可能含有高浓度的镉,由此导致饲料添加剂中的镉含量增多。镉在工业中应用广泛,蓄电池、电镀、油漆、颜料、陶瓷等工业及交通运输业均向环境排放含镉废水等工业"三废",造成对空气、土壤和水体的污染,进而造成镉在作物、牧草、畜禽和水生物机体内的蓄积。

1. 镉中毒机制

元素镉本身无毒性,但其化合物尤其是氧化物,毒性较大。不同镉盐毒性有别,常见的有硝酸镉、硫化镉、氯化镉、硫酸镉等,其中以氯化镉毒性最强,可导致畜禽生长抑制,死亡率明显增加,同时对畜禽有致癌作用。此外,镉的毒性受饲料中铜、铁、锌、硒等含量的影响。

过量镉进入消化道后在小肠吸收,主要对肾、肺、肝、脑、骨等产生损伤。一般情况下,游离镉不起毒害作用,只有当其与硫蛋白结合后才表现毒害作用。进入体内的镉在肝脏储存,长期作用可引起肝组织坏死。而且镉与肝脏的金属硫蛋白(MT)结合呈复合物(Cd-MT)向肾脏转移,使肾小管上皮细胞通透性功能损害,引起肾功能障碍,出现蛋白尿、血尿、氨基酸尿、尿钙和尿磷增加。

过量镉影响机体对铁的吸收,引起体内铁含量下降,进而造成贫血。此外,镉对免疫系统有破坏和抑制作用,对生殖系统有较强的毒副作用,引起动物睾丸损伤、坏死和精子畸形等。

2. 镉中毒临床症状

动物镉急性中毒主要刺激胃肠道,出现呕吐、腹痛、腹泻等症状,严重时血压下降,虚脱而死。

慢性中毒因动物品种不同而有一定差异。猪表现为生长缓慢,皮肤及黏膜苍白。绵羊表现为精神沉郁,被毛粗乱无光泽,食欲下降,黏膜苍白,极度消瘦,走路摇摆,严重者下颌间隙及颈部水肿。此外,镉中毒动物会出现繁殖功能障碍,公畜睾丸缩小,精子生成受损,母畜不孕或出现死胎。

3. 镉的饲料卫生标准

我国《饲料卫生标准》规定了镉的最大允许量,鸡、猪配合饲料≤0.5mg/kg,米糠≤1mg/kg,鱼粉≤2mg/kg,石粉≤0.75mg/kg。

第三节　饲料药物添加剂的安全性

饲料药物添加剂是指为预防、治疗动物疾病而掺入的兽药预混物,包括抗球虫药类、驱虫剂类。饲料中需要使用兽药时,只能添加饲料药物添加剂,不能添加原料药或其他剂型的兽药。

一、抗菌药物添加剂

抗菌药物添加剂是指以亚治疗剂量应用于健康动物饲料中的抗菌剂,以改善动物营养状况,促进动物生长,提高饲料效率,包括抗生素添加剂和合成抗菌药物添加剂两大类。

(一)抗生素

抗生素是微生物(细菌、真菌、放线菌等)的发酵产物,对特异性的微生物具有抑制或杀灭的作用。任何动物在其生命的任意阶段都面临被各种微生物感染的威胁,尤其是在受到应激刺激时,如猪在刚出生、断奶、日粮变化、转群等时期,家禽在刚孵出、疫苗接种和日粮变换等时期。自20世纪50年代开始,应付这一危险的管理措施一直是使用抗生素。实践证明,抗生素不仅可以治疗疾病,而且还具有预防疾病发生、减少疼痛、避免继发性感染、避免流行病的发生、稳定肠道微生物菌落、增强动物的生理和代谢性能、促进动物生长和改善饲料利用效率等作用。对于产生这些作用的机制众说纷纭,Rosen(1995)对其进行了汇总,见表4-3。

表4-3　饲用抗生素的作用机制

微生物学		生理学		营养学		机体代谢	
有益菌	+	食糜流动速度	-	能量沉积	+	氨	-
有害菌	-	肠壁厚度	-	肠内能耗	-	毒性胺	
抗药性转移	+	肠道长度	-	氮沉积	+	α-毒素	
竞争营养的微生物	-	肠壁重量	-	限制性氨基酸	+	线粒体脂肪酸氧化	-
营养型微生物	+	肠壁吸收能力	+	维生素吸收	+	细菌细胞壁形成	
产气荚膜杆菌	-	采食量	-	微量元素吸收	+	细菌 DNA 合成	
致病性大肠杆菌	-	粪中水分	-	脂肪酸吸收	+	粪脂肪排泄	
致病性链球菌	-	黏膜细胞更新速度	+	葡萄糖吸收	+	肝脏蛋白合成	+
有益乳酸菌	+			钙吸收	+	肠道碱性磷酸	-
有益大肠杆菌	+			血浆营养成分	+	肠道尿酶活性	

注:"+"表示促进或增加;"-"表示抑制或减少。

目前,世界上生产的抗生素已达200多种,作为饲料添加剂的有60多种。Swann(1968)将抗生素分为治疗用抗生素和饲料用抗生素两类。这一划分主要是考虑人类的安全、药物的残留及交叉耐药性。根据饲用抗生素化学结构可分为四环素类、氨基糖苷类、大环内酯类、多肽类、含磷多糖类、聚醚类等。

1. 四环素类

四环素类抗生素是一类由放线菌产生的,具有并四苯结构的广谱抗生素,包括天然四环素类(如四环素、土霉素、金霉素)和半合成四环素类(如强力霉素、甲烯土霉素),对革兰阳性菌、革兰阴性菌及螺旋体、立克次体、衣原体、支原体及原虫等均有抑制作用。其抗菌机制主要为抑制菌体蛋白质合成。

(1)应用现状　目前四环素类抗生素是我国畜禽生产中使用量较大的抗生素,主要用于立克次体、衣原体、支原体及回归热螺旋体等非细菌性感染和布氏杆菌病,以及敏感菌引起的呼吸道、胆道、尿路及皮肤软组织等部位的感染。兽医临床上多用土霉素治疗肠道多种病原菌感染,如沙门菌引起的犊牛、雏鸡白痢以及大肠杆菌性仔猪黄痢、白痢;鸡巴氏杆菌引起的禽霍乱等。局部应用于各动物组织中坏死杆菌感染引起的坏死或子宫脓肿炎症。金霉素多用作饲料添加剂,用于动物促生长。

但由于四环素类抗生素的耐药性,我国对其作为饲料添加剂使用的问题上有争议。我国农业部于 1984 年批准了饲用土霉素钙盐的生产,但 1989 年首批允许使用的饲料药物添加剂品种中不包括土霉素,1997 年补充进入。目前美国和日本仍在使用。欧盟早在 1976 年就禁止在饲料中饲用四环素,而我国也已禁止在产蛋鸡和繁殖母猪饲料中使用。

(2)不安全性

1)耐药性 由于生产上对四环素类药物的广泛使用,细菌对其耐药现象颇为严重,一些常见病原菌的耐药率很高,而由于化学结构相似还易产生交叉耐药。若在饲料中长期添加,可诱导某些菌群产生一定程度的耐药性,这种耐药性又可通过耐药因子传递给其他敏感细菌,如大肠杆菌一旦对四环素类抗生素产生耐药性,会在很短时间内将耐药性传递给沙门杆菌。

2)毒副作用 四环素类抗生素的毒性作用是由其刺激性、抑制蛋白合成引起的,长期使用有刺激胃肠道、破坏肠道原有菌群平衡、引起消化功能紊乱等毒副作用,出现肠炎和腹泻症状。长期大量使用四环素类药物还可能引起肠内合成 B 族维生素和维生素 K 的细菌受到抑制,进而出现舌炎、口角炎等维生素缺乏症。大剂量四环素类抗生素可损害肝脏,引起脂肪变性甚至脂肪肝;其可透过胎盘屏障,与金属离子结合后被机体吸收导致骨骼生长停滞。

(3)配伍禁忌 四环素类药物与其他药物配伍可产生不良效果,作为饲料添加剂使用时应注意配伍禁忌,如不能与磺胺类药物的钠盐、青霉素、红霉素、氯化钙、葡萄糖酸钙等药物合用。该类抗生素与钙、镁、铁、铝等具有络合作用,生成难溶的络合物,使药效和元素利用率下降。

2. 氨基糖苷类

氨基糖苷类抗生素是由氨基糖与氨基环醇通过氧桥连接而成的苷类抗生素。氨基糖苷类药物按来源可分为 3 类:一是由链霉菌属的培养滤液中获得,如链霉素、新霉素、巴龙霉素、里度霉素、卡那霉素、卡那霉素 B、妥布霉素等;二是由小单孢菌培养的抗生素,如庆大霉素、西梭霉素、阿布拉霉素、小诺米星等;三是半合成氨基糖苷类,如庆大 - 小诺霉素、地贝卡星(双去氧卡那霉素)、阿米卡星(丁胺卡那霉素)等。

氨基糖苷类药物对葡萄球菌属、需氧革兰阴性杆菌、部分结核分枝杆菌和其他分枝杆菌属有较好的抗菌活性,其作用机制主要是抑制细菌蛋白质的合成,并破坏细菌细胞膜的完整性。虽然大多数抑制微生物蛋白质合成的抗生素为抑菌药,但氨基糖苷类抗生素却可起到杀菌作用,属静止期杀菌药。

(1)应用现状　氨基糖苷类抗生素对多数革兰阴性杆菌有强力杀菌作用,对革兰阳性菌也有作用。主要敏感菌为肠杆菌敏感菌株,如变形杆菌属、假单胞菌属及沙菌属革兰阴性杆菌。其中庆大霉素、妥布霉素、丁胺卡那霉素、核糖霉素及小诺霉素对绿脓杆菌具有抗菌效能,丁胺卡那霉素对大肠埃希菌引起的畜禽全身性菌血症有良好的治疗作用。

(2)不安全性

1)耐药性　氨基糖苷类易产生耐药性,同类药间有交叉耐药性,其耐药性的机制最主要是因为细菌借助质体产生钝化酶,钝化或分解抗生素。如氨基糖苷类常被乙酰转移酶、磷酸转移酶和核苷转移酶所钝化,经钝化酶作用后的氨基糖苷类可能与未钝化的竞争细菌细胞内转运系统,使药物失去抗菌活性。许多革兰阴性杆菌、金黄色葡萄球菌、肠球菌属等均可产生钝化酶而呈现耐药性。

2)毒性　氨基糖苷类抗生素的毒性包括耳毒性、肾毒性、神经肌肉阻断及变态反应等。耳毒性包括前庭功能障碍和耳蜗听神经损伤。前庭功能障碍表现为头昏、视力减退、眼球震颤、眩晕、恶心、呕吐和共济失调。

肾毒性主要是由于氨基糖苷类抗生素由肾脏排泄,通过细胞膜吞饮作用可使药物大量蓄积在肾皮质而引起的。轻则引起肾小管肿胀,重则产生肾小管急性坏死。肾毒性通常表现为蛋白尿、血尿等,严重时可产生氮质血症和导致肾功能降低。

神经肌肉阻断可能是由于氨基糖苷类抗生素与钙离子络合,使体液内的钙离子含量降低,或与钙离子竞争,抑制神经末梢乙酰胆碱的释放,并降低突触后膜受体对乙酰胆碱的敏感性,造成神经肌肉传递阻断,引起呼吸肌麻痹,可致呼吸停止。

此外,氨基糖苷类抗生素还可与机体内血清蛋白结合,使机体产生过敏反应而出现发热、皮疹及嗜酸性粒细胞增多症等。

(3)配伍禁忌　钙离子、镁离子、钠离子、钾离子等阳离子以及维生素 C 可影响氨基糖苷类的抗菌活性,应用时应避免与这些物质配合使用。氨基糖苷类与红霉素合用会增加其药物的耳毒性,与右旋糖酐合用会增加其肾毒性。另氨基糖苷类不可与同类药物、氯霉素类联合应用,以免增强毒性。作为静止期杀菌药的氨基糖苷类抗生素与作为繁殖期杀菌药的青霉素类、头孢菌素类配合使用,多数具有协同效应。

3. 大环内酯类

大环内酯类是由放线菌或小单胞菌产生具有大内酯环的弱碱性抗生素,这个内酯环通常为 12 ~ 20 元环,也可更多。自 1952 年发现红霉素以来,已连续有竹桃霉素、螺旋霉素、吉他霉素、罗红霉素、麦迪霉素、交沙霉素及它们的衍生物问世,并出现动物专用品种如泰乐菌素、替米考星等。阿维菌素、伊维菌素也属于大环内酯类,具有广谱杀寄生虫作用。近年来又开发出来一些令人瞩目的新品种,如阿奇霉素、克拉霉素、地红霉素、氟红霉素、罗他霉素、罗米沙星等。另外,酮内酯、酰内酯、氮内酯、脱水内酯等新大环内酯类抗生素也陆续用于临床。大环内酯类主要作用于细菌细胞核糖蛋白体 50s 亚单位,阻碍细菌蛋白质合成,属于生长期抑制剂。

(1)应用现状　大环内酯类抗生素除对革兰阳性菌有较强的抗菌活性外,特别是对耐青霉素的金黄色葡萄球菌、部分革兰阴性菌、部分厌氧菌、支原体、衣原体、军团菌、胎儿弯曲杆菌、螺旋体和立克次体均有抗菌活性,毒副作用和不良反应比氨基糖苷类、四环素类和多肽类等抗生素低,又无青霉素类抗生素的严重过敏反应,在临床上广泛应用于上下呼吸道、皮肤软组织、泌尿生殖道和胃肠道感染。

(2)不安全性

1)耐药性　细菌对大环内酯类耐药主要是由于靶位的改变。位于质粒或染色体上的甲基化酶结构基因,在药物诱导下被活化合成甲基化酶,使细菌核糖体 50s 亚单位的结构发生改变,降低其与药物的亲和力,产生耐药。此外,细菌产生各种灭活酶介导产生耐药性,如大肠埃希菌产生的酯酶和磷酸化酶可破坏 14 元环大环内酯类抗生素的内酯环;金黄色葡萄球菌产生酯酶,能分解 14 元环和 16 元环大环内酯类抗生素。

2)毒性　大环内酯类抗生素是一类较安全有效的药物,因使用不当造成的毒性主要有胃肠道的刺激作用,表现为呕吐、腹痛、腹泻等;还可能诱发心脏毒性,对肝肾功能障碍的动物,心脏的毒性作用可能加重。在静脉注射的时候还可能产生肾毒性、低血钾症和血栓性静脉炎等副作用,少数动物可能出现药物过敏。

(3)配伍禁忌　避免与 β – 内酰胺类抗生素等繁殖期杀菌剂合用,以免发生拮抗反应;大环内酯类抗生素为肝脏药酶抑制剂,而许多药物如茶碱、卡马西平、环孢霉素和华法令等可通过细胞色素 P_{450} 酶进行代谢,故与上述药物合用时干扰其药物代谢,需调整剂量。此外,大环内酯类与阿司咪唑和特非那丁合用可诱发严重的心脏毒性反应,如红霉素、竹桃霉素、克拉霉素可抑制机体对药物的代谢而使药物浓度升高,引发室性心动过速或室性心律不齐。

4. 多肽类

多肽类抗生素从多粘杆菌或产气孢子杆菌的培养液中提取制得,其排泄迅速、不易产生耐药菌株,是最安全的畜禽促生长抗生素之一。目前世界上广泛应用,需求量大。主要有杆菌肽锌、维吉尼亚霉素、恩拉霉素(持久霉素)、硫肽霉素、多粘菌素 E(又名粘菌素、抗敌素)、米加霉素(蜜柑霉素)、灰霉素、阿伏霉素(安巴素),又新开发了诺西肽、比考扎霉素。其中以杆菌肽锌应用最为广泛,其次是维吉尼亚霉素、阿伏霉素、硫肽霉素、多粘菌素 E。

(1)应用现状 多肽类抗生素中,不同的抗生素所具有的抗菌作用不同,可分别对抗革兰阳性菌、革兰阴性菌、绿脓杆菌、真菌、病毒、螺旋体、原虫的感染,对败血症、呼吸道感染、泌尿道感染、牛乳腺炎等疾病有较好的治疗作用。小剂量时抑菌,大剂量时杀菌。杆菌肽类添加剂广泛应用于猪、鸡、牛饲料,以促进生长、提高饲料效率、预防疾病、保证畜禽健康、提高幼畜禽成活率。此外,还能提高蛋鸡产蛋量,改善蛋壳坚硬度。多肽类抗生素的作用机制也各不相同,多粘菌素类可改变细菌胞浆膜的功能,而杆菌肽则作用于细胞壁和细胞质。

(2)不安全性 多肽类抗生素的最大优点是细菌不易产生耐药性,但缺点为毒性较大,除对细菌细胞膜损伤外,对动物细胞膜也起作用,主要对肾、神经系统有一定毒性。

(3)配伍禁忌 应用时注意内服很少吸收,不用于全身感染;与肌松剂和神经肌肉阻滞剂(如氨基糖苷类抗生素)合用时,可能引起肌无力和呼吸暂停;本类药物吸收后,肾脏和神经系统有明显的毒性。杆菌肽不能与莫能菌素、盐霉素等聚醚类抗生素混用。多粘菌素 E 注射液禁与卡那霉素、青霉素 G、氢化可的松类、磺胺类钠盐混合注射。

5. 含磷多糖类

含磷多糖类抗生素对革兰阳性菌的耐药菌株特别有效,因其不易产生耐药性,分子量大,不易被消化吸收、排泄快,体内无残留,在欧美广泛使用。常用的有黄霉素和大碳霉素。黄霉素饲料添加剂,又称黄磷霉素、斑伯霉素,易溶于水,对革兰阳性菌有强大抑制和灭菌作用,内服不吸收,毒性极低,主要通过干扰构成细胞壁的结构物质肽聚糖的生物合成而抑制细菌的繁殖。黄霉素性能稳定,可与氯丙啉、莫能霉素、盐霉素配伍,使用中无配伍禁忌,不产生交叉耐药性,毒性小,无副作用。

6. 聚醚类

聚醚类抗生素是由链霉菌产生的含有多个环状醚键的抗生素,常用的有莫能菌素、盐霉素、拉沙里霉素和马杜霉素等。这类抗生素对革兰阳性菌与多种厌氧菌有很强的抗菌活性,但不抗革兰阴性菌,对禽艾美球虫有较强的抑制作用。在畜牧业中广泛用作饲料添加剂,以达到促进生长、抗球虫和提高反刍动物饲料利用率的效果。各种聚醚类抗生素过量时毒性较大,均不能用于马属动物及产蛋期蛋鸡,禁止与竹桃霉素和泰妙霉素联合使用。

(二)化学合成抗菌剂

化学合成抗菌剂包括磺胺类、硝基呋喃类和咪唑类等,过去使用较多,但随着研究的深入,发现此类药副作用较大,长期添加于饲料中,对畜禽机体损伤较大,故化学合成抗菌剂大部分只允许做兽药,而不用作饲料添加剂。此类抗生素有磺胺类、喹乙醇、呋喃唑酮等。

二、抗寄生虫药物添加剂

随着畜牧业发展向规模化、集约化、工厂化的方向发展,畜禽的寄生虫病危害较大,一旦发病可造成动物生长发育缓慢或停滞,严重者导致动物大批量死亡,对幼畜、禽健康影响极大,严重影响畜牧业生产,因此需预防寄生虫病。饲料中添加的抗寄生虫药物主要有抗球虫药和驱蠕虫药。

(一)抗球虫类药物添加剂

球虫病因其易感染、发病高、危害大而越来越成为危害畜牧业,特别是养鸡业的一大疾病。在目前尚无较好的球虫病疫苗的情况下,在饲料中添加抗球虫药物就成为预防和控制球虫病的最有效措施。

1. 球虫病的危害

球虫属于孢子纲、球虫目的一种原虫。感染鸡的球虫主要是艾美科的艾美尔球虫属,尤其以柔嫩艾美尔球虫和毒害艾美尔球虫危害最大。鸡如果感染了球虫卵囊,则卵囊在体内发育,不断在肠上皮细胞上进行有性和无性生殖,并分泌毒素,破坏肠黏膜结构,从而使消化机能发生障碍和发生细菌感染,雏鸡死亡率在 80% 以上,成年鸡和蛋鸡则生长受阻,产蛋率下降,饲料利用率降低。

2. 抗球虫类药物的种类和作用

抗球虫药物主要有化学合成药物和聚醚类抗生素两大类。化学合成药物主要有磺胺类药物、常山酮、氨丙啉、尼卡巴嗪等,这类药物能干扰球虫体的代谢和抑制球虫体内核酸的合成,从而抑制和杀伤球虫体,使用这类药一定时间后,较易产生耐药性。聚醚类抗生素主要有盐霉素、马杜拉霉素和莫能菌素等。这类抗生素能与球虫体内钾、钠等阳离子结合生成络合物,破坏虫体内离子的平衡,使水分进入细胞内,导致虫体细胞破裂,从而杀伤或杀死球虫,由于这种杀伤是不可修复的,因而聚醚类抗生素产生耐药性较小。一些常用的抗球虫药物的商品名称、作用范围、作用对象和休药期见表4-4。

表4-4 常用抗球虫药物商品名称、作用范围、作用对象及休药期

药物名称	常用商品名称	作用范围	作用对象	休药期
盐霉素	优素精、赛可喜	柔嫩、堆形、毒害、变位等艾美尔球虫	肉鸡、蛋鸡	上市前5d,产蛋期
莫能菌素	欲可胖	毒害、柔嫩、巨形、变位、跛行、堆形艾美尔球虫	肉鸡、蛋鸡	上市前3d,产蛋期
马杜拉霉素	加福、抗球王、球可杀	毒害、柔嫩、堆形、巨形、变位等艾美尔球虫	肉鸡	上市前5d,产蛋期
拉西洛菌素	球安	柔嫩、毒害、巨形、变位等艾美尔球虫	肉鸡	上市前3d,产蛋期
氨丙啉	安保力、球宁	柔嫩、堆形、布氏等艾美尔球虫	鸡、兔、犊牛、羔羊	上市前7d,产蛋期
尼卡巴嗪	球净、力更生、杀球宁	柔嫩、堆形、巨形、毒害、波氏等艾美尔球虫	鸡	上市前9d,产蛋期,种鸡
常山酮	速丹	柔嫩、毒害、巨形、变位、堆形等艾美尔球虫	肉鸡	上市前5d,产蛋期
二硝托胺	球痢灵	毒害、柔嫩、波氏、巨形等艾美尔球虫	鸡	上市前3d,产蛋期
氯苯胍		柔嫩、毒害、堆形、布氏、巨形等艾美尔球虫	兔、肉鸡	上市前5d,产蛋期
氯羟吡啶	氯吡醇、克球	柔嫩、毒害、变位、堆形艾美尔球虫	鸡、兔、羊	上市前7d,产蛋期,16周龄以上

3. 合理使用

若长期使用一种抗球虫药,容易使球虫产生耐药性,降低作用效果。为确保药物的作用效果,有效地预防和控制球虫病的发生,生产上多采用轮换用药、穿梭用药、综合用药的方式进行。

(1)轮换用药 即用一种抗球虫药物一段时间后换用另一种药物,一般应有3~4种的药物轮换使用。轮换用药的原则是替换药物之间不能有交叉

耐药性,其结构不能相似,作用方式不要相同,一般在化学合成药物和聚醚类抗生素之间轮换,或聚醚类抗生素中的单价离子载体药物和双价离子药物之间轮换。

（2）穿梭用药　指在不同的生长阶段交替使用不同的药物,一般在小鸡阶段使用化学合成药物,中、大鸡阶段使用聚醚类抗生素,这种方式由于针对生长阶段用药,因此在一定时间内效果较好。长时间使用较易产生耐药性,一般化学合成药物使用期不超过 3 个月,聚醚类抗生素使用不要超过 6 个月。

（3）综合用药　指将轮换用药和穿梭用药结合起来使用,这种方式是最广泛使用的方法,也是最有效的方法。综合用药能较好地预防和控制球虫病,并能最大限度地降低球虫的耐药性,延长药物的使用期。

抗球虫药物种类繁多,每年都有新药上市,新药物往往抗球虫指数高,且未产生耐药性,因此,可有计划地间隔使用新药物,以获得很好的效果。

4. 配伍禁忌

在使用过程中,除了保障抗球虫药物在饲料中混合均匀外,还需注意配伍禁忌。盐霉素、莫能菌素、拉沙里菌素钠、氨丙啉、常山酮、尼卡巴嗪等药物之间有配伍禁忌,不能同时使用两种或两种以上的这些药物。盐霉素、莫能菌素也不能与泰乐菌素、泰妙菌素和竹桃霉素同时使用,否则会引起生长抑制,严重者中毒死亡。氨丙啉与维生素 B_1 有明显的拮抗作用,生产中也需注意。

（二）驱蠕虫药

蠕虫为多细胞无脊椎动物,因身体的肌肉收缩而做蠕形运动,故通称为蠕虫。蠕虫病是畜禽普遍感染且危害极大的一类寄生虫病。

1. 蠕虫病的危害

寄生性蠕虫病包括线虫病、绦虫病、吸虫病和棘头虫病 4 大类。蠕虫对宿主的致病作用是多方面的,包括幼虫在宿主体内的移行和成虫的寄生对宿主组织器官的机械损伤、破坏、阻塞、压迫等作用;虫体分泌或排出的毒素及新陈代谢产物对宿主的中毒作用;夺取宿主营养,降低宿主的抵抗力,恶化其他疾病的病程或导致继发性感染,诱使宿主体内潜伏的病因发作而出现临床症状等。

蠕虫病不像细菌性、病毒性传染病和寄生性原虫病那样传播快、症状明显,而是呈一般慢性经过的消耗性疾病。其感染率高,但不表现明显症状,常造成饲料利用率下降、生长发育变缓、生产性能降低、免疫力差等。有些蠕虫病还可引起畜禽死亡,甚至是大批死亡,如牛、羊肝片吸虫病、猪姜片吸虫病、禽棘口吸虫病和绦虫病、牛、羊及猪肺线虫病等。

2. 抗蠕虫类药物的种类和作用

驱蠕虫药分为驱线虫药、抗吸虫药和驱绦虫药，目前，饲料中常用的主要是驱消化道线虫的药物。常用驱蠕虫药物作用对象及特点见表4-5。

表4-5 常用驱蠕虫药物作用对象及特点

药物名称	作用对象	特点
盐酸左旋咪唑	反刍动物皱胃血矛线虫、奥斯特线虫、小肠古柏线虫、毛圆线虫、仰口线虫、大肠食管口线虫、鞭虫等；猪蛔虫、肠内多种线虫；鸡蛔虫、异刺线虫、毛细线虫等	广谱、高效，低毒
吩噻嗪	牛、羊、马肠道各种寄生虫	
阿苯达唑	牛、羊、猪的毛圆线虫、奥斯特线虫、牛仰口线虫、血矛线虫、食管口线虫、六翼泡首线虫和蛔虫、莫尼茨绦虫、肝片形吸虫、大片形吸虫、猪毛首线虫、刚棘颚口线虫；鸡的四角赖利绦虫、蛔虫；犬蛔虫、恶丝虫；猫、兔克氏肺吸虫	内服易吸收，毒性低，妊娠期不宜用
阿维菌素类	家禽线虫感染和体外寄生虫以及传播疾病的节肢动物	广谱、高效、安全
枸橼酸哌嗪	畜禽的蛔虫	
敌百虫	家畜胃肠道线虫、猪姜片虫、马胃蝇蛆、牛皮蝇蛆、羊鼻蝇蛆和蜱、螨、蚤、虱等	安全范围小，用量大，易中毒

3. 合理使用

防治畜禽寄生虫病必须贯彻"预防为主"的方针，科学制定驱虫措施。驱蠕虫药一般需有计划地进行预防性多次投喂驱虫，因为第一次只能杀灭成虫或驱成虫，其后才能杀灭或驱卵中孵出的幼虫。以饲料添加剂的形式连续用药，有较好的驱虫效果，但应选用最新药物代替多年重复使用药物，避免产生耐药性，如使用丙硫咪唑、伊维菌素等。

此外，环境既是蠕虫虫卵、幼虫污染的场所，又是宿主遭受感染的地方，搞好环境卫生是减少和预防寄生性蠕虫病感染的重要环节。

三、违禁药物添加剂

为保证动物源性食品安全，维护人民身体健康，我国农业部颁布了一系列法规性文件，公布了《禁止在饲料和动物饮水中使用的药物品种目录》和《食品动物禁用兽药及其他化合物清单》。

第四节　其他饲料添加剂的安全性

一、饲用酶制剂

酶是一类由活细胞产生的具有生物催化功能的高分子物质,大部分酶是蛋白质,参与机体的各种生化反应。酶具有专一性和高效性。酶广泛存在于生物体内,尤其是细菌和真菌等微生物,酶制剂就是从动植物和微生物中提取加工后的具有酶特性的一类物质。饲用酶制剂是指添加到动物日粮中,旨在提高养分消化利用、降低抗营养因子或产生对动物有特殊作用的酶制剂。我国作为一个养殖大国,在养殖业中推广应用酶制剂有着更为重大的意义。

(一)饲用酶制剂的种类

目前,饲料工业应用酶类有20多种,广泛应用于猪、禽、反刍、水产动物等饲料中。饲料酶品种主要有内源性酶、外源性酶。内源性酶与消化道分泌的消化酶相似,如淀粉酶、蛋白酶、脂肪酶等,直接水解消化饲料的营养成分。外源性酶是消化道不能分泌的酶类,如纤维素酶、果胶酶、半乳糖苷酶、β-葡聚糖酶和植酸酶等。外源性酶不直接消化水解大分子的营养物质,而是分解或水解饲料中的抗营养因子,间接促进营养物质的消化利用。

1. 内源性酶

畜禽体内能够合成,但因为某种原因需要强化和补充的酶类。这类酶主要包括淀粉酶、糖化酶、蛋白酶和脂肪酶等。

(1)淀粉酶　作用于α-1,4糖苷键,将淀粉水解为双糖、寡糖和糊精,使之易于吸收,并能在胃中迅速液化淀粉,减轻胃部胀感,促进消化。

(2)糖化酶　可水解线性的寡糖、双糖和糊精,生成葡萄糖和果糖,也可作用于淀粉的非还原性末端,依次缓慢水解α-1,4糖苷键生成葡萄糖。因此可在淀粉酶的协同作用下,将淀粉完全分解成葡萄糖。

(3)蛋白酶　是指能催化分解蛋白质肽键的一群酶的总称,有酸性、中性和碱性之分。在饲料中由于动物胃液多呈酸性,肠道多数为弱酸性至中性,所以大多数添加酸性和中性蛋白酶的主要作用是将动物摄取的饲料蛋白质分解为氨基酸,并由动物体重新组合合成自身的蛋白质。

(4)脂肪酶　将脂肪分解为甘油、脂肪酸和磷脂酸。主要来源于动物的胃液、胰液及微生物黑曲酶、根酶和酵母等。

2. 外源性酶

外源性酶包括纤维素酶、半纤维素酶、果胶酶和 β - 葡聚糖酶。

(1)纤维素酶 包括 Cl 酶、Cx 酶和 β - 葡萄糖苷酶(Cb)。其中 Cl 酶将结晶纤维素分解为活性纤维素,降低结晶度,然后经 Cx 酶的作用将活性纤维素分解为纤维二糖和纤维寡糖,在 Cb 的作用下,生成动物机体可利用的葡萄糖。

(2)半纤维素酶 包括木聚糖酶、甘露聚糖酶、阿拉伯聚糖酶和聚半乳糖酶等,主要是将植物细胞中的半纤维素降解为各种五碳糖,并可降低半纤维素溶于水后的黏度。纤维素酶和半纤维素酶协同作用,破坏富含纤维素的细胞壁,将难于消化和黏性的多糖分解,从而大大提高低能饲料的饲用价值,提高饲料利用率。

(3)果胶酶 果胶是一种多糖,果胶酶可裂解果胶单糖间的糖苷键,并脱去水分子,分解位于植物细胞壁及胞间层的果胶,促使植物组织崩解,使营养成分得到充分释放和利用。

(4)β - 葡聚糖酶 多存在于大麦和燕麦等谷物中,可溶于水形成黏性的凝胶,成为一种抗营养因子,阻碍动物(特别是幼畜)对营养物质的利用,从而影响其生长。

目前所使用的饲用酶制剂品种虽然有 20 多个,但生产中常使用的种类主要有淀粉酶、非淀粉多糖酶、蛋白酶、脂肪酶和植酸酶 5 大类。在欧洲,木聚糖酶用量最大,占使用总量的 40%,其次是 β - 葡聚糖酶,占 27%,植酸酶占 20%,α - 淀粉酶和蛋白酶共占 3%,果胶酶占 5%。美国由于饲粮类型是玉米 - 豆粕型,甘露聚糖酶用量较大,占酶总消耗量的 10%。

(二)饲用酶制剂的作用及其机制

畜禽营养中添加酶制剂的科学依据为:畜禽体内缺乏内源酶,饲料中存在抗营养物质,畜禽营养代谢调控。

1. 饲用酶制剂的作用

(1)缓解饲料资源的短缺 我国畜牧业生产中,目前使用的饲料配方仍然以玉米 - 豆粕型为主,这种单一的饲料原料不仅会造成玉米、豆粕的严重短缺,并且由于玉米 - 豆粕型饲料中含有纤维素、半纤维素、果胶物质、木质素等难以被单胃动物利用的成分,导致饲料原料的浪费。通过在饲料中添加酶制剂可消除饲料中的抗营养因子,提高饲料利用率,节约饲料资源。

(2)减少环境污染 通过在饲料中添加酶制剂可大量减少畜禽排泄物中

的有机物,如氮和磷等的排放量,从而减轻它们对土壤和水体的污染。

(3)提供更加安全的动物产品 酶制剂是一种通过生物生产的蛋白质,无毒副作用、无残留,是一种公认的绿色饲料添加剂。

除此之外,酶制剂还有助于控制和预防动物疾病,改善动物健康。通过在饲料中添加酶制剂,减少抗生素等对人体有害添加剂的使用,对获得优质安全的动物产品有重要意义。

2. 饲用酶制剂作用机制

(1)破坏植物细胞壁,提高养分消化率 植物性饲料养分包裹在植物细胞壁内。植物细胞壁主要成分有纤维素、半纤维素和果胶等,而植物细胞内容物则为淀粉等营养性多糖及蛋白质;细胞壁不可消化的物质阻碍了消化酶与细胞内容物直接接触,影响其消化。饲用酶制剂可降解植物细胞壁中内源酶不可消化的成分及破坏抗营养因子,从而释放出细胞壁内的养分,提高胞液中的养分的吸收利用率。

(2)降低消化道食糜黏性,减少疾病的发生 能量饲料中的非淀粉多糖(NSP)含量较高,其中的结构性非淀粉多糖(SNSP)具有较强的抗营养作用。在玉米饲料资源紧缺,而以麦类饲料为主导的能量饲料中,木聚糖和β-葡聚糖为主的结构性非淀粉多糖,其特点是溶于水后黏性和持水力较强。肠道食糜黏度是影响麦类日粮对肉鸡营养物质消化利用的重要因素。畜禽采食麦类日粮引起小肠食糜黏度增加,肠胃运动力降低,阻碍酶与底物的结合,从而影响养分的消化吸收。正因为如此,限制了麦类饲料在日粮中的使用量。目前,在日粮中加入阿拉伯木聚糖酶、β-葡聚糖酶等NSP酶可将高黏度的SNSP水解,产生小分子量多糖片段,其黏度低,进而降低食糜黏度,解除NSP对养分和内源消化酶的扩散阻碍作用,使饲料养分的消化率和吸收利用率得以提高。

(3)消除抗营养因子 有些饲料组分是无法被动物内源酶消化的,同时这些不能被消化的养分还会产生抗营养作用,如日粮纤维和植酸磷。畜禽饲料原料中的抗营养因子及难于消化的成分,以不同方式和不同程度影响养分的消化吸收和畜禽的身体健康,添加外源性酶制剂可以部分或全部消除抗营养因子所造成的不良影响。消化和降解这些抗营养因子的外源酶包括植酸酶、β-葡聚糖酶、木聚糖酶、果胶酶、α-半乳糖苷酶。

(4)补充内源酶的不足,激活内源酶的分泌 畜禽消化道内缺乏植酸酶、纤维素酶以及其他的一些非淀粉多糖酶,因而建议多在饲料中添加外源酶制剂,以改善饲料品质,提高饲料利用率。断奶后的幼畜消化道机能尚未完善,各种消化酶分泌不足,添加外源酶制剂更有必要。正常的健康成年动物,在适宜的生产条件下,能分泌足够的消化饲料中淀粉、蛋白质、脂类等养分的酶,但动物处于高温、寒冷、转群、疾病等应激状态时,动物分泌酶的能力较弱或者易出现消化机能紊乱,内源消化酶分泌减少。因此在日粮中添加外源性消化酶,可以补充内源酶的不足,提高饲料的利用率,改善动物的消化能力,减少应激条件下生产能力的下降,同时还可以促进内源酶的分泌。

(5)减少畜禽后肠道有害微生物的繁殖 在畜禽体内,未被消化吸收的养分(如 SNSP)随食糜流动进入后段肠道,大肠段消化方式为微生物消化,未被消化的营养物质被微生物发酵利用,可产生挥发性脂肪酸,为厌氧有害微生物增殖提供碳源和能量,促进有害微生物的繁殖,使肠道菌群失衡,有害菌处于优势地位,影响畜禽的生长和健康,如产生大量生孢梭菌,某些生孢梭菌可产生毒素,抑制动物生长,降低动物生产性能。而在麦类日粮中添加 NSP 酶可提高养分在畜禽消化道前肠的消化率,减少后段肠道有害微生物的繁殖,从而改善肠道菌群环境以及畜禽健康状况。

(6)提高畜禽体内代谢激素水平 三碘甲状腺原氨酸(T3)是家禽机体内主要的代谢激素,与生长激素(GH)密切相关,T3 水平提高,机体代谢水平提高。GH 作用于肝脏产生促生长因子(IGF-1),IGF-1 是哺乳动物和禽类的生长调控因子,刺激细胞对氨基酸的代谢利用,促进蛋白质合成,抑制蛋白质分解,促进动物生长,提高畜禽生长性能。日粮中添加饲用酶制剂可使碳水化合物产生一些对机体具有调节作用的活性物质,提高某些代谢激素的活性。

研究表明,在大麦日粮中添加以 β-葡聚糖酶为主的饲用酶制剂可显著提高肉鸡血清 T3、GH、促甲状腺激素(TSH)、胰岛素(Ins)水平、T3/T4 值、日增重和饲料转化率。

(7)改变肠壁结构,提高养分吸收能力 小肠是营养物质消化、养分吸收的主要场所。小肠的绒毛高度增加,使肠黏膜细胞表面积扩大,提高了养分吸收利用。隐窝深度反映了细胞增殖情况,隐窝深度值降低表明肠上皮细胞成熟率上升,即小肠吸收功能增强,故而绒毛高度与隐窝深度比值(V/C)可综合反映小肠的功能状态,比值上升则表示黏膜得到改善,消化吸收功能增强。已有研究表明,以木聚糖酶、蛋白酶和淀粉酶为主的复合酶制剂可显著提高肠绒毛高度。

(三)饲用酶制剂的合理应用

1. 保证酶制剂的稳定性

饲用酶的稳定性是酶活性的基础。经过饲料加工制粒过程和常温下储存一定时间后,酶必须保持高活力。由于酶是具有一定结构的活性蛋白质,易受外界各种因素如高温、高湿、pH、物化因素的影响。干酶制剂比液状酶具有较高的稳定性,其在干燥过程中添加特定载体可进一步提高其稳定性。酶的活性部分(催化点)将与基质粘住,因而能保护催化点免受外部环境影响。

2. 根据动物的种类和生长阶段合理选择酶制剂

由于酶有高度的专一性和特异性,不同动物品种和不同生长阶段,动物体内的种类和数量并不相同,因此根据不同动物和不同生长阶段的特点,选用合适的酶制剂,才能有效地发挥和提高酶制剂的作用效果。动物幼龄阶段,消化系统的发育尚不完善,多种消化酶都分泌不足,是使用消化酶类酶制剂较理想的阶段,一般应选用含有多种消化酶,特别是蛋白酶和淀粉酶为主的酶制剂。动物成年阶段的消化机能较为完善,对多种营养物质都有较好的消化能力,因此应用时最好选用 β - 葡聚糖酶、果胶酶等对抗营养因子有消除作用的酶制剂。

酶制剂使用方法应因动物品种不同存在一定差异。家禽由于具有嗉囊,且食糜在嗉囊中停留一定时间,酶制剂在此条件下,可对饲料中的底物进行分解,但由于肉禽的采食量相对大于蛋禽,食糜在肉禽消化道中的停留时间相对比蛋禽短,因此蛋禽饲料中单位酶活性所发挥的作用要大于肉禽。相对于禽而言,酶制剂在猪消化道内也具有很广泛的作用空间,酶制剂在乳仔猪饲料中应用效果最为突出,添加酶制剂是改善乳仔猪生长状况的有效手段之一。对于生长育肥猪,虽然其消化系统已经很健全,但是添加酶制剂在应用上仍会产生很明显的效果。水产动物胃肠道多为中性,且鱼为变温动物,肠道内的温度低于畜禽,同时水产饲料大多需经过制粒、膨化等高温、高压工艺处理,因此水产动物饲料中使用酶制剂,需要考虑消化道温度、pH 以及饲料制粒、膨化等加工对酶活性的影响。对反刍动物植酸酶的使用,由于目前研究资料较少,且反刍动物本身可以分泌植酸酶和其他酶制剂,所以具体添加使用效果尚不明了,酶制剂一般只适宜在单胃动物中使用。

3. 根据畜禽日粮特点合理选用酶制剂

由于酶制剂作用的特异性,要使酶制剂发挥效应,应用时必须考虑日粮的原料组成。饲料配方中原料的使用品种和用量不同、原料产地不同、收获季节不同,原料的成分含量会有差异。以玉米－豆粕型为主原料类型的日粮,最好应用以木聚糖酶、果胶酶和β－葡聚糖酶为主的酶制剂;饲料较多使用小麦、大麦和米糠等原料,应选用以木聚糖酶和β－葡聚糖酶为主的酶制剂;饲料原料中稻壳粉、统糠和麦麸等含量较多时应选用以β－葡聚糖酶、纤维素酶为主的酶制剂;而饲料中原料较多使用菜籽粕、葵花籽粕等蛋白质含量较高的原料,最好选用以纤维素酶、蛋白酶和甘露聚糖酶为主的酶制剂。植酸酶主要作用于单一的特定底物植酸,只要使用的饲料中含有足够的植酸,就可以使用植酸酶。

4. 根据饲料生产工艺应用酶制剂

酶是一种蛋白质,对热、光、酸等较敏感,而饲料在生产过程中,由于粉碎、预混合、制粒以及其他添加剂的影响,都可能使酶的活性受损甚至变性,因此使用酶制剂应尽可能减少生产工艺对酶活性的影响。在实际生产中,颗粒饲料的使用越来越普遍,在制粒或膨化的调制过程中,高温、高湿使饲料中的酶受到不同程度的破坏,特别是制粒的温度最好不要超过75℃,以保证酶制剂有较好作用效果。商品化植酸酶主要是酸性植酸酶,其剂型以高活性颗粒型和吸附型为主,但是对高温湿热的耐受性较差。因此,对于需要制粒的饲料而言,应选用耐高温制粒专用植酸酶或采用液体植酸酶进行制粒后喷涂。使用酶制剂的饲料最好尽快使用,储存期限一般不宜太长。

5. 注意酶活力和添加剂量

衡量酶制剂作用效果的依据主要是酶的活性。酶活力单位是在一定条件下测得的相对值,受温度、pH、底物浓度、抑制剂和饲喂方式等诸多因素的影响。酶制剂发挥作用的前提是必须有一定活力的酶到达消化道中的作用部位。因此,要求酶制剂在饲料加工储存过程中不失活。必要时对酶制剂产品进行包被等技术处理,可提高酶的活性和稳定性。水产饵料要求在水中有一定悬浮时间,包被材料必须不溶于水,才能有效防止酶活性丧失。

酶制剂的作用效果与使用剂量密切相关。目前,对酶制剂的添加水平还没有统一的规定。对于不同酶活性的产品、不同动物种类、不同生理阶段以及不同饲料品种的适宜添加量也不明确,因此在应用中经常出现因用量不当而影响使用效果的问题。酶催化反应与其他常见的催化剂反应一样,酶用量太低不能启动反应,过量也不能提高反应的速度和程度,反而会降低动物的生产性能,这可能由于外源酶添加量过高抑制了内源酶分泌,或降低食糜的黏度,缩短食糜在肠道中的滞留时间,加快养分的流失而造成的。因此,应根据动物试验依据确定适宜的添加剂量,保证酶的作用效果。酶的活性并不是越高越好,盲目追求酶活性高不仅造成浪费,增加成本,而且会引起饲养效果的下降。复合酶制剂比单一酶制剂效果好,但这并不意味着复合酶中的酶种越多越好,应针对动物需要及主要饲料原料选用酶种,提高使用效果。

6. 酶制剂与其他添加剂的相互影响

许多矿物元素与酶有拮抗作用,在饲料配合过程中矿物元素预混合饲料和酶制剂不能直接混合。也有试验表明,饲料中适当添加氯化钴、硫酸锰和硫酸铜等盐类,可提高酶制剂的作用效果。酶制剂与抗生素没有拮抗作用,可以同时使用,某些促生长抗生素与酶之间存在协同作用。

饲用酶制剂的应用效果受多方面因素的影响,许多问题尚在研究之中。酶制剂的使用必须综合考虑酶的种类、活性、日粮组成、饲料加工工艺以及动物品种、年龄、生理阶段的影响,只有有针对性地使用,才能取得良好的效果。

二、饲用微生态制剂

我国生物学、医学、兽医学等领域的科学家于1988年提出了微生态制剂的概念。微生态制剂又名活菌制剂或生物制剂,是指在微生态理论指导下,人工分离正常菌群,并通过特殊工艺制成的活菌制剂。作为饲料添加剂使用的微生态制剂(饲用微生态制剂),可达到防病治病、促进动物生长发育的功效。

微生态制剂是农业部批准的饲料添加剂,通过改善动物肠道菌群生态平衡而发挥有益作用,以提高动物健康水平、提高抗病能力、提高消化能力,是解决疾病泛滥、病菌耐药、成活率降低、养殖效益下降的有效手段,是畜牧业可持续发展的动力。

(一)饲用微生态制剂的种类

微生态制剂是利用现代生物工程技术将已知的有益微生物进行培养、发酵、后处理等工艺制成的,包括活菌制剂和微生物培养物,分为益生菌、益生元和合生元3类。

1. 益生菌

益生菌,又称活菌制剂,即能够促进肠内菌群生态平衡,对宿主起有益作用的活菌制剂。我国《饲料添加剂品种目录》(2013)公布了允许使用的饲料级微生物添加剂菌种有地衣芽孢杆菌、枯草芽孢杆菌、两歧双歧杆菌、粪肠球菌、乳酸肠球菌、嗜酸乳杆菌、干酪乳杆菌、乳酸乳杆菌、植物乳杆菌、乳酸片球菌、戊糖片球菌、保加利亚乳杆菌、产朊假丝酵母、酿酒酵母、沼泽红假单胞菌等。保护期内的新饲料和新饲料添加剂品种有饲用凝结芽孢杆菌 TQ33、侧孢芽孢杆菌、地顶孢霉培养物。实际生产中应用较多的主要是乳酸菌类、芽孢杆菌类、酵母菌类和光合细菌类。

(1) 乳酸菌类　为动物肠道内固有的微生物菌群。革兰阳性菌,厌氧或兼性厌氧菌。能产生乳酸、乙酸等有机酸,以及过氧化氢、乳酸菌素等抗菌物质,抑制有害菌的生长。耐酸较好,在 pH 3.0~4.5 时仍可生长。这类微生物能产生一种特殊抗生素——酸菌素,可有效抑制大肠杆菌和沙门菌的生长。目前主要应用的是嗜酸乳酸杆菌、双歧杆菌和粪链球菌。

(2) 芽孢杆菌类　在动物肠道微生物菌群中仅零星存在。为需氧菌,革兰阳性菌。消耗肠道中氧气而有利于厌氧菌的生长,具有平衡和稳定乳酸杆菌、抑制大肠杆菌等需氧菌生长的作用。可产生蛋白酶、淀粉酶、SOD 酶等多种酶以及过氧化氢等抗菌物质,能有效降解复杂的碳水化合物。芽孢抗逆性强,耐胃酸、耐高温且耐挤压,易加工。目前使用的主要是枯草杆菌、地衣芽孢杆菌和东洋杆菌。

(3) 酵母菌类　非肠道固有菌,兼性菌,耐酸性好。细胞内富含蛋白质、多种 B 族维生素和酶,营养丰富,增强饲料适口性。酵母细胞壁含有多种多糖,具有益生作用。不耐热,在 60~70℃ 环境中短时间即死亡。多用在反刍动物中。目前使用的主要是假丝酵母、红色酵母、酿造酵母和啤酒酵母。

(4) 光合细菌类　光合细菌类是一类有光合作用能力的异养微生物,主要利用小分子有机物合成自身生长繁殖所需要的各种养分;富含优于酵母菌所分泌的蛋白质、B 族维生素、辅酶 Q、抗活性病毒因子等多种生物活性物质及类胡萝卜素、番茄红素等天然色素;具除粪臭、促生长、抗病、改善畜禽产品品质等作用。其中,沼泽红假单胞菌最适用于净化水质,球形红假单胞菌适用于做饲料添加剂,荚膜红假单胞菌适合用于防治鱼病。

2. 益生元

益生元,指能够选择性地刺激肠内一种或几种有益菌生长繁殖,而且不被宿主消化的物质。狭义的益生元,指的是低聚糖类物质,广义的包含低聚糖、多糖、肽类、蛋白质、维生素、类脂(包括醚和酯)、氨基酸等。目前,主要集中在低聚糖的研究上。

低聚糖也称寡糖,指 20 个以下的单糖分子通过糖苷键连接起来的,一般指带有分支的糖类的总称。它包括功能性低聚糖和普通低聚糖,其中只有功能性低聚糖不被机体消化,有些功能性低聚糖能选择性地促进双歧杆菌的生长,又称为"双歧因子"。作为益生元的低聚糖主要有异麦芽三糖、低聚果糖、半乳寡聚糖、甘露寡聚糖、大豆寡聚糖、龙胆寡聚糖、木寡聚糖等。

3. 合生元

合生元,指益生菌和益生元的混合制剂。合生元可使益生菌与益生元的作用相互促进,有益微生物可促进低聚糖消化,低聚糖反过来促进有益菌的增殖,发挥益生菌的生理活性和益生元促生长的双重作用,从而达到促进宿主健康的目的。

(二)饲用微生态制剂的作用及其机制

1. 饲用微生态制剂的作用

(1)作为饲料添加剂,促进动物肠道内微生态平衡 即通过添加到饲料中的微生物及其代谢产物以改良动物体内微生物群落的组成。代表性产品如挑战集团的益菌健,由枯草芽孢杆菌和地衣芽孢杆菌组成,性能卓越,效果卓著。

(2)改善养殖环境 主要是水质微生态改良剂,即通过投放到养殖水环境中以改良水质,主要有光合细菌、芽孢杆菌、硝化细菌、反硝化细菌等。国内一定规模的水产微生态制剂企业有数百家,年销量 5 万 t 以上,所产的单一菌种制剂及复合菌种制剂多达 50 多种,销售额在 5 亿元以上。另外,也有应用于改善动物养殖环境的微生态制剂,如发酵床养猪技术。

2. 饲用微生态制剂作用的机制

(1)有益菌对病原菌的拮抗作用 有益菌尤其是乳酸菌进入肠道后产生有机酸,降低了肠道的 pH。低 pH 的酸性环境不利于大多数致病菌的生长,可减少肠道内致病菌的数量。

乳酸杆菌、链球菌、芽孢杆菌在其生长代谢过程中,可产生一些多肽类抗菌物质,如嗜酸菌素、乳糖菌素、杆菌肽等,这些细菌素可抑制或杀死病原菌。有益好氧菌可消耗动物肠道内的氧气,创造利于厌氧菌生长的环境,抑制了好氧性致病菌的生长,促进厌氧菌的繁殖,增加有益菌的数量,有益菌可与病原菌竞争肠道内有限的定植位点与营养物质,控制病原菌的数量。有益菌的拮抗作用可有效调整肠道菌群,维护微生态平衡,减少有害菌,降低动物的发病率,提高成活率。

(2)免疫赋活作用 微生态制剂中的有益菌可刺激动物免疫系统的及早建立,调动和提高动物机体的一般非特异免疫功能,因而提高了整体的抗病能力。研究证明,服用了微生态制剂(含乳酸菌)的动物,体内干扰素的活性和巨噬细胞的活性均有所提高。

（3）产酶和营养物质　有益菌在体内可产生各种消化酶,尤其是某些芽孢杆菌具有很强的蛋白酶、脂肪酶、淀粉酶活性,可降解饲料中的抗营养因子,大大提高饲料的转化率。另外,有益菌产的有机酸可提高酸性蛋白酶的活性,增强动物对蛋白质的消化能力,对新生畜禽十分有益。

有益菌在肠道内生长繁殖过程中能产生多种营养物质,如维生素(尤其是 B 族维生素)、氨基酸、未知促进生长因子等,补充营养,促进动物生长。某些有益菌(如芽孢杆菌)在肠道内可产生氨基氧化酶及分解硫化物的酶类,从而降低血液及粪便中氨、吲哚等有害气体浓度。

（三）饲用微生态制剂使用中的主要问题

微生态制剂能有效改善畜禽消化道菌群平衡、增强机体免疫力、提高代谢以及饲料的吸收利用能力、降低动物体内有害物质的积累,从而达到防治消化道疾病和促进生长等多重作用。微生态制剂具有无毒、无副作用、无残留、无污染、不产生抗药性等特点,是理想的抗生素替代品之一。但是在我国由于使用不规范,致使应用效果不明显,作用或正或负,给养殖户普遍留下了负面影响。究其原因,主要有以下几种:

第一,菌种经过反复扩培,逐渐失去优良特性。我国微生物技术尚不及德国、美国、日本、韩国,缺少源头性研究,菌种多数是引自上述国家,经多次传代,仍用于饲料中。

第二,饲用微生态制剂菌种单一,或由少数几种菌组成,缺少配伍研究。

第三,菌种针对性不强,常将一种产品应用于不同动物,未考虑不同动物的不同阶段所要求的菌群组合完全不同。

第四,菌株的剂量与浓度不够,产品中必须含有相当数量的活菌数才能达到效果。瑞典规定乳酸菌制剂活菌数要达到 2×10^{11} 个/g;我国在正式批准生产的制剂中,对含菌数量和用量也有规定,如:芽孢杆菌含量≥5×10^{8} 个/g。

第五,添加量不够,不能达到应有的效果。

第六,饲料加工、储存和运输中,菌株活性下降;活菌进入消化道后,多数不易耐受胃酸、胆酸的作用,难有足够的数量到达肠道或定居肠道发挥作用,在与肠道内寄生的微生物竞争中难以获得优势地位,不能很好地起到抑制有害菌的作用。

第七,微生态制剂应用缺少针对性,较少考虑作用对象、使用目的与使用环境,如:反刍动物一般选用真菌类益生素;促进仔猪生长发育、提高日增重和饲料报酬则应选用双歧杆菌等菌株;用于改善养殖环境的主要是光合细菌、硝

饲料安全应用关键技术

化细菌;芽孢杆菌微生态制剂在防病促生长方面体现一定效果。

第八,片面夸大微生态制剂的作用,微生态制剂仍不能完全与抗生素抗衡。

第九,与抗生素的使用有关。

三、酸化剂

能使饲料酸化的物质叫酸化剂。饲料添加酸化剂具有补充胃酸不足、调整消化道 pH、提高消化酶活性、抑制病原微生物生长、防止腹泻等作用。主要应用于仔猪饲料中,在家禽饲料中使用也具有较好效果。

(一)酸化剂的种类

目前用作饲料添加剂的酸化剂有 2 种:一种是单一酸化剂,有机酸、无机酸都可以作为酸化剂使用。有机酸酸化剂包括柠檬酸、延胡索酸、甲酸钙、乳酸和琥珀酸等,其中以柠檬酸、延胡索酸较为常用。无机酸酸化剂在生产中应用较少,盐酸、硫酸、磷酸等对防治仔猪腹泻、提高生产性能及减轻应激有一定作用。另一种是混合酸化剂,指以有机酸、正磷酸为主配合的复合酸化剂,有多种剂型,用量少,使用效果好,是常用的酸化剂剂型。例如乳香酸就是以磷酸、乳酸、富马酸等多种有机酸及调味剂混合而成。

(二)饲用酸化剂的作用

1. 降低消化道 pH,提高营养物质的消化率

动物消化道内的酸性环境是饲料养分消化吸收、有益菌群生长繁殖以及病原微生物被抑制的重要条件,胃内酸性环境有利于胃蛋白酶原的活化及胃蛋白酶活性的发挥。早期断奶仔猪消化系统发育尚不成熟,胃酸分泌量少,胃蛋白酶活性低,影响蛋白质的消化吸收。日粮中添加酸化剂具有降低消化道 pH,提高仔猪日增重及饲料转化率的作用。

2. 减慢胃排空的速度,促进消化

胃排空速度的刺激因素是胃内容物的体积和 pH。酸性食糜进入小肠后刺激小肠黏膜,使之分泌抑胃素,反射性抑制胃的蠕动,减慢胃排空速度,使蛋白质有较多时间在胃内消化。

3. 改善胃肠道微生物区系

动物消化道的酸性环境可有效抑制病原微生物。当消化道 pH 较高时,大肠杆菌等有害生物成为肠道的主要微生物区系。大肠杆菌的增殖导致肠黏膜损伤,造成动物腹泻甚至死亡。大肠杆菌产生的微生物多糖能够抑制胃酸分泌,使消化道 pH 增高。日粮中添加酸化剂有利于降低胃内容物的酸度,促

进肠道有益菌(如乳酸菌)的生长繁殖,提高有益菌数量,有效降低仔猪腹泻和死亡率。

4. 酸化剂增加饲料的适口性

有些酸化剂具有独特芳香,能掩盖饲料中的药物、维生素、微量元素等添加剂的不良气味,改善饲料适口性。柠檬酸和乳酸等,能直接刺激口腔味蕾细胞,增加唾液分泌,提高采食量。酸化剂可以降低应激反应对畜禽采食量的影响,使动物保持良好的生长速度,提高成活率。

5. 促进矿物质和维生素的吸收

一些常量和微量元素在碱性环境中易形成不溶性的盐而极难吸收。酸化剂在降低胃肠道内容物 pH 的同时,还能与一些矿物元素形成易被吸收利用的络合物。许多学者都证实了高铜与酸化剂的添加效果具有相加效应,即延胡索酸、柠檬酸或磷酸与铜形成生物效价高的络合物,促进了铜的吸收和保留,同时降低了铜的氧化催化活性。有些有机酸如延胡索酸具有抗氧化作用,柠檬酸为抗氧化剂的增效剂。在预混料中添加延胡索酸并保存 6 个月,维生素 A 和维生素 C 的稳定性比不添加延胡索酸的都有所提高。同时小肠的酸性环境有利于维生素 A 和维生素 D 的吸收。

6. 直接参与体内能量代谢,作为能量来源

有些有机酸是能量转换过程中的重要中间产物,可直接参与代谢。如三羧酸循环反应就是由乙酰 CoA 与草酰乙酸缩合成柠檬酸开始的;延胡索酸也是三羧酸循环的中间产物;乳酸也参与体内代谢,是糖酵解的终产物之一,并通过糖异生释放能量,故有机酸可作为能量来源。

(三)酸化剂的科学应用

日粮中添加酸化剂能显著降低仔猪腹泻率,提高生产性能,酸化剂在仔猪、家禽日粮中的应用越来越普遍。酸化剂的使用必须结合饲粮类型、动物种类及消化生理特点,确定适宜的添加剂量和使用时机,才能达到预期效果。

1. 根据动物种类及消化生理特点添加

酸化剂应用的首要前提是胃肠道酸度不够。猪胃中 pH 随年龄增长而下降,到 10 ~ 12 周龄趋于稳定。研究表明,2 ~ 3 周龄仔猪和仔猪断奶后 1 ~ 2 周使用酸化剂效果较好,断奶后 4 周因仔猪可以分泌足量的胃酸和消化酶的活性提高而使酸化剂的效果不显著。

2. 根据饲粮蛋白质来源添加

饲料中不同的蛋白质来源要求胃肠道中有不同的酸度条件,才能获得最

佳的消化效果。乳产品要求 pH 为 4.0,大豆粕和鱼粉则要求 pH 为 2.5。研究表明,酸化剂添加在以植物蛋白为主的日粮中,效果要优于添加到乳蛋白为主的日粮中。

3. 根据饲料原料的缓冲能力添加

饲料原料的缓冲能力是影响胃内游离酸量的主要因素。缓冲能力越大,能吸附胃内的游离酸就越多,这使得采食后胃内的游离酸减少,胃内 pH 升高,进而影响胃蛋白酶的活性和蛋白质的消化分解。一般来说,蛋白质、钙、磷和微量矿物质的含量越高,饲料的缓冲能力越高。

4. 注意酸化剂的种类及使用量

当前为世界所公认的、有肯定效果的酸化剂主要有柠檬酸、延胡索酸和甲酸钙,而丙酸、丁酸、苹果酸、盐酸和硫酸等经过大量实验证明效果不明显甚至是有负效应的。从日增重和饲料利用率来看,3 种有正效应的酸化剂效果依次是:柠檬酸 > 延胡索酸 > 甲酸钙,复合酸化剂的效果优于单一酸化剂。

不同酸化剂的使用效果及适宜用量也不同。一般认为,适量的酸化剂才能发挥正效应。酸剂量不足,达不到应有的降低消化道 pH 的效果;酸添加量过高,可能影响饲料的适口性。一般来说,饲料酸化剂的添加量范围为 0.5% ~ 3.0%。

研究表明,酸化剂与抗生素及铜具有协同效应,同时使用柠檬酸和泰乐菌素,可使日增重和饲料利用率提高。添加酸化剂可以促进抗生素的吸收,增强抗菌效果。酸化剂也可以和铜形成容易被吸收和利用的络合物,促进铜的吸收和利用。

四、抗氧化剂

饲料在加工、运输、储存过程中,受空气、温度、湿度等影响,其中的脂溶性维生素、过氧化物、不饱和脂肪酸和脂肪等很容易被氧化变质,使饲料的营养成分遭到破坏,营养价值降低。氧化产物具有一定毒性,直接危害动物健康,而且变质产生的异味影响适口性,使动物采食量降低。在饲料中添加抗氧化剂能够阻止或延迟饲料中养分的氧化、提高饲料稳定性、延长储存期。

(一)常用抗氧化剂的种类

常用的饲料抗氧化剂有天然抗氧化剂、化学合成抗氧化剂以及复合型抗氧化剂。目前使用的绝大多数属化学合成抗氧化剂。

1. 天然抗氧化剂

天然抗氧化剂本身极易被氧化,能使饲料中的氧首先与其反应,降低饲料及其周围的氧含量,从而避免了饲料中其他营养物质的氧化。天然抗氧化剂主要包括维生素 E、维生素 C、茶多酚和 L - 半胱氨酸盐酸盐等,以维生素 E 较为常用。维生素 E 既是饲料的抗氧化剂,也是动物消化器官细胞的抗氧化剂,能阻止细胞内的过氧化,协助维持机体的氧代谢平衡。

2. 化学合成抗氧化剂

(1)乙氧基喹啉 缩写 EMQ,国外最常用的商品名为山道喹,国内最常用的商品名为抗氧喹。该产品是目前国内外使用最广泛的饲料抗氧剂品种,效果好、价格低、使用安全。但试验证明,抗氧喹对油脂的抗氧化效果不甚理想,但对维生素的保护作用甚佳。缺点是产品在储存过程中其色泽会愈变愈深,在预混合饲料中大量使用会影响到饲料的色泽。

(2)二叔丁基羟基甲苯 缩写 BHT,其稳定性高,遇热抗氧效果也不受影响。能有效地防止脂肪、蛋白质和维生素的氧化变质,具有残留低、使用安全、价格低廉等特点。

(3)叔丁基羟基茴香醚 缩写 BHA,对油脂的抗氧化效果优于 BHT,且有较强的抗菌能力,但价格昂贵,饲料行业极少单独使用。

(4)没食子酸丙脂 缩写 PG,难溶于脂肪和水,易着色。与其他抗氧化剂复配时,少量即能获得很好的抗氧化效果。由于价格较高,饲料行业中也极少单独使用。

3. 复合型抗氧化剂

复合型抗氧化剂由两种或两种以上具有协同作用的抗氧化剂组成,抗氧化作用更强,效果稳定,是饲料中较常用的抗氧化剂类型。复合型抗氧化剂多数由不同类的抗氧化剂组成,或与柠檬酸、乙二胺四乙酸等增效剂组成。增效剂可以增强抗氧化剂活性,使抗氧化剂获得再生,并通过络合反应抑制金属离子对维生素和油脂的氧化破坏作用。

(二)抗氧化剂的合理应用

抗氧化剂是饲料生产不可缺少的添加剂,由于饲料加工方法、产品配方的发展和对货架期的要求,抗氧化剂的合理使用愈加重要。

1. 选择可靠的抗氧化剂产品

抗氧化剂在使用前必须获得有关部门的批准,作为饲料抗氧化剂需满足无毒、低浓度使用,不影响饲料的色、香、味及其他特征,与饲料的相容能力好且易于使用等要求。

抗氧化剂本身或与饲料组分作用后应对动物健康无毒副作用,对饲料营养成分无不良影响,不影响饲料及动物产品的品质。乙氧基喹啉是常用的抗氧化剂,但色泽变化较大,新鲜产品色泽浅,储存一定时间颜色加深,在预混料中大量使用时甚至会造成饲料色泽明显的变化,被误认为饲料质量降低而影响商品价值。

2. 掌握使用剂量

农业部规定:人工合成抗氧化剂添加量不能超过150g/t。但在实际应用当中,有时即使添加量超过150g/t,抗氧化效果也不甚理想,其原因可能是饲料中的脂肪含量过高或饲料中含有高铜等金属离子等。这就要求饲料厂家在实际应用中,根据具体情况酌情添加。如果超过一定限度,则可能对动物产生不良影响。

3. 添加环境

(1)氧气 氧气是饲料氧化的基本因素,其有效含量越高,越易促进氧化。

(2)温度、湿度 高温、高湿可以加速氧化的进行,这也是饲料的氧化主要发生在夏季的原因。

(3)金属离子 矿物质添加剂中的铁、铜等金属离子是氧化反应的催化剂,使饲料或预混料中的营养成分更易氧化。在使用中应尽量避免金属离子的影响,使用柠檬酸、磷酸等钝化金属离子的作用,保证抗氧化剂的作用效果。

(4)光照 光照引起的光化学作用加速了大气对饲料的氧化过程。

(5)酶 饲料中多种微量的酶,在适宜条件下可催化、活化作用于饲料中的物质,加速氧化变质。

此外,饲料氧化和发霉是相互联系、相互影响的,只有饲料不发霉变质,才能有效地防止氧化作用,因此,抗氧化剂与防霉剂具有协同作用。

随着各种添加剂的使用,饲料成分不断增多,添加单一的抗氧化剂不能有效防止饲料的氧化变质,复合型抗氧化剂的应用日益增多。复合型抗氧化剂不是各种组分的任意配合,否则起不到协同增效作用,甚至会产生拮抗作用,影响各组分的功能。复合型抗氧化剂的许多增效剂又是螯合剂,过量使用增效剂不但降低矿物质的效价,而且影响氧化剂的活性。抗氧化剂的使用量很少,必须均匀地混合在饲料中才能保证使用的安全性和有效性。添加抗氧化剂的饲料产品应密封以减少氧气的直接作用,并在避光和干燥环境中储存,才能保证抗氧化剂的作用效果。

五、其他饲料添加剂

（一）风味剂

饲料风味剂是指用于改善饲料诱食性、适口性，增进动物食欲的非营养性添加剂，具有掩盖原料、配方变异等因素造成的饲料风味变化，降低动物应激反应，提高采食量的作用。风味剂主要应用于猪、禽及水产动物饲料中，国外宠物饲料中应用也很普遍。

饲料风味剂主要由香味剂、甜味剂、酸味剂、鲜味剂、咸味剂以及辅助成分及载体组成。香味剂是一些易挥发的物质，由具有挥发性气味的酮、酯、酸组成，香草醛、乳酸乙酯、乳酸丁酯、茴香油等都是常用的香味剂，其主要作用是保持饲料的特定气味，刺激动物嗅觉，诱导采食并增加采食量，对饲料中的不良气味有掩盖作用。

甜味剂、酸味剂、鲜味剂、咸味剂的主要作用是改善饲料口味，刺激动物味觉，引起食欲，多用于雏鸡、仔猪和牛等味觉较敏感的动物。甜味剂包括糖精、低碳糖、甘草、甜味氨基酸等，以糖精较为常用。酸味剂主要用于猪、禽、牛饲料中，不仅可以提高饲料适口性，而且还能降低胃内 pH，激活消化酶，减少肠道有害菌的生长繁殖及对营养的竞争作用，提高动物消化吸收能力。常用的饲料酸化剂柠檬酸、延胡索酸、丙酸等都可以作为酸味剂使用。鲜味剂主要由谷氨酸钠、核苷酸等物质组成，能显著提高动物食欲，促进生长。咸味剂有食盐、碳酸氢钠等，可增进食欲，改善饲料适口性，在猪和牛饲料中使用较多。

风味剂的选用应以动物的采食嗜好和生理特点为依据。添加量应通过饲养试验来确定，不可盲目加大使用剂量，否则不仅会提高饲养成本，香气浓度过高、口味过重还会造成动物感官疲劳，产生饱和反应，降低采食量，甚至对动物健康产生危害。糖精过量导致仔猪采食量下降、咸味剂氯化钠等过量使用发生盐中毒的事件时有发生。

（二）着色剂

着色剂能够改善动物产品的色泽，迎合消费者心理习惯，提高商品价值和市场竞争力，同时对饲料色泽有一定的改善作用，能够掩盖某些饲料原料的不良颜色，刺激动物食欲，达到诱食的目的。有些色素如维生素 A、虾青素及叶黄素等具有生物活性，具有抗病保健作用。目前，着色剂主要应用于鸡饲料、水产动物及宠物饲料中。

着色剂产品主要有天然色素和化学合成色素两类。天然色素是从动植物和微生物中直接提取加工而成的类胡萝卜素，包括叶黄素、玉米黄素、黄体素以及某些色素衍生物等。某些天然动植物也可以直接作为着色剂使用,万寿菊、辣椒粉、松针叶粉、橘皮粉、胡萝卜、虾蟹壳粉、海藻等可直接添加于饲料中达到着色目的。化学合成色素主要是类胡萝卜素的衍生物,其特点是效价高,用量少,稳定性强,使用方便。目前我国允许使用的饲料着色剂大多是化学合成色素,如β-阿朴-8′-胡萝卜素醛、辣椒红、β-阿朴-8′-胡萝卜素酸乙酯、虾青素、β-胡萝卜素-4,4-二酮(斑蝥黄)、叶黄素(万寿菊花提取物)等。一些抗生素如土霉素、金霉素等也具有着色作用,能够改善肌肉、脂肪及蛋壳颜色。

饲料着色剂的使用应严格遵守国家规定,禁止工业染料作为添加剂使用,严禁使用有致癌作用的非食用色素着色剂使用。同时,为了保证着色类添加剂的使用安全性,正确引导市场,引导消费,要加强对着色剂产品的监督检查,综合考虑使用剂量、使用期限、动物品种、饲料原料及添加剂、饲养管理水平等对着色剂的影响,减少着色剂的用量,保证动物及人体的健康。

(三)黏结剂

随着饲料工业的发展,颗粒饲料在配合饲料中的比重越来越大。添加黏结剂有助于提高制粒质量,减少颗粒破碎造成的营养成分散失。同时,黏结剂使一些较难制粒的原料如谷物、杂粕、农副产品和动物下脚料等得到应用,扩大了饲料原料的选择范围。猪、禽、水产、反刍动物饲料中黏结剂的应用非常普遍。尤其是水产动物饲料,使用黏结剂可以延长饲料在水中的浸泡时间,有效降低饲料散失造成的水质污染。黏结剂也常用于反刍动物舔砖的生产。

饲料黏结剂可分为化学合成黏结剂、天然黏结剂以及复合黏结剂。化学合成黏结剂大多为高分子化合物,如聚丙烯酸钠、酪蛋白酸钠、海藻酸钠、羟甲基纤维素钠、丙二醇等,具有黏性强、用量少的特点。聚丙烯酸钠是一种吸水性树脂,不但具有黏结作用,而且具有促进生长效果,有助于延长饲料在胃内的滞留时间,提高饲料消化率。海藻酸钠是常用的饲料黏结剂,易与蛋白质、淀粉、明胶等饲料成分共溶聚合,在制粒过程中海藻酸钠的钠离子与饲料中的钙离子置换,生成纤维性的海藻酸钙增强颗粒的稳定性,添加量0.15%以上。羧甲基纤维素钠是纤维状粉末物质,易分散于水中形成胶体,具有良好的增稠、乳化、吸湿、黏合性能,多用于黏结性要求较高的水产饲料。

天然黏结剂包括一些具有胶质特性的天然物质,如谷物、小麦、鱼浆、淀粉、膨润土、糊精、海带粉、糖蜜、脂肪等。某些块茎类淀粉如木薯和丝兰,胶质化特性也很好。脂肪是常用的黏结剂,能增加颗粒的润滑性,并具有减少粉尘、消除静电的作用。糖蜜适口性好,常用作反刍动物饲料舔块的黏结剂,与尿素、辅料混匀压制成尿素糖蜜舔砖。

复合黏结剂由两种或两种以上的化学合成黏结剂组成,用量少、效果好,是水产饲料最常用的黏结剂类型。

化学合成黏结剂对动物无营养作用,也没有促生长效果,使用量过多,与饲料成分的黏结性过强,不但增加成本,造成浪费,而且影响营养物质的消化吸收。水产饲料中过量使用黏结剂,还可能导致饲料中的诱食性物质难以释放,降低诱食效果。某些天然黏结剂具有营养作用,可作为饲料的营养来源,应根据使用对象控制用量,防止过量使用。α-淀粉是营养性黏结剂,具有较强的黏结效果,但鱼虾对淀粉的利用率低,添加过量不但降低饲料利用率,而且容易引发肝脏代谢障碍,引起肝肿大、发育不良等。

(四)防霉剂

饲料中含有丰富的淀粉、蛋白质、维生素等营养成分,在储存、运输、销售和使用过程中极易发生霉变,尤其是淀粉含量高的饲料在潮湿环境下,更容易导致霉菌和细菌的大量生长繁殖。饲料防霉剂具有抑制霉菌生长、有效防止饲料发霉变质、预防储存期营养成分损失的作用,具有成本低、使用方便、低量高效的特点。

常用饲料防霉剂可分为天然防霉剂、化学防霉剂和复合型防霉剂,生产中以化学防霉剂应用较多。

现已开发的天然防霉剂主要有大蒜素、溶菌酶、鱼精蛋白、聚赖氨酸、纳他霉素等。在饲料中使用较多的是大蒜素。大蒜素不但具有良好的防霉效果,而且能有效地掩盖饲料中的不良气味,改善饲料的适口性,提高动物的采食量。

化学防霉剂主要有丙酸及其盐、苯甲酸及其盐、山梨酸及其盐、富马酸及其酯类、双乙酸钠等。丙酸是目前最常见、用量最大的饲料防霉剂,抗菌谱广,对霉菌、真菌、酵母菌等都有一定的抑制作用。丙酸中的游离羧基可以破坏微生物细胞或使酶蛋白失活,从而使微生物代谢障碍。丙酸钠、丙酸钙、丙酸钾和丙酸铵的应用也很普遍,各种动物以及配合饲料、青饲料中都可使用。

复合型防霉剂是指将两种或两种以上不同的防霉剂配伍组合而成,抗菌谱广,应用范围大,防霉效果好,是饲料中较常用的防霉剂类型。例如美国生产的克霉霸,由丙酸、乙酸、苯甲酸、山梨酸等混合而成。

饲料防霉剂不但要具备抗菌范围广、防霉能力强的特性,而且在使用中不能对动物造成危害或间接影响人类健康,在动物性产品中无超限量残留,无致癌、致畸、致突变等不良作用。应根据饲料环境及霉菌种类选用适宜的防霉剂,并严格控制使用剂量,并在饲料中混合均匀,以保证防霉剂的安全性和使用效果。

第五章 饲料与畜产品安全

饲料是动物的食物,而动物产品是人类的食物和食品加工的原料。因此,饲料是人类的间接食品,是人类食品的源头,与人们生活质量和身体健康息息相关。改革开放以来,我国畜牧业持续稳定发展,但长期以来主要追求数量的增长,对动物产品的质量和安全性重视不够,饲料中天然的有毒有害物质、霉菌毒素、药物残留和重金属等有毒有害物质的污染等还相当严重,给人们的身体健康带来潜在威胁,动物产品的质量安全问题将成为今后制约和影响我国养殖业持续健康发展的一个重要因素。饲料安全是动物食品安全生产的前提,不安全的饲料往往成为众多病原菌、病毒及毒素的主要传播途径,各种添加剂和激素等在畜禽产品中的残留也会危害人体健康,造成食品安全隐患。

第一节 饲料对畜产品安全的影响

一、饲料中的天然有毒有害物质

饲料原料中常常含有一种或多种天然有毒有害物质,如植物性饲料中的生物碱、生氰糖苷、棉酚、单宁、蛋白酶抑制剂、植酸和有毒硝基化合物等,动物性饲料中的组氨、抗硫氨素和抗生物素等。这些天然有毒有害物质,常因加工处理不当,有的未被脱掉,有的脱毒少而残留太多,对动物体造成多种危害和影响,如降低饲料的营养价值,影响动物的生产性能。动物采食后,消化道吸收后残留在畜体内,对畜产品造成极大的影响。

(一)棉酚

棉酚主要存在于棉籽饼粕中,棉酚占棉饼干物质量的 0.03%,棉酚以结合棉酚或游离棉酚两种状态存在,其中游离棉酚除了对动物可产生毒害作用以外,还影响蛋品质。动物采食过量棉酚可引起动物缺铁性贫血、降低棉籽饼中赖氨酸的有效性、刺激胃肠道黏膜,引起胃肠炎、影响雄性动物的生殖机能。重要的是影响蛋品质,是蛋黄变色的主要原因,可使蛋黄色泽降低,储藏蛋蛋黄成为黄绿色或暗红色,有时出现斑点,蛋黄 pH 升高,当饲粮游离棉酚达50mg/kg 时,蛋黄即会变色。

(二)硫代葡萄糖苷

硫代葡萄糖苷又称芥子苷,主要存在于十字花科植物中,如油菜、芥菜、甘蓝、白菜等,尤以油菜籽和芥菜籽中含量特别高。我国的菜籽油中硫代葡萄含量为 40% ~50%,其中四川省为 49.88%,国际要求其含量应低于 5%。硫代葡萄糖苷本身并不具有毒性,只是其水解产物才有毒性,其降解产物主要有异硫氰酸酯、噁唑烷硫酮、硫氰酸酯和腈类。噁唑烷硫酮与硫氰酸脂均可导致甲状腺肿大,腈类主要引起动物肝脏、肾脏肿大和出血,腈类的毒性约是噁唑烷硫酮的 8 倍。研究表明,日粮中菜籽饼超过一定数量,猪死胎率增加,家禽产出腥味蛋。

(三)环丙烯类脂肪酸

环丙烯类脂肪酸也是存在于棉籽饼粕中,主要包括苹婆酸和锦葵酸。由于这类酸是不饱和酶的阻碍物,使血液中饱和脂肪酸含量提高,进而影响体脂肪中脂肪酸的组成,使体脂和蛋黄硬化。此外,由于卵黄中 C18:0 的增加,不仅使种蛋受精率下降,而且使卵黄磷蛋白膜通透性提高,促使卵黄中铁离子进入蛋清,导致蛋白呈桃红色、"海绵蛋"。因此棉籽粕一般禁止在蛋鸡饲料中应用。

二、被污染或霉变的饲料中的有毒有害物质

饲料(原料)在储存、加工和运输过程中可能造成饲料霉变和污染,如饲料中的细菌、霉菌、病毒、弓形体等致病菌,可使动物生产力下降,并出现免疫抑制、腹泻等症状。有些霉菌毒素如黄曲霉毒素、赭曲霉毒素等不仅对摄食动物造成直接伤害,而且其原形及代谢产物可通过肉、蛋、奶等动物产品,进入人类食物链中,对人类健康造成极大的危害。

(一)黄曲霉毒素

黄曲霉毒素是黄曲霉菌和寄生曲霉菌的产物,其产生的黄曲霉毒素的毒性由大到小排列顺序为黄曲霉毒素 B_1、黄曲霉毒素 M_1、黄曲霉毒素 G_1、黄曲霉毒素 B_2 和黄曲霉毒素 G_2,其中危害最大、毒性最强的是黄曲霉毒素 B_1。各种畜禽对黄曲霉毒素的敏感性不同,通常家畜比家禽敏感,幼畜比成年畜敏感,种畜比肉畜敏感。黄曲霉毒素的有害作用主要是肝毒性作用,故又称肝毒素。黄曲霉毒素不仅直接对饲料及动物造成毒害,还可以残留在动物产品中,通过食物链从动物转移到人体,严重威胁着人类的健康。如国家质检部门公布近期对全国 200 种液体乳产品进行抽检的结果,国内某大型奶牛场由于饲料发生霉变,奶牛在食用这些饲料后,原乳中黄曲霉毒素超标,原乳质检疏忽导致牛奶 B_1 检测结果超标 140%,就是饲料霉变和污染导致的最典型事例。研究表明,当饲料中黄曲霉毒素 B_1 含量超过 $20\mu g/kg$ 就可在动物肉、蛋、奶中检出其残留物。黄曲霉毒素 B_1 在乳牛体内可转化为毒性仅次于原形的黄曲霉毒素 M_1 和黄曲霉毒素 M_2。因此,禁止使用霉变饲料饲喂乳牛具有重要的卫生学意义。

(二)玉米赤霉烯酮

玉米赤霉烯酮又称动情毒素和 F－2 毒素,是一种具有雌激素样作用的霉菌毒素。动物采食后表现为雌激素亢进症,还可损害动物精子的产生,降低动物的繁殖能力。后备母猪和青年母猪对玉米赤霉烯酮极为敏感,它可以引起阴户红肿、假发情、卵巢变性、流产、死胎、直肠和阴道脱出等,并可引起公猪雌性化综合征,导致睾丸萎缩、睾丸生精细管上皮细胞变性、乳房增大和精液质量下降;玉米赤霉烯酮还能毒害母猪的卵泡,抑制卵泡内卵母细胞的减数分裂,使卵母细胞的成熟滞后或发育不正常,导致卵细胞的质量下降,排卵数减少或不排卵。

（三）呕吐毒素

呕吐毒素又称脱氧雪腐镰刀菌烯醇，主要存在于玉米、小麦、大麦和燕麦中。据报道，使不同动物生产性能起抑制作用的呕吐毒素临界浓度分别是猪1mg/kg 饲料，犊牛 2mg/kg 饲料，禽类和成年反刍动物 5mg/kg 饲料。呕吐毒素一旦被摄食到体内，通常能很快被吸收并输送到全身许多组织或器官中，且能引起动物食欲下降或拒绝采食、呕吐、体重下降，有时还伴有皮肤或皮下黏膜上皮发炎、红肿，甚至坏死；母猪受孕率下降、泌乳性能降低等；对生长育肥猪而言，饲喂含有 14mg/kg 呕吐毒素饲料后，10～20min 即会出现呕吐、不正常的焦虑和磨牙现象，且呕吐现象仅发生在第一天。人摄入被呕吐毒素污染的食物后，会产生厌食、发热、呕吐、腹泻、站立不稳和反应迟钝等急性中毒症状。

三、药物残留

随着兽药和药物添加剂在畜禽饲养过程中的长期大量应用和不合理使用，滥用药物现象十分普遍，比如在饲料中添加盐酸克仑特罗（瘦肉精）、激素类药物、禁用药物等，导致了动物产品中有毒有害物质的残留。由此引发的"食肉中毒"事件不断发生，畜产品安全问题已引起社会的广泛关注和各级政府的高度重视。

兽药残留对人体健康危害巨大，有些危害是即时的，有些危害是潜在的。长期食入含有药物等有害物质残留的畜禽等动物产品，可直接导致药物等有害物质在体内蓄积，当蓄积到一定的量时，必然会产生不良后果。例如畜禽大量地、不合理地使用抗生素，会造成致病菌产生耐药性，使传染病难以得到控制，造成人畜共患传染病的蔓延；畜产品中过量的重金属对神经系统、血液系统、消化系统都有明显的损害。部分药物的残留对人体有致癌、致畸、致突变作用。近年来，广东、浙江、河南等省相继发生因"瘦肉精"导致的数百人食肉中毒事件，尤其是 2001 年广东河源的毒肉案更引起了大范围的"恐肉"现象，真可谓是谈肉色变。

四、重金属残留

重金属一般指密度大于 5g/cm³ 的金属，约有 45 种，如铜、铅、锌、铁、钴、镍、锰、镉、汞、钨、钼、金、银等。重金属广泛存在于自然界，其中锰、铜、铁、锌等重金属是生命活动所需要的微量元素，但是大部分重金属如汞、铅、镉等并非生命活动所必需。所有重金属超过一定浓度对人体与动物均具有毒害作用。由于重金属不能被生物降解，相反却能在生物放大作用下，成千百倍地富集，最后进入食物链后端动物和人体内。重金属在动物体内能和蛋白质及酶等发生强烈的相互作用,使它们失去活性造成急性中毒,也可在动物和人体的某些器官中累积,造成慢性中毒等。

一些重金属如铜、铁、锌、锰等是动物生长过程中必需的微量元素,适量摄入有助于动物良好生长。因此,在饲料中通常需要补充添加一定比例的微量元素。然而,近年来有将这类微量元素过量使用的趋势,高铜、高锌、高铁配方时常在饲料中出现,造成动物中毒和处在亚中毒状态。为了防止重金属元素在饲料中的滥用,《饲料卫生标准》对一些常见的重金属元素添加剂量进行了明确规定。在产蛋鸡、肉用鸡、仔猪和生长育肥猪的复合预混料中铅不应超过40mg/kg,鸭、鸡和猪配合饲料中不应超过5mg/kg,奶牛和肉牛精饲料补充料中不应超过8mg/kg。在猪和禽添加剂预混合饲料中氟不应超过1g/kg,肉用仔鸡、生长鸡和产蛋鸭配合饲料中不应超过250mg/kg,产蛋鸡配合饲料中不应超过350mg/kg,猪配合饲料中不应超过100mg/kg。铬的允许含量为皮革蛋白粉中不超过200mg/kg,鸡和猪配合饲料不超过10mg/kg。畜产品中重金属残留的危害取决于残留的重金属种类、理化性质、浓度水平、存在形态与价态。一般来说,无害的金属元素摄入过量也会产生毒性,相比之下有机重金属比相应的无机重金属毒性强,可溶态的重金属比颗粒态重金属毒性强,六价铬比三价铬毒性强。重金属对畜产品危害主要是通过空气、水、植物性食物等渠道进入动物体内,再通过食物链进入人体,此时重金属不再以离子形式存在,而是与体内有机成分结合成盐或金属螯合物,从而对人体产生危害。重金属对人体的损害主要表现为:一是损害肝脏,重金属与血液中的血卟啉结合,会损伤肝脏,导致肝硬化、肝癌等;二是损害血液循环系统,重金属中毒后,血液黏度增大,含氧量低,严重的出现休克等症状;三是危害神经系统,抑制和干扰神经系统的功能。实验证明,铜具有抗生育作用,钒及其化合物也有一定的生殖毒性,尤其是造成男性的性腺毒性而影响生殖能力,铅对亲代生殖生理和生殖器官的功能也具有极大危害。研究显示,锰污染会引起肺炎和其他疾病;铅对成人神经系统、消化系统及心血管系统都有损害,其中神经系统比其他系统更容易遭受铅毒害,骨骼中的铅经过20~30年只能排出一半。

第二节 饲料毒物在畜产品中的残留规律

在采购、生产、保存和运输等环节中,有毒有害物质在饲料中累积,通过动物传递进入畜产品中,最终对人体健康造成危害。了解各种饲料毒物在畜产品中的残留规律,可通过原料采购、饲料加工、饲养制度等环节进行有效的控制,保障畜产品的安全。

一、饲用抗生素在畜产品中的残留规律

饲用抗生素主要包括以促进动物生长、预防和治疗疾病为目的,添加到健康动物饲料中的抗生素,1950年美国FDA正式批准允许在饲料中添加抗生素。时至今日,饲用抗生素的应用已有50多年的历史,其对畜牧业尤其对集约化畜牧业的发展发挥了至关重要的作用。但是随着人们生活质量和对动物性食品安全卫生要求的提高,以及对抗生素研究的不断深入,饲用抗生素作为饲料添加剂应用于食品动物生产受到了广泛质疑。主要表现在以下两个方面:①在食用动物组织中的残留。②病原菌抗药性对人类健康潜在的威胁。对饲用抗生素在畜禽体内的残留和消除规律的研究是准确确定其休药期的基础,而严格执行休药期是确保饲用抗生素在动物性食品中残留的前提。

(一)土霉素

土霉素在畜禽体内的残留量很低,且消除速度很快,肾脏和肝脏中土霉素的残留量最高,其次是肌肉,而脂肪中无土霉素残留。对蛋鸡的研究表明,向蛋鸡饲粮中添加土霉素可在蛋中检出土霉素残留,而且残留量及消除时间与添加量相关。因此,我国《饲料药物添加剂使用规范》规定产蛋期蛋鸡禁用土霉素及其钙盐,以保证蛋品的安全。

(二)金霉素

金霉素消化道吸收率较土霉素高,金霉素的排泄途径与投药方式有关,经饲料摄入的金霉素主要通过粪便排泄。对于肉仔鸡和猪,通过饲料摄入体内的金霉素在肝脏和肾脏中的残留量最高,消除速度最慢;在脂肪中残留量最低,消除速度也最快。金霉素在饲粮中的添加量和用药时间均影响其在畜禽体内的残留量和消除时间。Korsrud等以3倍推荐剂量添加金霉素于猪饲料中,试验期14d,肝脏、肾脏和肌肉中金霉素的残留检测结果显示,停药当天各组织中金霉素含量均低于加拿大规定的最高残留限量(肝脏、肾脏和肌肉中残留限量分别为2mg/kg、4mg/kg、1mg/kg);停药后4d,各组织中均没有检出金霉素残留。由此Korsrud等认为金霉素的安全性很高。

(三)黏杆菌素

黏杆菌素几乎不被畜禽消化道吸收,因而其在畜禽体内的残留量很低。日本旭化成工业株式会社对黏杆菌素的残留问题进行了系统研究。他们在肉鸡的8周试验期内,向饲粮中添加100mg/kg或500mg/kg黏杆菌素,未在其

肝脏、肾脏、肌肉等组织中检出黏杆菌素残留(检出限为 0.25mg/kg);在猪的 12 周试验期内,向饲粮中添加 400mg/kg 黏杆菌素,未在其肝脏、肾脏、肌肉等组织中检出黏杆菌素残留(检出限为 0.28mg/kg)。

(四)杆菌肽锌

杆菌肽锌在动物肠道内几乎不被吸收,口服的杆菌肽锌绝大多数通过粪便排出体外。因此,杆菌肽锌在畜禽体内的残留量很低。在猪饲料中添加 0.1%~0.2% 的杆菌肽锌,饲喂 3 个月后,停药当天检测各组织中药物含量,都低于检出限。Yoshida 等向蛋鸡饲粮中添加 480mg/kg、12 000mg/kg 和 24 000mg/kg 杆菌肽锌,在蛋中没有检出杆菌肽锌残留。

(五)林可霉素

对林可霉素在猪和鸡体内残留和消除规律的研究表明,肝脏和肾脏中林可霉素残留量最高,其次为肌肉和脂肪。Hornish 等以原子示踪技术研究了连续 3d 给猪饲喂不同水平林可霉素的饲粮后,林可霉素在猪体组织的残留和消除规律,结果见表 5 - 1。

表 5 - 1　饲喂不同水平的林可霉素在猪体内的残留量

添加水平(mg/kg)	屠宰时间(h)	肝脏(mg/kg)	肾脏(mg/kg)	肌肉(mg/kg)	脂肪(mg/kg)
20	停药后 12	0.40	0.22	0.01	0.02
40	停药后 12	0.64	0.41	0.02	0.02
100	停药后 12	1.60	1.20	0.05	0.13
200	停药后 12	3.40	3.10	0.15	0.35
200	停药后 24	0.82	0.64	0.09	0.10

二、霉菌毒素在畜产品中的残留规律

我国饲料卫生标准规定饲料中黄曲霉毒素 B_1 的限量值分别为:玉米、棉籽粕、菜籽粕≤50μg/kg,豆粕≤30μg/kg,配合饲料中黄曲霉毒素 B_1 的限量值为 10~20μg/kg。玉米及配合饲料中赭曲霉毒素 A 的限量值为 100μg/kg,玉米赤霉稀酮的限量值为 500μg/kg。配合饲料中 T - 2 毒素的限量值为 1mg/kg,猪、犊牛、泌乳期动物配合饲料中呕吐毒素限量值为 1mg/kg,而牛和家禽配合饲料中呕吐毒素限量值为 5mg/kg。我国目前尚无饲料中伏马毒素的允许限量值,而美国 FDA 规定动物饲料中伏马毒素的限量值为 5~100mg/kg。动物组织中霉菌毒素残留量的研究主要集中在国外,以研究黄曲霉毒素残留量的最多,不同霉菌毒素在不同的动物组织的残留规律见表 5 - 2。

表5-2　霉菌毒素在不同的动物组织的残留规律

动物	饲料中霉菌毒素种类及含量	检测时间	组织残留量	参考文献
奶牛	黄曲霉毒素 B_1（μg/kg）：100、200	7d	牛奶（μg/kg）：0.91、1.85	Harvey 等,1991
生长猪	烟曲霉毒素 B_1（mg/kg）：100	11d	肌肉、脂肪和肝脏（μg/kg）：26、22、31	Meyer 等,2003
肉鸡	黄曲霉毒素 B_1（mg/kg）：1.6、3.2、6.4	14d	胸肌（mg/kg）：1.63、1.90、3.2	Hussain 等,2010
	黄曲霉毒素 B_1（μg/kg）：50	46d	肝脏（μg/kg）：0.4	Magnoli 等,2011
产蛋鸡	呕吐毒素（mg/kg）：5、7.5、10	每天	鸡蛋（μg/kg）：0.33、0.42、0.35	Sypecka 等,2004
	黄曲霉毒素 B_1（μg/kg）：25、50、100	60d	鸡蛋（μg/kg）：0.04、0.05、0.07	Aly 和 Anwer,2009
肉鸭	黄曲霉毒素 B_1（mg/kg）：3	8d、11d	肝脏（μg/kg）：0.52、0.31;肌肉未检出	Bintvihok 等,2002
鹌鹑	黄曲霉毒素 B_1（mg/kg）：3	8d、11d	肝脏（μg/kg）：7.83、3.54;肌肉（μg/kg）：0.38、0.13	Bintvihok 等,2002

三、重金属在畜产品中的残留规律

研究重金属元素在畜产品中的残留与沉积规律,可通过控制各种投入品中重金属含量,对改善肉、蛋、奶等畜产品的品质具有重大的意义。张先福(2001)针对重金属 Hg、As、Cr、Cd 在食物链中迁移规律进行了研究。结果表明,不同畜禽对饲料中不同重金属元素的吸收能力,即在不同畜禽体内的残留浓度各不相同。Hg、As、Cr 和 Cd 在畜禽及其产品中的残留量由低到高分别为猪＜牛＜羊＜鸡蛋＜鸡;鸡蛋＜鸡＜牛＜猪＜羊;鸡蛋＜鸡＜牛＜猪＜羊;鸡蛋＜鸡＜羊＜猪＜牛。另外,4 种重金属元素在畜禽体内的残留量与畜禽生长期内摄入饲料总量和食物在畜禽消化道内的停留时间并无相应关系,如反刍动物牛、羊摄入的饲料量和饲料在消化道内的停留时间均比单胃动物猪、鸡多而长,但牛、羊体中 Hg 的残留量均较鸡体中少,牛体中 As、Cr、Cd 的残留量较猪体中少,这也说明不同畜禽对不同重金属元素具有不同的吸收率。水产动物中重金属的残留同样存在,匡维华(2007)通过在试验水样中添加不同浓度的 Pb、Cd、Hg,研究 3 种重金属元素在鳗鱼体内不同器官和组织的蓄积规律。试验结果表明,3 种重金属在鳗鱼体内富集能力依次是 Hg > Pb > Cd;鳗鱼体内 Cd 的吸收量与其接触含 Cd 水样的浓度呈正相关关系;Cd 在鳗鱼组织中蓄积顺序为肝脏 > 腮 > 鱼肉 > 血;另外鳗鱼组织中 Hg 和 Pb 蓄积顺序为腮 > 肝脏 > 鱼肉 > 血,鱼肉中两种重金属消除速度缓慢。因此养殖过程中要尽量避免该两种重金属的污染。

第三节　饲料与畜产品的安全保障措施

畜产品质量安全问题是一个复杂的问题,涉及从农场到餐桌等诸多环节,包括饲料、饲养、疾病防治、牲畜屠宰、加工、储藏、运输、销售等。通过严格控制饲料及饲料添加剂质量,建立无公害畜禽生产基地,加强屠宰加工的设备更新与卫生检验、储运和销售过程卫生管理,加大畜产品生产的科研与技术引进力度,完善食品安全生产质量体系等措施,以解决畜产品生产中普遍存在的安全问题。

一、严格控制饲料及饲料添加剂质量,实行标准化生产

(一)农作物生产质量控制

规范农作物生产耕作制度,把住原料关口,推行农牧良性生态循环生产模式,严格把关农作物土壤测定和农药的使用规范,积极推行生物防治技术,积极使用高效低残或无残的农药,杜绝和减少饲料原料的有毒有害物质。

(二)饲料生产过程中投入品的质量控制

首先应采取有力措施,严格执行《饲料和饲料添加剂管理条例》《允许使用的饲料添加剂品种目录》《禁止在饲料和动物饮用水中使用的药物品种目录》等,严格饲料原料质量,禁用发霉、有毒、污染的饲料原料;其次禁用肾上腺激活剂类(如盐酸克仑特罗、莱克多巴胺等)、激素类、安定类、抗生素类及过量的稀有金属、微量元素饲料添加剂;最后推广应用环保饲料和绿色饲料添加剂,提高饲料安全性,提倡研制和使用中草药饲料添加剂、酶生物制剂、益生素、低聚糖等有利于提高动物生长发育、繁殖生产和动物免疫抗病力的饲料添加剂,解决畜禽产品的有害物质残留和毒副作用,为社会提供绿色无公害畜禽产品。

二、建立无公害畜禽生产基地

可以由地方政府引导和实施无公害畜禽生产基地的建设,也可以由大中型肉类联合加工厂或畜禽产品加工企业为龙头,采用"公司 + 农户"的方式,由基地源源不断地为畜禽产品加工企业提供安全活畜禽。这样不仅提高了养

殖的经济效益和饲养报酬,形成良性循环,还可以解决我国畜产品的安全性问题,促进我国畜牧业的持续发展。大力推进无公害畜禽生产基地建设,规范畜禽良种培育,提高养殖者技术水平,严禁兽药与添加剂滥用,完善全程质量管理体系,确保无公害畜禽生产过程按标准的生产技术体系进行。

三、加强屠宰、加工、储运和销售的设备更新与卫生检验

我国畜禽屠宰加工企业的建筑设施水准较低,设计理念比较滞后,屠宰设备严重老化,加之屠宰加工操作不规范,卫生监督工作不到位,导致畜禽胴体污染比较严重。另一方面,畜禽屠宰前的卫生检疫主要靠感官,漏检和错判现象时常发生;一些定点屠宰场甚至将宰前检疫和宰后检验流于形式,导致病畜禽肉和注水肉流入市场。加强畜禽屠宰加工的兽医卫生检验和监督,加大对私屠乱宰、非法销售病畜产品和注水肉的当事人及渎职人员的处罚力度,定期对卫生检疫人员进行严格专业技能培训是解决我国肉类卫生质量问题的重要环节和有效措施。此外,要逐步摒弃农贸市场传统的肉类销售方式,引导消费者购买更为安全卫生的冷鲜肉。

四、畜禽疫病防治体系

建设关于重大畜禽疫病预警机制和快速扑灭的机制,将重大畜禽疫病消灭于萌芽状态,进一步扩大无规定动物疫病区建设。参照世界动物卫生组织提出的标准,在一定区域内,规定重点控制 10 多种对畜牧业生产危害较大和影响人体健康的动物疫病;如果规定控制的动物疫病得到控制,即实现了无规定动物疫病区。国家计委、农业部于 1998 年开始在全国各地建设"无规定动物疫病区"项目,项目区建成了完备的动物疫病控制体系、动物防疫监督体系、动物疫情监测体系和动物防疫屏障体系,区域内的疫病防治、检疫、监督、疫病监测手段和水平达到国家规定标准,并基本达到世界动物卫生组织规定标准及有关规则。

五、建立畜禽产品质量安全追溯制度

可追溯性是利用已记录的标识追溯产品的历史、应用情况、所处场所或类似产品或活动的能力。简单地讲,畜产品追溯体系就是把从牲畜养殖到畜产品销售全过程中各个环节的信息可实时写入同一标签,通过产品标签上的追溯码,可查询到畜产品的饲养、生产、加工、销售和企业基本情况。该体系在一旦出现畜产品质量安全问题,能够及时查询到来源,有效防止危害范围的进一步扩大,对疫病防控,保障群众身体健康,提升我国畜产品质量安全体系建设,具有巨大的推动作用。因此,有必要加强畜产品质量安全追溯体系的建立。

第六章　饲料与环境安全

饲料不仅可通过食品影响到人类的健康,在家畜的饲养过程中饲料的安全性也会极大地影响到我们的生存环境,从近年来全国及各地饲料质量监督抽查的情况看,我国目前的饲料安全形势不容乐观。饲料生产、经营和使用中添加违禁药品,超量、超范围使用药物饲料添加剂和兽药,饲料及养殖产品中药物、重金属及其他有毒、有害物质超标是现阶段饲料安全中最突出的问题,这些问题都给环境造成了极大的危害。饲料对于环境的影响是多方面的,主要途径是通过转化为牲畜的粪便来进行污染。随着畜牧业生产规模的不断扩大和集约化程度的提高,畜禽生产过程中积累的大量粪尿不仅会污染表土层和地下水,其产生的有害气体还会污染大气,其中土壤污染是饲料对环境最为严重的污染,同时也是最难治理、破坏性最持久的污染,其次是水体污染。本章将简要介绍饲料因素对环境的影响。

第一节 饲料导致的环境污染

饲料对环境的污染主要是指畜禽摄取饲料后,通过动物排出的粪便和气体对自然环境和生活环境产生污染。如一万头猪每年排出 107t 氮和 31t 磷;一头猪日排放粪尿约 6kg,是人相应量的 5 倍;成年猪每日粪尿中的生化需氧量(BOD)是人类尿的 13 倍;一个 10 万只鸡的饲养场每天排放粪便约 10t,一年达 3 600 多 t。畜禽采食饲料后,可通过多种途径对周围环境造成污染:一是日粮的氨基酸不平衡或蛋白质水平偏高,多余或不配套的氨基酸在体内消化代谢后随粪尿排出造成氮的污染。二是植物性饲料原料中大约有 2/3 的磷以植酸磷的形式存在,由于单胃动物缺乏分解植酸盐的酶,饲料中植酸磷难以被机体消化吸收而随粪便排出体外,造成磷的污染;另外通过粪便排出大量的氮磷物质会造成水体的富营养化,这种受到污染的水不能饮用,即使作为灌溉水也会使水稻等作物大量减产。三是饲料中大量使用微量元素,如为促生长而使用高锌、高铜饲料,造成排泄物微量元素含量超标,造成重金属的污染。四是粪便中含氮物质如尿素、含硫氨基酸、色氨酸在细菌作用下降解为硫化氢、粪臭素等异味物质,特别是在冬天封闭式养殖场中,不良气味对畜禽造成的应激是非常严重的,易引起呼吸道疾病,造成有害气体的污染。饲料储存不当,容易导致霉菌与霉菌毒素、细菌与细菌毒素、饲料害虫等生物污染。总之,每种形式的污染均会造成环境不同程度的污染,最终影响人类生存。

一、氮的污染

(一)氮污染的危害

现代养殖过程中,若饲料中氨基酸不平衡、能量和蛋白质水平比例失调、饲料原料未能经适当的加工工艺处理抗营养因子、饲养管理不到位等,饲料中的蛋白质就不能被动物全部消化吸收,多余的氮排放在环境中,对周围的环境造成极大的污染。畜禽排泄物中的氮主要来源于粪氮和尿氮,粪氮由未消化的氮、微生物氮和内源氮构成,尿氮是已吸收未利用的氨基酸和氮。近年来,畜禽排泄物中氮对环境的污染日趋严重。氮不仅污染周围的土壤和水质,而且通过发酵产生有害气体对周围空气造成直接污染,由于集约化饲养和管理方式,动物产生的粪便水分含量较高,并含有丰富的微生物及各种代谢酶,加快动物排泄物中氨气的产生与挥发。据统计,粪尿排出后有 60% ～75% 的氮转化为氨,同时,多数来源于含氮化合物的有机与无机含硫化合物也会在微生物作用下形成挥发性含硫气体。另外,在粪尿中还发现 80 多种含氮化合物,其中有 10 种对恶臭有重要影响。

(二)氮污染的控制

目前针对饲料因素导致的氮污染,主要通过营养调控和加强饲养管理两种措施进行控制,通过提高饲料中氮利用率,而达到减少氮污染的目的。

1. 配制低蛋白日粮

主要是运用理想蛋白质模式,利用合成氨基酸添加剂平衡日粮中的氨基酸,通过科学配制日粮而减少氮的排放。研究表明日粮中粗蛋白质每降低 1%,则氨气的浓度降低 11% 左右,氨气的释放量降低 10% ~20%。在不影响日增重的前提下,用合成赖氨酸、蛋氨酸、色氨酸和苏氨酸来平衡氨基酸营养,代替以粗蛋白为标准的配合饲料,猪粪中氮的排出量可减少 40%,粪的排出量减少 30% ~40%。随着能量体系的深入研究,净能体系替代传统的消化能和代谢能体系已成今后趋势,利用净能体系配制低蛋白质日粮,不仅可以更好地满足动物对能量和氨基酸的需要量,节约饲料生产成本,还可以减低氮排放。研究表明,采用净能体系不仅可以提高饲料能量的利用效率,还可以根据碳氮平衡理论,补充必需氨基酸,降低养殖业的碳和氮排放。

2. 添加高效无公害添加剂

饲料中尤其是植物性饲料中含有许多抗营养因子,如单宁、胰蛋白酶抑制因子、非淀粉多糖等,饲料中添加酶制剂可以消除相应的抗营养因子,提高饲料的利用率。研究表明,在低蛋白、氨基酸平衡日粮中分别添加 5% 纤维素和 2% 寡糖,添加 5% 纤维素所产生的新鲜猪粪中氨气减少 68%;饲料中添加 2% 寡糖可降低总氮素 55% 和氨态氮 62%。

3. 采用科学的饲养管理技术

首先实行分阶段饲养。研究表明,根据猪年龄和体重满足其营养需要,氮排泄可减少 14%,氮沉积可增加 10%。Schuering 等报道,多阶段饲养可使猪尿氮排泄量下降 14.7%,氨下降 16.8%。其次实行公、母猪分群饲养。将公猪和母猪及种猪和阉猪分开饲养,根据其不同的营养需要配制不同的日粮,使日粮成分更能接近猪的营养需要,不仅能降低饲料成本,减少饲料浪费,而且可降低氮的排泄。最后可利用生物和生态净化方法净化畜禽粪便及其污水,主要是利用厌氧发酵,将污物处理为沼气和有机肥。在正常气温条件下可使污染物生化需氧量减少 70% ~90%。

二、磷的污染

（一）磷污染的危害

磷是造成水源和土壤污染的主要物质。谷物饲料中的植酸磷，在畜禽体内利用率不高，大部分随粪便排出体外，造成土壤和地下水的磷污染。据统计，牛粪中磷的含量约为1.0%（干物质基础），对于一个万头牛场来说，一年从粪便中排出的磷约为255t，相当于1 419t的磷酸氢钙。一个万头猪场每年消耗的磷总量平均为40t，排出磷总量平均31t，排出的磷相当于193t磷酸氢钙。过量的磷排入江河后，刺激藻类和其他水生植物，导致水中溶解氧耗尽，植物根系腐烂，鱼虾死亡。这些腐败物质在水底层进行厌氧分解，产生硫化氢、氨气、硫醇等恶臭物质，使水域成为死水，造成江河的水体富营养化，进一步造成危害。

（二）磷污染的控制

1. 培育低植酸农作物

植物中的磷70%是以植酸磷的形式存在，因此积极培育低植酸农作物，减少植物中植酸的含量，降低饲料中植酸磷的含量，是提高饲料中磷的利用效率、减少畜禽磷排泄的重要途径之一。荷兰科学家建立了lpa的QTL分子图谱，为培育出低植酸磷的油菜等植物奠定了基础。目前，人们也用低植酸基因lpa培育出了植酸磷含量是普通大豆一半的低植酸大豆。

2. 合理使用植酸酶

使用植酸酶可降低粪尿中磷的排出量，猪植物性饲料中约75%的磷是植酸磷，其吸收利用率很低，大部分从粪尿中排出。日粮中添加植酸酶可提高猪对植酸磷的利用率，从而使原经粪便排泄的磷被消化吸收利用，粪便中磷的排泄量减少30%～50%。使用植酸酶可提高猪对磷的消化吸收，从而在植物性饲料中减少或者完全不添加无机磷，大大降低生产成本和对环境的影响。易中华等在肉鸡饲料中添加植酸酶，较之对照组磷的利用率显著地提高了19.1%，磷采食量减少2.98%，而通过粪便排出的磷减少17.6%。

3. 畜禽粪便的处理

对畜禽而言，磷的主要排放途径是粪便。因此，对粪便采用适当的方法加以处理，也可减少粪便中的磷对环境造成的污染。据报道，通过固液分离、好气处理、厌氧处理以及微生物发酵处理等方法可以有效地降低畜禽粪便的污染。黄俊（2007）研制出能降解有机磷的菌株a11，其发酵后培养液中可溶性磷的含量是对照组的6.4倍，达到了11.6mg/kg，然后利用较为科学的回收工艺,回收这些溶解性的磷,有望真正实现在畜禽养殖业中的生态循环。

三、重金属的污染

饲料因素导致的重金属污染,主要是由于饲料中重金属超标,畜禽不能完全吸收利用而通过粪尿排出体外形成的。饲料中的重金属来源有很多,如在某些矿区,其地质条件较为复杂,地层中的重金属含量较高,饲用植物如玉米等富集到较多的重金属。在农业生产中,使用农药、化肥和田地浇灌使用被污染的水等都能够导致土壤中产生重金属污染,并被进一步富集到作物中。农药中常含有各类重金属元素,如甲基砷酸铁铵等有机砷杀菌剂、醋酸苯汞等有机汞杀菌剂和砷酸铅杀虫剂。化肥也是土壤中重要的重金属来源,其中磷肥中含有较多的砷、铬、铅。在饲料加工过程中,加工器械或容器中可能会向饲料释放一定量的重金属,污染饲料。

当今畜牧业生产中大量使用各种能促进生长和提高饲料利用率、抑制有害菌的微量元素添加剂,如 Zn、Cu、As 等金属元素添加剂,而这些无机元素在畜禽体内的消化吸收利用率极低,在排放的粪便中含量相当高。这些畜禽粪便施入土壤后,其中的重金属元素在土壤—水—植物系统中积累转化,对周围环境造成严重污染,甚至可通过食物链对人体健康造成威胁。

(一)饲料因素导致重金属污染的原因

在畜禽养殖过程中,由于追求经济价值和防病的需要,往往添加过量的微量元素添加剂,而畜禽粪便中重金属含量跟饲料中重金属含量呈直接的正相关。Cang 等对江苏省 10 个地区 31 个大型养殖场的饲料和畜禽粪便中 14 种金属元素含量进行了调查,发现以 Cu、Zn 污染最为严重,其中 15% 饲料样品和 30% 畜禽粪样品 Cu 含量超过 100mg/kg,50% 饲料样品和 95% 畜禽粪样品 Zn 含量超过 100mg/kg。长久以来,动物饲料中微量矿物质元素大都是以无机矿物质元素的形式添加的,以硫酸盐和氧化物的形式提供的微量元素添加剂价格低廉,是预防畜禽矿物质缺乏综合征效果较为显著的手段。但由于加工粗糙,微量元素中氟、铅、砷等超标现象严重。一些养殖户一味地追求畜禽生长速度而在饲料中过量添加微量矿物元素,使饲料中重金属超标严重,过量的矿物元素所产生的各种潜在的生物学负效应和畜产品品质的改变,直接造成严重的环境污染。目前饲料因素导致环境重金属污染主要有以下原因。

1. 饲料配方标准陈旧

与能量、蛋白质、氨基酸等营养成分相比,微量元素数据库比较匮乏,配方师在配制饲料时可参考的饲料原料中微量元素含量的评估数据较少。因此,为了保障畜禽对微量元素的营养需要,随意提高微量矿物质元素在配方中的比例。超量的微量矿物元素随粪便排出体外,对环境造成污染。近几年,行业专家建议建立畜禽日粮微量元素地理信息数据库,可以检索出适用于不同地区的畜禽在不同的生长阶段、任何生产水平条件下的微量元素需要量,特别是能给出在特定地理环境条件及饲养背景下,与其相关的微量元素的互补拮抗关系相应的微量元素添加剂配方。

2. 无机微量元素添加剂不稳定,有机微量元素添加剂价格昂贵

传统无机微量元素生物学利用率低,但价格不高,饲料厂家在生产过程中为了节约成本,放弃有机微量元素的添加。为了满足一些养殖户对仔猪皮红毛亮、粪便颜色等外观效果的需要,在饲料中盲目添加高铜、高锌等,过量的无机微量元素大部分不能被动物机体吸收,随粪便排出体外,使土壤中微量元素和重金属富集,造成土壤板结现象,甚至污染地下水源,对当地的生态环境造成极大的影响。

3. 微量元素添加剂中氧化剂残留及有毒有害物质超标

目前,饲料中微量矿物元素中有害物质超标,已成为了制约饲料安全发展的瓶颈。某些无机微量元素产品,由于在生产加工过程中高锰酸钾、过氧化氢等氧化剂的残留,添加到饲料中易与其中的维生素、油脂等发生化学反应,影响产品外观及品质。有毒有害物质主要包括铅、砷、镉、二噁英等。在自然界中,铅、镉常与铜、锌共存,若不采取除杂技术,在这些金属的提炼、加工过程中会有大量的重金属污染。

(二)重金属污染的控制

1. 选择高效、低毒、安全的有机微量元素添加剂

目前市场占有率比较高的有机微量元素主要是氨基酸螯合物,还有一小部分是金属蛋白盐,欧洲越来越多的饲料厂改用氨基酸微量元素螯合物。目前全球的研究表明,有机微量元素的生物学效价比无机微量元素平均高出10% ~25%,但是有机微量元素存在的形态有多种,包括与氨基酸螯合的、蛋白水解的、与有机酸结合的。因此,在认识有机微量元素的同时,必须区分不同有机微量元素的差别,不同形态、不同剂型、不同生产厂家的微量元素产品,其效果也会有所不同。

2. 积极推广应用其他安全绿色的饲料添加剂

国内外大量的研究表明,各种营养物质的代谢作用不仅与这些物质本身的特性有关,而且还受一些非营养性代谢调节剂影响,包括酶制剂、益生素、功

能性寡糖、中草药等。饲料中尤其是大部分铜、锌与植酸相结合形成不溶性的盐类，利用植酸酶可使铜、锌与植酸分离，从而提高动物对它们的吸收利用率。据报道，在生长猪饲粮中添加植酸酶1 500IU/kg，由粪和尿中排出的铜和锌的总量减少了20%。因此，合理使用一些绿色添加剂，不仅可提高微量元素的利用率，还可促进其在动物机体的沉积，减少排泄物对环境的污染。

3. 微量元素添加系统化、科学化

微量元素在饲料配方中所占的种类繁多，如铜、铁、锌、锰、碘、硒、钴、铬等，而添加量少，操作过程中存在的问题也多，如检测难度大、易产生误差、对加工设备的混合均匀度和检测人员的要求都相对较高。目前饲料企业比较注重大宗原料的检测，极少对微量元素进行常规检测等。基于以上微量元素添加剂在饲料配方中的特点，未来饲料企业要以安全、高效、充分发挥动物生产潜能为原则，根据动物生理需求，进行科学配比，保证质量可追溯，简化饲料配方，逐步把饲料配方中的多种微量元素作为整体由专业化的厂家进行配方设计，质量把关，生产控制，以达到成本最低，尽量避免对环境的污染。

4. 严把原料关

饲料生产前的原料品质检验是十分重要的工作。有些饲料厂限于实验条件或原料成本的原因，对进厂原料不检测或只测水、蛋白质等常规指标，忽略重金属元素的检测。对此，饲料厂应自觉地对原料进行重金属元素检测，国家相关行政部门也应加强对饲料生产企业产品品质的抽查和评定工作，并严格执行我国《饲料卫生标准》规定的重金属元素允许量（表6-1）。

表6-1　饲料中砷、铅、镉、汞的允许量

项目	砷（mg/kg）	铅（mg/kg）	镉（mg/kg）	汞（mg/kg）
猪鸡配合饲料	≤2	≤5	≤0.5	≤0.1
牛精饲料补充料	≤10	≤8	–	–
肉骨粉	≤10	≤10	–	–
鱼粉	≤10	≤10	≤2	≤0.5
石粉	≤2	≤10	≤0.75	≤0.1
磷酸盐	≤10	≤30	–	–
米糠	–	–	≤1	–

四、有害气体的污染

动物饲料中的蛋白质、糖类、脂类物质代谢中间产物和代谢最终产物经微生物分解会产生氨气、硫化氢、吲哚和挥发性脂肪酸等具有恶臭气味的物质，对畜舍小环境和外界自然环境均造成极大的危害。以氨气污染为例,在欧洲,农业生产过程中排放的氨气占欧洲氨气排放总量的 80% ~95%,其中动物粪便经微生物发酵产生的氨气占农业生产中氨气总排放量的 80%,20% 来源于动物饲料。氨气排放已成为全球气体污染主要源头之一,也越来越引起公众和政府决策者的关注。因此,由于饲料因素使畜牧生产中产生大量有害气体对环境造成的污染日益严重,应该加以重视和治理。

(一)有害气体污染的危害

由于饲料因素产生的有害气体主要有氨气和硫化氢,特别是在集约化饲养状态下有害气体大量产生,如一个饲养 1 万头猪的猪场每年可向环境排放 108t 氨。有害气体对畜禽造成严重的危害,实践证明,由粪便产生的氨和硫化氢等有害气体,在浓度低时可使畜禽生产性能下降,当浓度高时可引起幼畜禽中毒死亡,还可使畜禽场工作人员的健康受损,易患呼吸道疾病。氨气的挥发不仅会对周围环境和人畜健康造成严重危害,而且导致本身可用作氮肥的氮源浪费,同时氨气的挥发会引起磷酸盐和硝酸盐的沉积,引发酸雨而导致土壤和林地的酸化。

1. 氨气

氨气主要来源于畜禽本身、撒落的饲料、畜禽的粪便以及垫草。畜禽的粪便中一般含有 20% ~30% 未被机体消化吸收的营养物质,粪氮包括未被消化的饲粮氮和内源氮,主要以氨基酸、微生物氮和核酸等形式存在。这些含氮物质中的 60% 会在微生物脲酶的作用下被分解成氨,并散发到周围的空气中。畜牧业是一个大的氨气排放源,在荷兰、丹麦、德国和英国,畜牧业中排放的氨气分别占该国氨气总排放量的 85% 、82% 、76% 和 75% 。一个年产量为 10 万头猪的猪场,可向大气排放的氨气高达 159kg/h,一个 72 万只规模的养禽场,向大气排放的氨气高达 13. 3kg/h。

氨气对畜禽本身造成极大的危害,俄罗斯学者研究表明,浓度为 2mg/kg 的氨气可使猪增重减少 17%,饲料利用率降低 18% 。研究还发现,氨气和空气中尘埃微粒相结合危害更大。在氨气浓度达 5mg/kg,尘埃为 300mg/m³ 情况下,生长猪经 57 天后,平均日增重从 520g 下降为 420g,下降 19. 3% 。氨气还影响猪的繁殖性能。当舍内氨气质量分数达 1.97×10^{-5} 时,小母猪持续不发情;当氨气质量分数降到 5.7×10^{-6} 时,所有小母猪均在 7 ~10d 内发情。另外研究表明,当鸡舍内氨气浓度高于 78. 3mg/kg 时,产蛋率下降 43. 1% 。在鸡舍氨气含量与产蛋率的关系成负相关,且极为显著。

氨气不仅对畜禽本身造成危害,而且对养殖场工作人员的健康也会有损害。畜禽舍内氨气浓度过高,会影响饲养员和兽医的情绪,最终会影响工作。饲养员长期暴露于有氨气的环境里,会出现咳嗽、痰多、哮喘、咽喉痛、声音嘶哑、鼻炎、胸闷、眼睛发干发痒、头痛、头晕、乏力等症状。机体免疫能力也会下降,甚至会引起慢性呼吸道疾病。人进入畜禽舍后,若环境中氨气的浓度 > 4μL/L,就能感觉到氨气的存在;若环境中氨气的浓度 > 25μL/L,就会感到刺鼻流泪。美国环境保护部规定,人类工作环境中氨气浓度≥25μL/L 时,工作不能超过 8h;工作环境中氨气浓度若≥35μL/L 时,工作不能超过 15min。

2. 硫化氢

畜禽采食富含硫的高蛋白饲料,当其消化机能紊乱时,可由肠道排出大量硫化氢,含硫化物的粪积存腐败也可分解产生硫化氢。此外,当封闭式禽舍破蛋较多时,也会使空气中的硫化氢含量增加。畜禽舍气体中硫化氢毒性最大,0.10%~0.15%的硫化氢顷刻间便能致人死亡。硫化氢主要对畜禽和人的呼吸道产生极大刺激作用,造成呼吸道黏膜受损;硫化氢进入血液后,会阻碍机体对氧气的运输,使动物机体缺氧,家畜的体质变弱,免疫力下降。猪舍中硫化氢浓度达到 20mg/kg 时,猪会表现出畏光流泪、神经质等症状,且丧失食欲;浓度为 50~200mg/kg,则会引起呕吐、恶心和腹泻;浓度 > 650mg/kg 时,猪会丧失知觉,很快因中枢神经麻痹而死亡。猪舍空气中硫化氢含量应 < 6mg/kg,才能保护猪和工作人员健康,维持正常养猪生产力水平。因硫化氢比重大,对鸡舍下层或平养鸡危害严重,鸡舍内硫化氢浓度应 < 10mg/kg。

(二)有害气体污染的控制

1. 提高畜禽对营养物质的利用率

饲料因素产生的有害气体主要是畜禽日粮中营养物质吸收不完全造成的,凡是能提高日粮营养物质消化率的措施,都可以减少舍内有害气体的产生。因此,许多经济发达国家采用多种方法提高对饲料蛋白质的利用率,而降低日粮中蛋白质含量,可间接减少氮的排出量。近年来,美国多个生长猪试验研究结果表明,日粮中粗蛋白质的含量每降低 1%,氮的排出量就减少 8.4% 左右。如将日粮中粗蛋白质从 18% 降低到 15%,就可将氮的排出量减少 1/4。欧洲饲料添加剂基金会指出,降低饲料中粗蛋白质含量而添加合成氨基酸可使氮的排出量减少 20%~50%。此外,通过添加酶制剂提高对饲料的利用率也可减少氮排泄量。朱建津等(1994)利用酶制剂饲喂仔猪的试验结果表明,干物质消化率提高 25.39%,粗蛋白质的消化率提高 19.48%。国内外研究还表明,延胡索酸、柠檬酸、乳酸、丙酸等有机酸可以提高胃蛋白酶的活性,减缓胃的排空,有利于消化。

2. 沸石等吸附剂的应用

可利用沸石、丝兰提取物、木炭、活性炭、煤渣、生石灰等具有吸附作用的物质吸附空气中的有害气体。日本早在20世纪60年代就将沸石用于畜禽场除臭,沸石表面积很大,对氨气、硫化氢、二氧化碳以及水分有很强的吸附力,因而可以降低畜禽舍内有害气体的浓度。同时由于它的吸水作用,降低了畜禽舍内空气湿度和粪便水分,减少了氨气等有害气体的发生。董毓兴(1986)按每只鸡5g的比例将沸石加入垫料中,结果舍内氨气浓度下降37.04%,二氧化碳浓度下降20.19%。

3. 饲养管理方面

对畜牧场合理地饲养管理,同样可以减少畜舍有害气体的排放。如合理地建造禽舍,对畜舍进行及时的通风换气,保持畜舍内的清洁卫生和保证科学的饲养密度等。

五、生物污染

饲料因素导致环境的生物污染,主要是由于饲料本身在储存过程中受到霉菌毒素、细菌毒素、饲料害虫等的污染,进而对周围环境造成污染。因此,控制饲料对环境的生物污染,首先要对饲料储存得当,避免其发生生物污染,从根源上避免周围环境的生物污染。饲料的生物污染主要包括霉菌与霉菌毒素、细菌与细菌毒素、饲料害虫以及毁损饲料的仓库害虫。现将其危害及其控制措施阐述如下。

(一)生物污染的危害

1. 霉菌与霉菌毒素的污染

据联合国粮农组织估计,全世界每年平均至少有2%的粮食因污染霉菌发生霉变,不能食用和饲用。当饲料被霉菌毒素污染后,其营养价值显著降低。有试验表明,污染霉菌的饲料,脂肪含量减少;霉菌繁殖的玉米,其代谢能下降5%～25%;同样,饲料的蛋白质也受到一定程度的破坏,尤其是赖氨酸和精氨酸含量显著下降。霉菌的大量生长还会造成饲料中维生素的降低。霉菌除破坏饲料的营养价值之外,还使饲料变色、变味、结块,导致饲料的适口性下降。

感染霉菌毒素的饲料,可以为产毒霉菌在饲料中繁殖而提供生存条件,以至于产毒霉菌可产生霉菌毒素,危害畜禽的健康和生存,并通过食物链影响人体健康甚至危及生命。在我国,黄曲霉毒素是粮食、食品、饲料中最常见的霉菌,其产毒菌株高达60% ~94%,特别是用作饲料和饲料原料的玉米、花生饼、豆饼、棉籽饼容易污染黄曲霉毒素(主要是黄曲霉毒素 B_1,即 $AFTB_1$)。动物和人一次性摄入大量黄曲霉毒素,会引起急性中毒,多为急性肝坏死,往往危及生命。例如1960年,在短短的一两个月时间,英国相继有10万多只火鸡死亡。事后发现,这些火鸡都饲喂了含有黄曲霉毒素的花生饼粉。黄曲霉毒素引起的中毒多为慢性中毒,动物表现为生长迟缓、饲料利用率低、抗病力减弱、死亡率增高。黄曲霉毒素慢性中毒对人体具有致癌作用,已经从许多动物试验和流行病学调查中得到证实。畜禽采食了受黄曲霉毒素污染的饲料后,尿、奶及体组织内发现有毒素及其代谢产物。进入牛奶中的毒素量为0.2% ~3.2%。黄曲霉毒素耐高温,巴氏消毒不能破坏其毒性。因此奶牛采食受黄曲霉毒素污染的饲料对人体特别是婴幼儿的健康有直接威胁。

2. 致病性细菌的污染

饲料的致病性细菌污染主要是沙门菌污染和肉毒梭菌污染,特别是沙门菌污染最为常见。其次是腐败菌污染,主要是大肠杆菌和枯草杆菌的污染。沙门菌污染饲料后可通过各种途径将病菌散布开去,病菌随粪尿等排泄物及病尸污染土壤和水源,进而污染粮食、饲料。特别是屠宰场,经常因屠宰患病的或带菌的牲畜而造成病菌的散布,尤其是屠宰污水的随意排放。畜禽饲用含有沙门菌的饲料,如果细菌量达到一定的数目,就可能发病(或带菌),例如引起猪霍乱、牛肠炎、鸡白痢、马流产等。

另外,肉骨粉的污染与疯牛病也是一种主要的饲料生物污染类型。众所周知,自1986年疯牛病首先在英国被发现,后来席卷了欧洲,给畜牧业造成了惨重损失。疯牛病的全称是"牛海绵状脑病",是发生在牛身上的进行性中枢神经系统变性型疾病,其主要传播途径就是饲喂带有疯牛病和绵羊痒病病原的肉骨粉等动物性蛋白质饲料。引起疯牛病的"疯牛病因子"是一种具有生物活性的蛋白质,即朊病毒,有人认为它既不是细菌,也不是病毒,而是一种异常蛋白质。因此许多国家纷纷做出规定,禁止在反刍动物饲料中添加动物源性饲料,特别是牛、羊肉骨粉。

(二)生物污染的控制

1. 霉菌毒素污染的控制

控制饲料霉菌毒素污染主要从两个方面着手,即防霉和脱毒。防霉是基础,具体防霉措施主要有以下几点:

（1）控制饲料原料的含水量　对于谷物饲料而言,关键在于收获后必须迅速干燥。使谷物含水量在短时间内降到安全水分范围内,如稻谷含水量降到13%以下,大豆、玉米、花生的含水量降到12.0%、12.5%、8.0%以下,饲料原料的含水量要按国家标准执行。

（2）控制饲料加工过程中的水分和温度　饲料加工后如果散热不充分即装袋、储存,会因温差导致水分凝结而易引起饲料霉变。特别是在生产颗粒饲料时,要注意保证蒸汽的质量,调整好冷却时间与所需空气量,使出机颗粒的含水量和温度达到规定的要求。一般含水量在12.5%以下。温度一般可比室温高3～5℃。

（3）注意饲料产品的包装、储存与运输　饲料产品包装袋要求密封性能好,如有破损应停止使用。应保证有良好的储存条件,仓库要通风、阴凉、干燥,相对湿度不超过70%。还可采用二氧化碳或氮气等惰性气体进行密闭保存。

（4）应用饲料防霉剂　经过加工的饲料原料与配合饲料极易发霉,故在加工时可应用防霉剂。常用防霉剂主要是有机酸类或其盐类,例如丙酸、山梨酸、苯甲酸、乙酸及其盐类。其中又以丙酸及其盐类丙酸钠和丙酸钙应用最广。目前多采用复合酸抑制霉菌的方法。

已感染霉菌毒素的饲料,必须采取脱毒措施。目前,饲料污染霉菌毒素的脱毒主要有物理去毒法和化学去毒法。物理去毒法包括挑选霉粒法和碾轧加工法等,其中碾轧加工适用于受毒素污染的大米、玉米。化学去毒法主要有氨处理和化学药剂处理。氨处理是在污染的粮食（如玉米）中加入浓度为21.3%的氢氧化铵,其重量为饲料的1.5%,再加水至饲料的12%～17.5%,充分拌匀,装入完好的塑料袋或其他严密的容器中密闭,于25℃左右过夜。然后将饲料倒出摊晾,再晾晒15d,除去氨味,即可加工饲用。化学药剂处理采用石灰乳水或碳酸钠溶液整粒浸泡含毒玉米2～3h,然后用清水冲洗至接近中性,2h后烘干,去毒效果可达60%～90%。另外,脱霉剂等也是对饲料脱毒的一种常用方法,例如霉菌毒素吸附剂。这类吸附剂主要是某些矿物质如活性炭、白陶土、膨润土、蛭石、沸石、硅藻土等,它们具有很强的吸附作用,而且性质稳定,一般不溶于水,不被动物吸收。将它们作为吸附剂添加到饲料产品中,可以吸附饲料中的霉菌毒素,减少动物消化道对霉菌毒素的吸收。

2. 致病性细菌污染的控制

容易受致病性细菌如沙门菌污染的饲料是动物源性饲料,应从原料选择、生产加工、运输储藏乃至销售饲喂各个环节加以控制，并正确使用防腐抗氧化剂。首先选择优质原料。无论用屠宰废弃物生产血粉、肉骨粉，还是利用低质鱼生产鱼粉及液体鱼蛋白饲料，都应当坚持一个原则：以无传染病的动物为原料，不用传染病病死畜禽或腐烂变质的畜禽、鱼类及下脚料做原料。其次要掌握正确的生产加工方法。动物性饲料原料要经高温处理，或用高温干燥器，或用挤压蒸煮机等加热设备，凝固蛋白，杀灭细菌。另外，动物性饲料成品要严格控制含水量，如发酵血粉的含水量应控制在 8% 以下，且需严格密封包装。饲料中可添加 60 ~ 125mg/kg 的山道喹抗氧化和防霉变。最后严控产品的运输、储藏和销售等环节。动物性饲料的包装必须严密，通常采用塑料袋、牛皮纸袋、麻袋或塑料编织袋包装，一般分内外两层，内层密封，外层耐磨。产品在运输过程中要防止包装袋破损或日晒雨淋。仓库必须通风、阴凉、干燥，地势高，经常打扫，定期消毒，要防鼠、防蝇、防蟑螂和螨虫。在销售过程中要创造良好的临时储藏条件，饲料在使用时不宜在畜禽舍内堆放过多，避免污染。

第二节　安全饲料的环境评价

　　畜禽饲料是否安全，不仅要符合畜禽健康养殖即环保型畜牧业规范和无公害畜产品的生产标准，更应该符合畜舍环境和自然环境的评价标准。众所周知，饲料的安全性一方面会影响畜产品的品质，即人类食品的安全性；另一方面畜禽采食有安全性问题的饲料后会对周围环境产生不利影响，进一步阻碍畜牧业生产的可持续发展，最终仍将影响人类自身的健康发展。因此，围绕解决畜禽产品公害和减轻畜禽粪便对环境的污染等问题，按绿色食品生产的一般要求和饲料、饲料添加剂使用准则，对饲料原料的选购、配方设计、加工饲喂等过程进行严格质量控制，并通过动物营养调控方法，改变、控制可能发生的畜禽产品公害和环境污染，使生产达到低成本、高效益、低污染的效果。

一、安全饲料的环境评价体系

　　关于饲料安全生产的环境评价体系，我国目前仅有《水产配合饲料环境安全性评价规程》。该规程主要针对不同类型的水产饲料对水环境安全性进行评价。分别对水产饲料的理化指标和卫生指标进行了规定，并且对评价水环境的指标体系进行界定，如水体的悬浮物质、化学需氧量、生物需氧量、总氮、总磷和溶解氧等。另外，吉红(2007)对水产饲料环保特性评价体系的初步构建进行了研究。他主要在实验室内模拟水产养殖生产条件，对原料豆粕

154

饲料安全应用关键技术

和鱼粉直接入水后的干物质溶失率、粗蛋白溶失量及水质化学耗氧量（COD）、氨氮等指标进行了评价和比较,进而以设备条件、测定方法、测定指标等为主要内容,进行了水产饲料环保特性评价体系的初步构建,以期为水产配合饲料环保特性的研究提供思路及基础资料。鉴于我国饲料安全生产的环境评价体系还不健全,为了保障饲料生产的环境保护,本节主要借鉴畜禽养殖场环境评价体系,对安全饲料的环境评价体系进行探讨,以供行业参考。

（一）环境质量标准

安全饲料生产必须符合《环境空气质量标准》（GB 3095—2012）、《城市区域环境噪声标准》（GB 3096—2008）、《地表水环境质量标准》（GB 3838—2002）和《城市污水再生利用　城市杂用水水质》（GB 18920—2002）等。

（二）污染物排放标准

安全饲料在生产过程中,污染物排放需符合《大气污染物综合排放标准》（GB 16297—1996）、《锅炉大气污染物排放标准》（GB 13297—2001）和《恶臭污染物排放标准》（GB 14554—93）。

（三）技术导则及规范

安全饲料必须遵循的技术规范主要有《环境影响评价技术导则　大气环境》（HJ 2.2—2008）、《环境影响评价技术导则　地面水环境》（HJ 2.3—1993）、《环境影响评价技术导则　声环境》（HJ 2.4—2009）和噪声标准《声环境质量标准》（GB 3096—2008）。

二、安全饲料生产保障体系

（一）完善饲料安全评价监控体系

2001～2004 年我国启动饲料安全工程,在全国饲料添加剂、添加剂预混料、浓缩饲料、全价饲料的生产流通环节及养殖场使用环节中,重点对卫生、重金属、微量元素、有毒有害物质、盐酸克仑特罗（瘦肉精）及其他禁止使用的添加剂含量等指标定期抽查,实施饲料安全监测,并建立了专用的计算机系统,对全国的监测数据进行合并、统计分析等处理,准确把握饲料安全状况,有助于科学决策。但是我国现行的饲料安全工程,由于参与环节少,仅限于监督监测机构内部使用,没有行业各环节的广泛介入,没有形成信息反馈、控制循环,不能达到对饲料安全信息实行全程监控,不具备信息分析决策能力,也不具备预警预报功能。还有不少的饲料企业和畜禽养殖场（户）对这些相关规定并不了解,没有严格执行规定,超允许品种添加、超限量添加各种有害添加剂。饲料安全工程的建设需要一个整体的信息比较通畅的宏观环境,需要大量的人力、物力、财力的投入，我们仍需要长期不断地努力。

(二)利用生态营养学理论配制饲料

生态营养学是建立在现代动物营养学理论的基础之上，利用生态学的观点，按照理想蛋白模式，采用可消化氨基酸及有效磷等指标，来设计不同品种、性别、年龄动物的日粮模型，使养分供需达到平衡，可在保证最大生产效率的同时减少氮磷的排泄。随着对蛋白质、氨基酸研究的不断深入，畜禽日粮配制逐步由"粗蛋白质"向"总氨基酸—可消化氨基酸—理想蛋白质模式"过渡，在不影响畜禽生产性能的前提下，使用合成氨基酸(赖氨酸、蛋氨酸、色氨酸和苏氨酸等)调节低蛋白条件下的氨基酸平衡，避免日粮蛋白质的安全边际量过大而造成的浪费，既节约了蛋白质资源又降低了氮的排泄。按理想蛋白质模式配制日粮，在保持畜禽正常生产性能的情况下，饲料粗蛋白质水平可降低 2% ~3%，氮排出量可减少 20% ~50%。据统计，通过理想蛋白质模式配制的日粮，粗蛋白质水平每下降 1 个百分点，粪尿氨气的释放量就下降 10% ~12.5%。

(三)在饲料工业中推广和应用 HACCP 体系

饲料工业引用 HACCP 系统是一个鉴定饲料危害且含有预防方法以控制这些危害的系统。但并非一个零风险系统，而是设法使饲料卫生安全危害的风险降到最低限度。所以，HACCP 的实施有利于建立饲料卫生安全的早期预警系统。在饲料工业中建立和推广 HACCP 管理可有效杜绝有害、有毒物质和微生物进入饲料原料或配合饲料生产环节。由于关键控制点的有效设定和检验，保证了最终产品中各种药物残留和卫生指标均在控制线以下，确保饲料原料和配合饲料产品的安全。通过实施 HACCP 管理，才能更有效地确保饲料卫生安全，并且同国际有关法规接轨，促进我国饲料工业的健康发展。

总之，安全饲料生产环境评价为环保部门关于饲料生产环境治理的决策提供理论依据，有效合理地控制环境影响的不利因子，更好地保护环境；实验研究让环境影响评价理论融入实际运作中，通过采取相应的环境保护治理措施，预防、控制和减缓项目实施带来的不利影响，满足环境容量要求，为同类项目的环境保护工作提供参考依据，对今后规模化饲料企业的环境评价工作起到示范作用。

第七章　饲料安全性评价与检测技术

　　随着人们食品安全意识的不断提高,饲料作为动物性食品安全的源头也越来越引起全球范围内的高度重视。影响饲料安全的因素很多,主要包括天然饲料毒物及其前体物、化学性污染物、次生性饲料毒物、有害微生物和人为添加使用的违禁药物。因此,对饲料中有毒有害物质进行检测,使其控制在国家规定的允许范围之内,是保证饲料的饲用安全、维护动物健康和生产性能的前提条件,是饲料质量检测的一项重要内容。依据现行的卫生标准,结合生产实践的需要,本章主要介绍这些影响饲料安全性物质的检测方法。

第一节　违禁药物的检测技术

一、盐酸克伦特罗的检测技术

盐酸克伦特罗(Clenbuterol,CL),俗名"瘦肉精",是一种 β-肾上腺素受体激动剂,因具有增加动物酮体瘦肉率、提高饲料转化率的作用,常常被非法作为饲料添加剂用于畜产品的生产。虽然国家的政策法规已经严令禁止使用盐酸克伦特罗作为饲料添加剂,但仍有违规应用。我国主要建立了饲料中盐酸克伦特罗的检测方法标准,包括高效液相色谱(HPLC)和气相色谱-质谱联用法(GC-MS),此方法适合于配合饲料、浓缩饲料和预混合饲料中盐酸克伦特罗的测定。HPLC 法的最低检测限为 0.5ng(取样 5g 时,最低检测浓度为 0.05mg/kg),GC-MS 法最低检测限量为 0.025ng(取样 5g 时,最低检测浓度为 0.01mg/kg)。酶联免疫吸附测定法(ELISA)是近年来研究形成的一种快速、准确、灵敏、简单的测定方法。

(一)高效液相色谱法(HPLC)

1. 方法原理

用加有甲醇的稀酸溶液将饲料中的克伦特罗盐酸盐溶出,溶液碱化,经液液萃取和固相萃取柱净化后,在 HPLC 仪器上分离、测定。

2. 试剂和溶液

以下所用的试剂和水,除特别注明者外均为分析纯试剂,水应符合 GB/T 6682 中规定的三级水要求。

(1)甲醇　色谱纯,过 0.45μm 滤膜。

(2)乙腈　色谱纯,过 0.45μm 滤膜。

(3)提取液　0.5% 偏磷酸溶液(称取 14.29g 偏磷酸溶解于水,并稀释至 1L):甲醇 = 80:20。

(4)氢氧化钠溶液　$c(NaOH)$约 2mol/L:称取 20g 氢氧化钠溶于 250ml 水中。

(5)液液萃取用试剂　乙醚,无水硫酸钠。

(6)氮气。

(7)盐酸溶液　$c(HCL)$约 0.02mol/L:吸取 1.67mL 盐酸用水定容至 1L。

(8)固相萃取(SPE)用试剂

1)30mg/lcc　Oasis RHLB 固相萃取小柱(Waters Couperation,34Maple

Street Milford MA,USA)或同等效果的净化柱。

2)SPE 淋洗液　淋洗液 – 1:含 2% 氨水的 5% 甲醇水溶液;淋洗液 – 2:含 2% 氨水的 30% 甲醇水溶液。

(9)HPLC 专用试剂

1)HPLC 流动相　1mL1:1磷酸(优级纯)用实验室二级水稀释至 1L,并按 100:12 的比例和乙腈(色谱纯)混合,用前超声脱气 5min。

2)盐酸克伦特罗标准溶液

储备液:200μg/mL: 10.00mg 盐酸克伦特罗(含 $C_{12}H_{18}Cl_2N_2O \cdot HCl$ 不少于 98.5%)溶于 0.02mol/L 盐酸溶液并定容至 50mL,储于冰箱中。有效期 1 个月。

工作液:2.00μg/mL:用微量移液器移取储备液 500μL,以 0.02mol/L 盐酸溶液稀至 50mL,储于冰箱中。

标准系列:用微量移液器移取上述工作液 25mL、50mL、100mL、500mL、1 000mL,以 0.02mol/mL 盐酸溶液稀释 2mL,该标准系列中盐酸克伦特罗的相应浓度分别为 0.025mg/mL、0.050mg/mL、0.100mg/mL、0.500mg/mL、1.00mg/mL,储于冰箱中。

3. 仪器、设备

分析天平:感量 0.000 1g;感量 0.000 01g;超声水浴;离心机:4 000r/min;分液漏斗:150mL;电热块或沙浴:可控制温度在 50℃ ±5℃;烘箱:温度可控制在 70℃ ±5℃;高效液相色谱仪:具有 C_{18} 柱 4μm(如 150mm × 3.9mm ID)或类似的分析柱和 UV 检测器或二极管阵列检测器。

4. 样品的选取和制备

取具代表性的饲料样品,用四分法缩减分取 200g 左右,粉碎过 0.45mm 孔径的筛,充分混匀,装入磨口瓶中备用。

5. 分析步骤

(1)提取　称取适量试样(配合饲料 5g,预混合饲料和浓缩料 2g)精确至 0.000 1g,置于 100mL 三角瓶中,准确加入提取液 50mL,振摇使全部润湿,放在超声水浴中超声提取 15min,每 5min 取出用手振摇一次。超声结束后,手摇至少 10s,并取上层液于离心机上 4 000r/min,离心 10min。

(2)净化　准确吸取上清液 10.00mL,置 150mL 分液漏斗中滴加氢氧化钠溶液,充分振摇。调 pH 至 11 ~ 12,该过程反应较慢,放置 3 ~ 5min 后,检查 pH,如 pH 降低,需再加碱调节。溶液用 30mL、25mL 乙醚萃取两次,令醚层通过无水硫酸钠干燥,用少许乙醚淋洗分液漏斗和无水硫酸钠,并用乙醚定容至50mL。准确吸取25.00mL于50mL烧杯中,置通风橱内、低于50℃加热块或沙浴上蒸干,残渣溶于2.00mL盐酸溶液,取1.00mL置于预先已分别用1mL甲醇和1mL去离子水处理过的SPE小柱上,用注射器稍稍加压,使其过柱速度不超过1mL/min,再先后分别用1mL SPE淋洗液-1和淋洗液-2淋洗,最后用甲醇洗脱,洗脱液置70℃±5℃加热块或沙浴上,用氮气吹干。

(3)测定

1)在净化、吹干的样品残渣中准确加入1.00～2.00mL盐酸溶液,充分振摇,超声使残渣溶解,必要时过0.45μm的滤膜,清液上机测定,用盐酸克伦特罗标准系列进行单点或多点校准。

2)HPLC测定参数设定

色谱柱:C$_{18}$柱,150mm×3.9mm ID,粒度4μm或类似的分析柱。

柱温:室温。

流动相:0.05%磷酸水溶液:乙腈=100:12,流速:1.0mL/min。

检测器:二极管阵列或UV检测器。

检测波长:210nm或243nm。

进样量:20～50μL。

3)定性定量方法

定性方法:除了用保留时间定性外,还可用二极管阵列测定盐酸克伦特罗紫外光区的特征光谱,即在210nm、243nm和296nm有三个峰值依次变低的吸收峰。

定量方法:积分得到峰面积,而后用单点或多点校准法定量。

6. 结果计算

(1)计算公式　每千克试样中所含盐酸克伦特罗的质量为:

$$X = \frac{m_1}{m} \times D$$

式中:X—每千克试样中盐酸克伦特罗的含量,mg;

m_1—HPLC色谱峰的面积对应的盐酸克伦特罗的质量,μg;

D—稀释倍数;

m—所称样品质量,g。

结果表示至小数点后1位。

(2)允许差　取平行测定结果的算术平均值为测定结果,两个平行测定的相对偏差不大于10%。

(二)酶联免疫吸附法(ELISA)

1. 范围

本方法适用于饲料原料、配(混)合料中盐酸克伦特罗含量的定性、定量测定。

2. 方法原理

利用免疫学抗原抗体特异性结合和酶的高效催化作用,通过化学方法将酶与抗原结合,形成酶标记抗原。将固相载体用特异性抗体致敏,加入待测抗原和酶标记抗原竞争性结合抗体,洗涤后加底物,根据有色物的变化计量待测抗原量。若待测抗原多,则被结合的酶标记抗原少,有色物量就少,反之亦然。用目测法或比色法测定样品中所检药物的含量,比色的最佳波长为450nm,参比波长应大于600nm。

3. 试剂和溶液

(1)酶联免疫法测试盒 聚苯乙烯微量反应板,24孔、48孔或96孔;标准溶液:6个梯度;酶标记抗原;底物液;稀释液;显色剂液;终止剂:2mol/L硫酸溶液。

(2)其他试剂 甲醇;盐酸0.1M溶液;NaOH 1M溶液;重蒸水。

(3)仪器设备 酶标仪,带有450nm滤光片;离心机,5 000r/min;振荡器;微量移液器,20μL、50μL、100μL、200μL。

4. 分析步骤

(1)样品处理 饲料样品粉碎,过40目筛,样品的提取、净化、浓缩等参照试剂盒说明书推荐的方法,并进行加样回收试验。

(2)定性检测

1)操作方法 准备包被抗体的聚苯乙烯微量反应板根据待测样品数量和标准样品(每个样品2个重复),决定微孔的使用量。将微孔从冰箱中取出,放在室温下25℃±4℃回温5~15分。具体操作按照试剂盒说明书进行。

2)结果判定

目测法:先比较阴性对照孔和阳性对照孔的颜色,两者颜色应有明显差异,前者深后者浅。如果待测样品的颜色与阴性对照孔接近,则判定该样品不含所检药物;如果待测样品比阴性对照孔浅,比限量孔深,则判定该样品含有所检药物,但浓度低于限量;如果待测样品比阳性对照孔浅,则判定该样品含有所检药物且浓度高于限量;如果待测样品与阳性对照孔相同或接近,则判定该样品含有所检药物且浓度等于限量。

仪器法：用酶标仪，在试剂盒规定的波长处（如450nm）用空气做参比调零点后测定标准孔及试样孔吸光度 A 值。A 阴性对照与 A 阳性对照间差值至少大于0.2；若 A 待测样品≤A 阴性对照，则判定该样品不含所检药物；若 A 阳性对照≥A 待测样品≥A 阴性对照，则判定该样品含有所检药物，但浓度低于限量；若 A 待测样品≥A 阳性对照，则判定该样品含有所检药物且浓度高于限量；若 A 待测样品＝A 阳性对照，则判定该样品含有所检药物且浓度等于限量。

（3）定量测定

1）操作方法　准备包被抗体的聚苯乙烯微量反应板，根据待测样品数量和标准样品（每个样品2个重复），决定微孔的使用量。将微孔从冰箱中取出，放在室温下25℃±4℃回温5~15分。具体操作按照试剂盒说明书进行。

2）结果计算　将6个梯度的标准溶液（具体见试剂盒）按限量法测定步骤测定得相应的吸光度值。以0浓度 A_0 值为分母，其他标准浓度的 A 值为分子的比值，再乘以100，获得吸光度的百分比。以此吸光度百分比为纵坐标，对应的5个所检药物标准浓度为横坐标（不包括0浓度点），在半对数坐标上绘制标准曲线。待测样品根据其吸光度，在曲线中获得所检药物含量，再根据下式计算出样品中所检药物含量。

$$X = rVN/m$$

式中：X—样品中所检药物含量，$\mu g/kg$；

$\qquad r$—从标准曲线上查得的试样提取液中所检药物含量，ng/kg；

$\qquad V$—试样提取液体积，ml；

$\qquad N$—试样稀释倍数；

$\qquad m$—试样的质量，g。

5. 精确度

重复测定结果相对偏差不得超过10%。

6. 其他

测试盒应放在4~8℃冰箱内保存，不得放在0℃以下的冷冻室内保存。

二、饲料中己烯雌酚的检测

己烯雌酚（Diethylstilbestrol，简称 DES）诞生于20世纪40年代，是一种人工合成的雌性激素，医学上主要用于治疗雌激素缺乏症，但是由于其具有促进动物生长、增加蛋白质沉积和提高饲料转化率的作用，曾经作为促生长剂广泛应用于畜牧养殖业。因其残留对人体和环境有明显的危害,对相关产品中己烯雌酚残留的检测受到世界各国共同关注。2002 年我国农业部规定取消 DES 及其盐、酯制剂在所有食品动物的所有用途。

配合饲料、浓缩饲料和添加剂预混合饲料中己烯雌酚的测定可采用 HPLC 法和 LC – MS 法。HPLC 法的最低检测限为 4ng(取样 10g 时,最低检测浓度为 0.1mg/kg),LC – MS 法的最低检测限为 0.5ng(取样 10g 时,最低检测浓度为 0.025mg/kg),其中 LC – MS 法为仲裁法。

(一)高效液相色谱法(HPLC 法)

1. 方法原理

试样中的己烯雌酚用乙酸乙酯提取,减压蒸干后,经不同 pH 的液液分配净化,再于 HPLC 仪器上分离、测定。

2. 试剂和溶液

以下所用的试剂和水,除特别注明者外均为分析纯试剂,水应符合 GB/T 6682 中规定的二级水要求。

抗坏血酸;乙酸乙酯;三氯甲烷;甲醇;氢氧化钠溶液:$c(NaOH) = 1mol/L$;碳酸氢钠溶液:$c(NaHCO_3) = 1mol/L$;无水硫酸钠;DES 标准储备液:准确称取 DES 标准品(含量≥99%)0.010 00g,置于 10mL 容量瓶中,用甲醇溶解,并稀释至刻度,摇匀,其浓度为 1mg/mL,贮于 0℃冰箱中,有效期 1 个月;DES 标准工作液:分别准确吸取标准储备液 1.00mL、0.500mL、0.100mL,置于 10mL 容量瓶中,用甲醇稀释、定容;其对应的浓度为 100μg/mL、50μg/mL、10μg/mL,再以此稀释液配制 2μg/mL、0.5μg/mL、0.25μg/mL、0.1μg/mL 的标准工作液;HPLC 流动相:0.5mL1:1 磷酸溶液(优级纯)用实验室二级用水稀释至 1L,并按 40:60(V:V)的比例和甲醇混合。用前超声或做其他脱气处理。

3. 仪器、设备

分析天平:感量为 0.000 1g、0.000 01g 的各一台;超声水浴;离心机:能达 4 000 ~ 5 000r/min;旋转蒸发器;分液漏斗:150mL;高效液相色谱仪:具有 C_{18} 柱(如 150mm × 3.9mm ID,粒度 4μm)和紫外(UV)或二极管阵列检测器。

4. 试样选取和制备

采取有代表性的样品,四分法缩减至约 200g,粉碎,使全部通过 0.45mm 孔径的筛,充分混匀,储于磨口瓶中备用。

5. 分析步骤

（1）提取 称取配合饲料 10g（准确至 0.001g）和抗坏血酸 2g，置于 50mL 离心管中，加乙酸乙酯 60mL 盖好管盖，充分振摇约 1min，再置超声水浴中超声提取 2min，其间用手回旋摇动 2 次。取出后于离心机上（4 000～5 000r/min）离心 10min，倒出上清液，再分别用 50mL、40mL 乙酸乙酯重复提取 2 次，汇集上清液，置旋转蒸发器上，68～72℃减压蒸发至干。

浓缩饲料与添加剂预混合饲料提取过程相同，只是浓缩饲料需称取 3～4g，添加剂预混合饲料 2g（称量准确至 0.000 1g），提取用的乙酸乙酯量也相应减至 40mL、30mL 和 20mL。

（2）净化 将蒸干的乙酸乙酯提取物用三氯甲烷溶解，分 3 次定量转移至 150mL 的分液漏斗中（共用三氯甲烷约 60mL），加少许抗坏血酸（0.3～0.5g），用氢氧化钠溶液 10mL，将 DES 萃取至水相（回旋振摇 30s），并用三氯甲烷洗涤水相 2～3 次，每次 20mL，回旋振摇 10s。然后用碳酸氢钠溶液 12～15mL 将 pH 调至 10.3～10.6，用 30mL、30mL、20mL 三氯甲烷萃取 3 次，将 DES 回提至三氯甲烷中，并将三氯甲烷层通过无水硫酸钠（30～35g）干燥。将干燥过的三氯甲烷溶液置旋转蒸发器上，在 55～57℃下减压蒸发至干，以适量的甲醇溶解后，上机测定。

（3）测定

1）HPLC 测定参数的设定

色谱柱：C$_{18}$柱，150mm×3.9mm ID，粒度 4μm 或性能类似的分析柱。

柱温：室温。

流动相：0.025% 磷酸水溶液：甲醇＝40:60（V:V），流速：1.0mL/min。

检测器：UV 或二极管阵列检测器。

检测波长：240nm。

进样量：8～20μL。

2）定性、定量测定 按仪器说明书操作，取适量获得的试样制备液和相应浓度的 DES 标准工作液进行测定。以保留时间和 DES 的紫外光区特征光谱定性（DES 在 240nm 处有一吸收峰，而后在约 280nm 处有一肩峰）。以色谱峰面积积分值，做单点或多点校准定量。

6. 结果计算

（1）计算公式 试样中己烯雌酚的含量为 X，数值以毫克每千克（mg/kg）表示，按下式计算：

$$X = \frac{m_1 \times n}{m}$$

式中:m_1—HPLC 试样色谱峰对应的己烯雌酚质量,μg;

m—试样质量,g;

n—稀释倍数。

测定结果用平行测定的算术平均值表示,保留至小数点后 1 位。

(2)允许差　两个平行测定的相对偏差不大于 7%。

(二)液相色谱 – 质谱法(LC – MS 法)

1. 方法原理

试样中的 DES 用乙酸乙酯提取,减压蒸干后,经不同 pH 下的液液分配净化,再于 LC – MS 仪器上分离、测定。

2. 试剂和溶液

LC 流动相为甲醇: 水 = 70: 30(V: V);其他同 HPLC。

3. 仪器、设备

LC – MS 联用仪;其他仪器设备同 HPLC。

4. 试样选取和制备

同 HPLC 法。

5. 分析步骤

(1)提取　同 HPLC。

(2)净化　同 HPLC。

(3)测定　LC – MS 测定参数的设定

液相色谱(LC)部分:LC 色谱柱,C_{18}柱,150mm × 2.1mm ID,粒度 3.5 ~ 5μm;柱温:30℃;流动相为甲醇: 水 = 70: 30(V: V);流动相流速:0.2mL/min。

质谱(MS)部分:负离子电喷雾电离源(ESI);电离电压:3.0kV;取样锥孔电压:60V;二级锥孔电压:4 ~ 5V;源温度:103℃;脱溶剂温度:180℃;脱溶剂氮气:260L/h;锥孔反吹氮气:50L/h。

(4)定性定量方法

1)定性方法　以试样与标准品保留时间和特征质谱离子峰定性,DES 应有准分子离子峰 m/z = 267 和 251、237 两个离子碎片。

2)定量方法　以选择准分子离子峰(m/z = 267)计算色谱峰面积,用单点或多点校准法定量。

6. 结果计算

（1）计算公式　试样中己烯雌酚的含量为 X，数值以毫克每千克（mg/kg）表示，按下式计算：

$$X = \frac{m_2}{m} \times n$$

式中：m_2—LC – MS 试样色谱峰对应的己烯雌酚质量，μg；

　　　　m—试样质量，g；

　　　　n—稀释倍数。

测定结果用平行测定的算术平均值表示，保留至小数点后 1 位。

（2）允许差　两个平行测定的相对偏差不大于 10%。

三、饲料中喹乙醇的检测

喹乙醇（olaquindox）又名喹酰胺醇，属喹啉 1,4 – 二氧化物类药物，因其具有良好的抗菌和促生长作用被广泛应用到猪、鱼、禽饲料中。但是，近年来各种国内外的研究表明喹乙醇对鱼、禽存在致突变、致畸形的作用，蓄积在鱼、禽体内的喹乙醇不但会使动物发生中毒或死亡，而且其残留对人体也有极大的危害。近年来喹乙醇的使用备受各国的关注，我国目前也已禁止了向鱼、禽饲料中添加喹乙醇。

1. 范围

本方法适用于配合饲料、浓缩饲料和添加剂预混合饲料中喹乙醇的测定，最低定量限为 1mg/kg，检出限为 0.1mg/kg。

2. 方法原理

试样中的喹乙醇以甲醇溶液提取，固相萃取小柱净化，反相液相色谱柱分离测定，紫外检测器检测，外标法定量分析。

3. 试剂和溶液

以下所用的试剂和水，除特别注明者外均为分析纯试剂，水应符合 GB/T 6682 中规定的三级水要求。

甲醇（色谱纯）提取液：甲醇 + 水 = 5 + 95；高效液相色谱流动相：甲醇和超纯水（采用二元梯度）；淋洗液 1：0.02mol/L 盐酸，移取 1.67mL 盐酸定容至 1 000mL；淋洗液 2：0.1mol/L 盐酸，移取 8.33mL 盐酸定容至 1 000mL；淋洗液 3：甲醇 + 水 = 5 + 95；洗脱液：甲醇 + 水 = 40 + 60。

喹乙醇标准储备液：准确称取喹乙醇标准品 0.050 20g（含量≥99.6%），于 50mL 棕色容量瓶中，提取液超声溶解，冷却至室温，定容至刻度、摇匀，使其溶液浓度为1mg/mL,储存于－18℃冰箱中,可使用1个月;喹乙醇标准工作液:准确量取标准储备液于容量瓶中,用洗脱液稀释,依次配制成浓度为0.1μg/mL、1.0μg/mL、5.0μg/mL、10.0μg/mL、20.0μg/mL、50.0μg/mL、100.0μg/mL的标准溶液,现配现用。

4. 仪器、设备

离心机:3 500r/min;摇床:转速可达110r/min;螺口离心管:50mL;超声波清洗器;微孔有机相滤膜:孔径0.22μm;固相萃取小柱(SPE):OasisHLB1mL(30mg)或性能相当者;固相萃取仪;恒温振荡器。

5. 试样选取和制备

选取有代表性饲料样品至少500g,用四分法缩减至100g,磨碎,全部通过0.42mm孔径筛,混匀,装入密闭容器中,避光低温保存,备用。

6. 分析步骤

(1)试液的制备

1)提取　称取5g试样(准确至0.1mg)于具塞锥形瓶中,加入50mL提取液,具塞置入摇床中,室温下恒温振荡器避光振荡45min,振荡速度110r/min。提取液在3 500r/min下离心10min,上清液经滤纸过滤,滤液作为SPE小柱净化使用。

2)净化　SPE小柱的活化:临用前分别向SPE小柱中加入2mL甲醇(色谱纯)和2mL超纯水,对小柱进行活化。将滤液2mL加入活化好的SPE小柱,分别用2mL淋洗液1、淋洗液2和淋洗液3淋洗小柱,并将小柱吹干。最后用2mL洗脱液洗脱。

3)上机　洗脱液过0.22μm有机相滤膜,滤液上机测定。

(2)色谱条件

1)色谱柱　具有C_{18}填料的柱子(粒度为5μm),柱长250mm,内径4.6mm。

2)流动相及洗脱程序　如表7－1。

表7－1　梯度洗脱程序

时间(min)	超纯水(%)	甲醇(%)
0	85	15
5	85	15
10	30	70

时间（min）	超纯水（%）	甲醇（%）
14	30	70
18	85	15
25	85	15

3）流速　1.00mL/min。

4）进样体积　10~20μL。

5）检测器　紫外检测器，检测波长260nm。

7. 定量测定

按高效液相色谱仪说明书调整仪器操作参数。向液相色谱柱中注入待测喹乙醇标准工作液及试样溶液，得到色谱峰面积响应值，用外标法定量。

8. 结果计算

（1）计算公式　试样中喹乙醇的质量分数 ω_i（mg/kg）按下式计算：

$$\omega_i = \frac{P_i \times V \times C_i \times V_{st}}{P_{st} \times m \times V_i}$$

式中：P_i—试样溶液峰面积值；

　　　V—样品的总稀释体积，mL；

　　　C_i—标准溶液浓度，μg/mL；

　　　V_{st}—标准溶液进样体积，μL；

　　　P_{st}—标准溶液峰面积平均值；

　　　m—试样质量，g；

　　　V_i—试样溶液进样体积，μL。

（2）平行测定结果　用算术平均值表示，保留三位有效数字。

9. 重复性

同一分析者对同一试样同时两次平行测定结果的相对偏差不大于10%。

四、饲料中呋喃唑酮的检测

呋喃唑酮（furazolidone）又名痢特灵，是一种抗菌类物质，具有抑菌性和杀菌性，可用于防治球虫病、细菌性痢疾等畜禽疾病，还可用作治疗和预防猪、牛及家禽病的抗微生物类药物。因其在动物体内的残留，食用鱼类禁用，其他动物的使用剂量也必须严格控制，因此对呋喃唑酮及其残留产物进行定量检测十分必要。

1. 范围

本方法可用于测定配合饲料、预混合饲料及浓缩饲料中呋喃唑酮含量;可用于含 10 ~ 5 000mg/kg 呋喃唑酮的配合饲料和含量为 0.5% ~ 20% 的预混合饲料及浓缩饲料。

2. 方法原理

配合饲料样品以少量水湿润,用甲醇和乙腈的混合液将呋喃唑酮提取出来,提取液经氧化铝短柱净化,并用稀释液稀释后在反相 HPLC 上分离,紫外检测器 365nm 处测定。

3. 试剂和溶液

以下所用的试剂和水,除特别注明者外均为分析纯试剂,水应符合 GB/T 6682 中规定的三级水要求。

(1)提取剂　乙腈:甲醇 = 1:1。充分混匀,使用前放至室温。

(2)稀释剂　将 350mL 提取剂与 650mL 水混合。

(3)10% 乙酸溶液　将 10mL 冰乙酸用水稀释至 100mL。

(4)乙酸钠缓冲液　$c(CH_3CO_2Na) = 0.01mol/L$,pH6.0。用约 700mL 水溶解 0.82g 乙酸钠,用 10% 乙酸溶液将 pH 调至 6.0,加水稀释至 1 000mL,混匀。

(5)HPLC 流动相　取 800mL 乙酸钠缓冲液和 200mL 乙腈,混合均匀,通过 0.2μm 的滤膜过滤,用前超声脱气 10min。

(6)呋喃唑酮标准物　N - (5 - 硝基 - 2 - 呋喃甲叉) - 3 - 氨基 - 2 - 恶唑烷酮。

(7)呋喃唑酮贮备液(约 250μg/mL)　称取(25 ± 1)mg 呋喃唑酮标准物,准确至 0.1mg,用提取剂溶解,稀释至 100mL,混匀,贮于 0 ~ 8℃ 冰箱中,计算溶液浓度时要计入标准物的纯度。有效期 1 个月。

(8)呋喃唑酮工作液(约 5μg/mL 和 12.5μg/mL)　准确吸取 2.0mL 和 5.0mL 贮备液分别置于 100mL 容量瓶中,加 65mL 水,用提取剂稀释至刻度并混匀,每批样品均需制备新鲜的工作液。

(9)中性氧化铝　活度 1(对于全去活的氧化铝可有 0% ~ 1% 的水)。处理方法如下:将中性氧化铝(100 ~ 200 目)放入马福炉,于 550℃ 灼烧 3h,移至干燥器中冷却,装入密封容器中保存。

4. 仪器、设备

(1)pH 计　带温度补偿,精确至 0.01。

（2）溶剂过滤系统　全玻璃滤器，孔径 $0.2\mu m$。

（3）超声水浴。

（4）振荡器　频率 $250\sim300r/min$。

（5）过滤装置　使用中速滤纸。

（6）玻璃纤维。

（7）玻璃层析柱　长 $30cm$，内径 $10mm$，末端缩小能放置玻璃毛。

（8）过滤系统　能安放孔径为 $0.2\mu m$ 聚二氟乙烯（PVDF）或聚四氟乙烯（PTFE）滤膜。

（9）HPLC 系统　泵，无脉冲，能将流速保持在 $0.1\sim2.0mL/min$；进样系统（进样环体积 $20\sim50\mu L$）；UV 检测器（适合在波长 $365nm$ 测定。如可能可使用二极管阵列检测器，还能用于呋喃唑酮的确证）；记录仪；保护柱（长 $20mm$，内径 $3.9mm$，填有粒度为 $37\sim100\mu m$ 的 C_{18} 键合硅胶的预柱或质量相当的其他保护柱）；分析柱（柱长 $2.0mm$，内径 $3.0mm$，填有粒度为 $5\mu m$ 的键合硅胶的 C_{18} 柱或性能相当的其他分析柱），分析柱的性能应确保以下条件：呋喃唑酮的容量因子 $K'\geq1$。注意：容量因子的计算见下式：

$$K' = \frac{t_R}{t} - 1$$

式中：K'——容量因子；

　　　t_R——呋喃唑酮的保留时间，min；

　　　t——不保留成分的保留时间，min；

（10）微量注射器。

5. 试样选取和制备

选取有代表性饲料样品至少 $500g$，用四分法缩减至 $100g$，磨碎，使之全部通过 $1mm$ 筛，充分混匀，装入密闭容器中，避光低温保存，备用。

6. 分析步骤

（1）一般要求　每次测定均应平行进行空白样品、空白添加样品的测定，如果可能还要进行参比样品的测定。

注意：空白样品是一些呋喃唑酮含量小于 $10mg/kg$ 样品的均匀混合物，空白添加样品是添加了呋喃唑酮的空白样品。空白样品和参比样品在 $0\sim8℃$ 下可贮存一年。如测得的添加回收率小于 94% 或大于 106%，分析应重新进行。

（2）空白添加样品的制备　添加样品中呋喃唑酮含量应与测试样品中预

期的呋喃唑酮含量相当。制备方法如下：

欲制备一个呋喃唑酮含量为250mg/kg的添加样品，准确吸取5.0mL呋喃唑酮贮备液置于250mL三角瓶中，用氮气吹至剩约0.5mL，加入5g空白饲料样品，充分摇匀，放置至少10min，然后再做提取。

（3）提取　称取适量制备好的试样，置于适当的三色瓶中，准确加入一定体积的水，混合后放置5min，准确加入提取剂，盖好盖子，置于回旋振荡器上剧烈振摇30min，用过滤装置过滤，滤液按规定进行柱层析。

用稀释剂稀释滤液，使最后溶液中呋喃唑酮含量达5～10μg/mL。充分混匀，用过滤系统过滤，滤液进行HPLC分析。

具体提取条件见表7-2。

表7-2　提取条件

样品中呋喃唑酮含量	称样量	水（mL）	提取剂（mL）
100mg/kg～2 500mg/kg	5g±50mg	15.00	35.0
2 500mg/kg～5 000mg/kg	5g±100mg	30.00	70.0
0.5%～7%	1g±50mg	-	100.0
7%～10%	1g±10mg	-	200.0
10%～20%	0.5g±5mg	-	200.0

（4）柱层析　每个样品提取液，需用一根干法填充的玻璃层析柱。该玻璃层析柱下端放入一小团玻璃纤维，上面填有4g中性氧化铝。向柱中加入20mL样品提取液，弃去最初的4mL流出液，用刻度试管收集随后的8mL流出液。必要时将流出液用稀释剂稀释，使呋喃唑酮含量达5～10μg/mL，稀释倍数为f。

用过滤系统过滤，滤液进行HPLC分析。

（5）HPLC分析

1）色谱条件　①流动相流速：0.6mL/min。②进样量：20μL。③检测波长：365nm。

2）分析程序　①向HPLC分析仪中连续注入呋喃唑酮工作液，直至得到基线平稳、峰形对称而且峰高或峰面积能够重现的呋喃唑酮峰，即三个连续测定的峰高或峰面积中最大与最小值间的差异小于其平均值5%。呋喃唑酮峰应是对称的（f_{as} < 2）。

注：f_{as}为呋喃唑酮峰高10%处尾半步峰宽与前半部峰宽之商。

两个呋喃唑酮工作液所得色谱峰峰高与浓度间应有正比例关系,如果偏差大于 5% ,则需制备新的工作液。

注入空白样品和添加空白样品的提取净化液,如果呋喃唑酮峰形不对称或不能与基质中的杂峰分开,需更换分析柱或改变流动相中有机相与水相的比例。

依次注入呋喃唑酮工作液、五个样品提取液,观察工作液的峰高或峰面积差异不得超过均值的 5% ,可依此顺序不断加入待测样品。

如果测得的呋喃唑酮含量明显低于预期值,则需用比上述所列体积多 50mL 提取液重新提取样品并上机分析。

如果新的分析结果较前一结果高出 15% 以上,则需用再多 50mL 的提取液重新提取样品并上机分析。如此重复,直至两次测定的结果差异小于 15% 为止。

7. 确证

(1) 总则　如果从峰形、测定数值对呋喃唑酮的峰产生了怀疑,或所测定的呋喃唑酮含量低于 25mg/kg ,则必须用重叠色谱分析或二极管阵列检测器来确证。

(2) 重叠色谱法　于样品提取液中加入适量的呋喃唑酮工作液,加入的量应与提取液中呋喃唑酮的量相当。依次注入样品提取液、呋喃唑酮工作液和添加了呋喃唑酮的样品提取液。如果添加提取液样品峰的半峰宽变化不大于 10% ,且峰高或峰面积发生了成比例的变化,则可确证原呋喃唑酮峰就是呋喃唑酮的。

(3) 二极管阵列检测器

1) 条件　测定条件同上述规定,只是将 UV 检测器换为二极管阵列检测器,具体参数如下:

参数	设定
测定波长	362nm
频带宽度	4nm(即波长 365 ±2nm)
参比波长	450nm
参比频带宽度	100nm
光谱范围	225 ~ 400nm
光谱值	基线、峰最大值、上升斜率和下降斜率拐点

2) 步骤　HPLC 系统稳定后,依次注入 5μg/mL 的呋喃唑酮工作液、有疑

问的样品提取液和又一 5μg/mL 的呋喃唑酮工作液。记录、存储各个色谱峰的基线、最大值以及峰两侧的拐点数据。

3）评价　将样品峰不同光谱值（样品—基线）归一化并绘制成图,记录峰值和峰前后的拐点值。分别将样品峰光谱和呋喃唑酮工作液的光谱归一化,并绘图。在峰顶处标示。

4）确证标准　样品峰只有满足下述条件,才能证实是呋喃唑酮:

a. 样品峰的保留时间应与标准峰的保留时间相同（差异 ≤ ±5%）,如有怀疑,需做标准物添加（即将样品物加到样品中）实验。

b. 样品峰的纯度评定是基于所记录的峰顶、上升斜率拐点和下降斜率拐点不同光谱的符合程度。所有光谱图每个波长的相对吸收值应该相等（差异 ≤ ±15%）。

c. 波长大于220nm、样品光谱图与标准光谱图在相对吸收至少等于10%的部分无明显区别,样品峰和标准峰的最大吸收波长相同,即其差异不大于检测系统分别率决定的范围（一般是 2～4nm）,两个光谱图任一观察点的偏差均不能超过该特定波长下标准测定物吸收值15%。

8. 结果计算

样品提取液中呋喃唑酮的含量是通过比较样品提取液色谱峰的峰高或峰面积和在样品前后注入的呋喃唑酮工作液的峰高或峰面积的平均值而计算出来的。

（1）呋喃唑酮含量为 5～10mg/kg 的样品　配合饲料样品中呋喃唑酮的含量 W_f,可用下式计算:

$$W_f = \frac{A}{A_s} \times C_s \times \frac{V}{m} \times f$$

式中:W_f—试样中呋喃唑酮的含量,mg/kg;

　　　A—试样提取液测得的色谱峰面积;

　　　A_s—呋喃唑酮标准工作液测得的色谱峰面积;

　　　C_s—标准工作液中呋喃唑酮含量,μg/mL;

　　　V—加到试样中的提取液体积,mL;

　　　m—试样质量,g;

　　　f—提取液的稀释倍数。

注:也可用峰高代替峰面积做计算。结果保留至 1mg/kg。

（2）呋喃唑酮质量分数为 0.5%～20% 的样品　预混合饲料或浓缩饲料

中呋喃唑酮的质量分数 W_{tp}，可用下式计算：

$$W_{tp} = \frac{A}{A_s} \times C_s \times \frac{V}{m} \times f \times 10^{-4}$$

式中：W_{tp}——试样中呋喃唑酮的含量，mg/kg；

A——试样提取液测得的色谱峰面积；

A_s——呋喃唑酮标准工作液测得的色谱峰面积；

C_s——标准工作液中呋喃唑酮含量，μg/mL；

V——加到试样中的提取液体积，mL；

m——试样质量，g；

f——提取液的稀释倍数。

注：也可用峰高代替峰面积做计算。结果保留至 0.01%。

9. 精密度

（1）重复性　在同一实验室由同一操作人员完成的两个平行测定的结果应满足以下要求：当呋喃唑酮含量为 10～5 000mg/kg 时，相对误差 ≤8%；当呋喃唑酮含量为 0.5%～20% 时，相对误差 ≤10%。

（2）再现性　在不同实验室由不同操作人员用不同的仪器设备完成的两个测定结果应满足以下要求：当呋喃唑酮含量为 10～5 000mg/kg 时，相对误差 ≤17%；当呋喃唑酮含量为 0.5%～20% 时，相对误差 ≤20%。

第二节　有害微生物及其代谢产物的检测

一、饲料中细菌总数的检测

饲料中细菌总数是指 1g（或 mL）饲料中细菌的个数，但不考虑细菌的种类。细菌总数的高低反映了饲料的清洁程度及对动物的潜在危险性，细菌总数越高，表明饲料卫生状况越差，动物受细菌危害的可能性就越大。饲料中细菌总数的检测方法参考国家标准《饲料中细菌总数的测定》。

1. 适用范围

本方法适用于饲料中细菌总数的测定。

2. 测定原理

将试样稀释至适当浓度，用特定的培养基，在 30℃ ±1℃ 下培养 72h ±3h，计数平板中长出的菌落数，计算每克试样中的细菌数量。

3. 仪器与设备

分析天平:感量为0.1g;振荡器:往复式;粉碎机:非旋风磨,密闭要好;干热灭菌箱:(50~200)℃±1℃;高压灭菌锅:可控制121℃;冰箱:普通冰箱;恒温培养箱:30℃±1℃;恒温水浴锅:46℃±1℃;微型混合机;灭菌三角瓶:250mL、500mL;灭菌移液管:1mL、10mL;灭菌试管:16mm×16mm;灭菌玻璃珠:直径5mm;灭菌培养皿:直径90mm;试管架;接种棒:镍铬丝;灭菌金属刀、勺等。

4. 培养基和试剂

除特殊规定外,本标准所用化学试剂为分析纯;生物制剂为细菌培养用,水为蒸馏水。要求在试验条件下,所用试剂应无抑制细菌生长的物质存在。

(1)营养琼脂培养基

1)成分　氯化钠:5.0g;蛋白胨:10.0g;牛肉膏:30.0g;琼脂:15~20g;蒸馏水:1 000mL。

2)制法　将除琼脂以外的各成分溶于蒸馏水中,加入15%氢氧化钠溶液约2mL,校正pH至7.2~7.4。加入琼脂,加热煮沸,使琼脂熔化。分装三角瓶中,121℃±1℃高压灭菌20min。

(2)磷酸盐缓冲液(稀释液)

1)储存液　磷酸二氢钾:34g;1mol/L氢氧化钠溶液:175mL;蒸馏水:1 000mL。

2)制法　先将磷酸盐溶解于500mL蒸馏水中,用1mol/L氢氧化钠溶液校正pH至7.0~7.2后,再用蒸馏水稀释至1 000mL。

3)稀释液　取储存液1.25mL,用蒸馏水稀释至1 000mL。分装每瓶或每管9mL,121℃高压灭菌20min。

(3)0.85%生理盐水　称取氯化钠(分析纯)8.5g,溶于1 000mL蒸馏水中。分装三角瓶中,121℃±1℃高压灭菌20min。

(4)水琼脂培养基

1)成分　琼脂:9~18g;蒸馏水1 000mL。

2)制法　加热使琼脂溶化,校正pH使其在灭菌后保持在6.8~7.2。分装三角烧瓶中,121℃±1℃高压灭菌20min。

5. 检验程序

细菌总数的检验程序如图7-1。

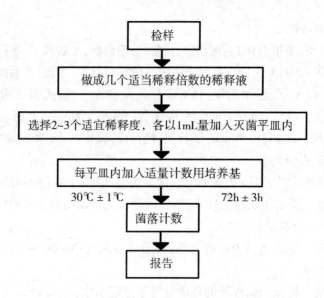

图 7－1　细菌总数测定程序

6. 测定步骤

（1）采样　采样时必须特别注意样品的代表性和避免采样时的污染。首先准备好灭菌容器和采样工具,如灭菌牛皮纸袋或广口瓶、金属勺和刀,在卫生学调查基础上,采取有代表性的样品,样品采集后应尽快检验,否则应将样品放在低温干燥处。

根据饲料仓库、饲料垛的大小和类型,分层定点采样,一般可分三层五点或分层随机采样,不同点的样品,充分混合后,取 500g 左右送检,小量存储的饲料可使用金属小勺采取上、中、下各部位的样品混合。

海运进口饲料采样:每一船舱采取表层、上层、中层及下层 4 个样品,每层从 5 点取样混合,如船舱盛饲料超过 10 000t,则应加采一个样品。必要时采取有疑问的样品送检。

（2）试样稀释及培养　①无菌称取试样 10.0g,放入含有 90mL 稀释液的灭菌三角烧瓶内(瓶内预先加有适当数量的玻璃珠)。经充分振摇,制 1∶10 的均匀稀释液。最好置振荡器中以 8 000 ~ 10 000r/min 的速度处理 2 ~ 3min。②用 1mL 灭菌吸管吸取 1∶10 稀释液 1mL,沿管壁慢慢注入含有 9mL 稀释液的试管内(注意吸管尖端不要触及管内稀释液),振摇试管,混合均匀,做成 1∶100 的稀释液。③另取一支 1mL 灭菌吸管,按上述操作顺序,做 10 倍递增稀释,如此每递增稀释一次,即更换一支吸管。④根据饲料卫生标准要求或对试样污染程度的估计,选择 2～3 个适宜稀释度,分别再做 10 倍递增稀释的同时,即以吸取该稀释度的吸管移取 1mL 稀释液于灭菌平皿内,每个稀释度做两个平皿。⑤稀释液移入平皿后,应及时将凉至 46℃±1℃ 的平板计数用培养基(可放置 46℃±1℃ 水浴锅内保温)注入平皿约 15mL,小心转动平皿使试样与培养基充分混匀。从稀释试样到倾注培养基,时间不能超过 15min。如估计到试样中所含微生物可能在琼脂平板表面生长时,待琼脂完全凝固后,可在培养基表面倾注凉至 46℃±1℃ 的水琼脂培养基 4mL。⑥待琼脂凝固后,倒置平皿于恒温箱内培养 72h±3h 取出,计数平板内菌落数目,菌落数乘以稀释倍数,即得每克试样所含细菌总数。

(3)菌落计数方法 做平板菌落计数时,可用肉眼观察,必要时借助于放大镜检查,以防遗漏。在计数出各平板菌落数后,求出同一稀释度两个平板菌落的平均数。

7. 细菌总数的报告

(1)平板细菌总数的选择 选取菌落数在 30～300 个的平板作为菌落计数标准。每一稀释度采用两个平板菌落的平均数,如两个平板其中一个有较大片状菌落生长时,则不宜采用,而应以无片状菌落生长的平板作为该稀释度的菌落数,如片状菌落不到平板的一半,而另一半菌落分布又很均匀,即可计算半个平板后乘 2 以代表全平板菌落数。

表 7-3 稀释度选择及细菌总数报告方式

例次	稀释液及细菌总数			稀释液之比	细菌总数 [CFU/g(mL)]	报告方式 [CFU/g(mL)]
	10^{-1}	10^{-2}	10^{-3}			
1	多不可计	164	20	—	16 400	16 000 或 $1.6×10^4$
2	多不可计	295	46	1.6	37 750	38 000 或 $3.8×10^4$
3	多不可计	271	60	2.2	27 100	27 000 或 $2.7×10^4$
4	多不可计	多不可计	313		313 000	310 000 或 $3.1×10^5$
5	27	11	5		2 710	2 700 或 $2.7×10^3$
6	0	0	0		< $1×10$	<10
7	多不可计	305	12		30 500	31 000 或 $3.1×10^4$

(2)稀释度的选择 ①应选择平均菌落数在 30～300 的稀释度,乘以稀释倍数报告结果。②如有两个稀释度,其生长的菌落数均在 30～300,视两者

之比如何来决定,如其比值小于2,应报告其平均数;如大于2,则报告其中较小的数字。③如所有稀释度的平均菌落数均大于300,则应按稀释度最高的平均菌落数乘以稀释倍数报告。④如所有稀释度的平均菌落数均小于30,则应按稀释度最低的平均菌落数乘以稀释倍数报告。⑤如所有稀释度均无菌落生长,则以小于(<)1乘以最低稀释倍数报告。⑥如所有稀释度的平均菌落数均不在30~300,其中一部分大于300或小于30时,则以最接近30或300的平均菌落数乘以稀释倍数报告。

(3)细菌总数的报告　菌落在100以内时,按实际数目报告;大于100时,采用两位有效数字,两位有效数字后面的数值以四舍五入方法计算。为了缩短数字后面的零数,也可用10的指数来表示(表7-3)。

二、饲料中大肠菌群的检测

1. 适应范围

本方法适用于配合饲料、浓缩饲料、饲料原料(骨粉、肉骨粉、鱼粉、乳清粉等)中大肠菌群的测定。本方法为《饮料中大肠菌群的测定》(GB/T 18869—2002)中大肠菌群的测定方法。

注意:使用本标准的人员应有正规的实验室实践经验,具有适当设备的实验室才能承担检验。应小心处理所有废弃物。

2. 测定原理

将试样稀释至适当浓度,用乳糖胆盐发酵培养基,在36℃±1℃下培养(24h±2h),根据确证试验为大肠菌群阳性的管数,查出每100g(mL)试样中大肠菌群的最大可能数(MPN)。

3. 试剂和培养基制备

除特殊说明,试验中使用的试剂均为分析纯,所用水为蒸馏水或相当纯度水。

(1)乳糖胆盐发酵培养基

1)成分　蛋白胨:20.0g;猪胆盐(或牛胆盐)5.0g;乳糖:10.0g;0.04%溴甲酚紫水溶液:25mL;蒸馏水:100mL;pH 7.4。

2)制法　将蛋白胨、胆盐及乳糖溶于水中,校正pH加入指示剂,分装每管10mL,并放入一个小导管,115℃高压灭菌15min。

注:双料乳糖胆盐发酵管除蒸馏水外,其他成分加倍。

(2)伊红美蓝琼脂(EMB)

1)成分　蛋白胨:10.0g;乳糖:10.0g;磷酸氢三钾:2.0g;琼脂:17.0;2%伊红溶液:20mL;0.65%美蓝溶液:10mL;蒸馏水:1 000mL;pH 7.1。

2)制法　将蛋白胨、磷酸盐和琼脂溶解于蒸馏水中,校正 pH,分装于瓶内,121℃高压灭菌 15min 备用。临用时加入乳糖并加热溶化琼脂,冷至 50～55℃,加入伊红和美蓝溶液,摇匀,倾注平板。

（3）乳糖发酵培养基

1)成分　蛋白胨:20.0g;乳糖:10.0g;0.04% 溴甲酚紫水溶液:25mL;蒸馏水:1 000mL;pH 7.4。

2)制法　将蛋白胨及乳糖溶于水中,校正 pH,加入指示剂,按检验要求分装 30mL、10mL 或者 3mL。并放入一个小导管,115℃高压灭菌 15min。

注:双料乳糖发酵管除蒸馏水外,其他成分加倍。3mL 乳糖发酵管供大肠菌群证实试验用。

（4）磷酸盐缓冲液

1)储存液　磷酸二氢钾:34.0g;氢氧化钠溶液 c（NaOH）= 1mol/L:175mL;蒸馏水:825mL;pH 7.2。

2)制法　先将磷酸盐溶解于 500mL 蒸馏水中,用 1mol/L 氢氧化钠溶液校正 pH 后,再用蒸馏水稀释至 1 000mL。

3)稀释液　取储存液 1.25mL,用蒸馏水稀释至 1 000mL。分装每瓶 100mL 或每管 10mL,121℃高压灭菌 15min。

（5）革兰染色液。

（6）生理盐水 0.85% 的氯化钠水溶液,121℃高压灭菌 20min。

4. 仪器与设备

培养箱;显微镜:普通生物显微镜;平皿:直径为 90mm;广口三角瓶:容量为 500mL;玻璃珠:直径约 5mm;吸管:1mL;均质器或乳钵;试管;载玻片;酒精灯;试管架。

5. 采样

参考饲料中细菌总数测定中的采样方法。

6. 检验程序

大肠菌群检验程序如图 7-2。

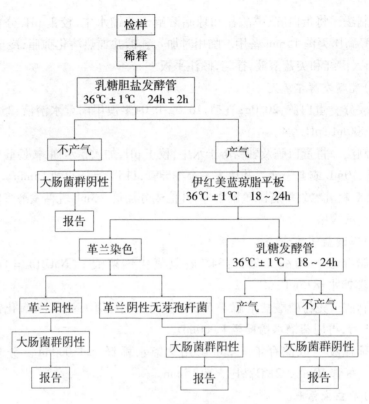

图 7 - 2 大肠菌群检验程序

7. 检验步骤

(1)检样稀释 ①以无菌操作将试样 25g(或 mL)放于含有 225mL 灭菌玻璃瓶内(瓶内预置适当数量的玻璃珠)或灭菌乳钵内,经充分振摇或研磨做成 1:10 的均匀稀释液。固体试样最好用均质器,以 8 000 ~ 10 000r/min 的速度处理 1min,做成 1:10 的均匀稀释液。②用 1mL 灭菌吸管吸取 1:10 稀释液 1mL,注入含有 9mL 灭菌生理盐水或其他稀释液的试管内,振摇试管使其混匀,做成 1:100 的稀释液。③另取 1mL 灭菌吸管,按上条操作依次做 10 倍递增稀释,每递增稀释一次,换用一支 1mL 灭菌吸管。④根据对试样污染情况的估计,选择三个稀释度,每个稀释度接种 3 管。

(2)乳糖发酵试验 将待检试样接种于乳糖胆盐发酵管内,接种量在 1mL 以上者,用双料乳糖胆盐发酵管;1mL 及 1mL 以下者,用单料乳糖胆盐发酵管。每一稀释度接种 3 管,置 36℃ ±1℃培养箱内,培养 24h ±2h。如所有乳糖胆盐发酵管都不产气,则可报告为大肠菌群阴性;如有产气者,则按下列程序进行。

1）分离培养　将产气的发酵管分别转接种在伊红美蓝琼脂平板上，置36℃±1℃培养箱内，培养8～24h然后取出，观察菌落形态，并做确证试验。

2）证实试验　在上述平板上，挑取可疑大肠菌群菌落1～2个进行革兰染色，同时接种乳糖发酵管，置36℃±1℃培养箱内培养2h，观察产气情况。凡乳糖管产气、革兰染色为阴性的无芽孢杆菌，即可报告为大肠菌群阳性。

3）结果　根据确证为大肠菌群阳性的管数，报告每100g（mL）试样中大肠菌群的最大可能数，以"个/100g（mL）"表示。

三、饲料中霉菌的检测

饲料在生产、储藏和运输过程中难免会受到各种微生物的污染，其中最严重污染微生物为霉菌。饲料受霉菌侵蚀而发生霉变，不仅营养价值降低，严重失去饲用价值，而且霉菌产生的毒性毒素还会使动物发生慢性或急性疾病。饲料中霉菌总数越高，饲料受霉菌毒素污染的可能性就越大。饲料中霉菌的检测方法参考国家标准《饲料中霉菌总数的测定》（GB/T 13092 – 2006）。

1. 范围

本方法规定了饲料中霉菌总数的测定方法，适用于饲料中霉菌总数的测定。

2. 方法原理

根据霉菌生理特性，选择适宜于霉菌生长而不适宜于细菌生长的培养基，采用平皿计数方法测定霉菌数。

3. 仪器、设备

分析天平：感量0.001g；恒温培养箱：25～28℃；冰箱：普通冰箱；高压灭菌器：2.5kg/cm；干燥箱，50～250℃；水浴锅，45～77℃；振荡器：往复式；微型混合器：2 900r/min；玻璃三角瓶：250mL、500mL，用牛皮纸包好；灭菌试管：15mm×150mm；灭菌平皿：直径90mm；灭菌吸管（带橡皮头）：1mL，10mL；灭菌玻璃珠：直径5mm；灭菌广口瓶：100mL，500mL；灭菌金属勺、刀等。

4. 培养基和稀释液

除特殊规定外，本实验所用化学试剂为分析纯，生物制剂为细菌培养用，水为蒸馏水。

（1）高盐察氏培养基

成分：硝酸钠：2g；磷酸二氢钾：1g；硫酸镁（$MgSO_4 \cdot 7H_2O$）：0.5g；氯化钾：0.5g；硫酸亚铁：0.01g；氯化钠：60g；蔗糖：30g；琼脂：20g；蒸馏水：1 000mL。

制法:加热溶解,分装后,121℃高压灭菌30min。必要时,可酌量增加琼脂。

(2)稀释液

成分:氯化钠:8.5g;蒸馏水:1 000mL。

制法:加热溶解,分装后,121℃高压灭菌30min。

5.检验程序

霉菌检验程序如图7-3:

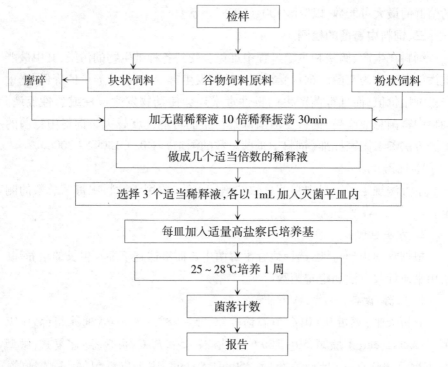

图7-3 霉菌检验程序

6.试样的制备

采样时必须特别注意样品的代表性和避免采样时的污染。首先准备好灭菌容器和采样工具,如灭菌牛皮纸袋或广口瓶,金属勺和刀,在卫生学调查基础上,采取有代表性的样品,样品采集后应尽快检验,否则应将样品放在低温干燥处。

根据饲料仓库、饲料垛的大小和类型,分层定点采样,一般可分三层五点或分层随机采样,不同点的样品,充分混合后,取500g左右送检,小量存储的饲料可使用金属小勺采取上、中、下各部位的样品混合。

海运进口饲料采样:每一船舱采取表层、上层、中层及下层四个样品,每层从5点取样混合,如船舱盛饲料超过10 000t,则应加采一个样品。必要时采取有疑问的样品送检。

7. 分析步骤

以无菌操作称取样品25g(或25mL),放入含有225mL灭菌稀释液的玻璃三角瓶中,置振荡器上振摇30min,即为1:10的稀释液。

用灭菌吸管吸取1:10稀释液10mL,注入带玻璃珠的试管中,置微型混合器上混合3min,或注入试管中,另用带橡皮乳头的1mL灭菌吸管反复吹吸50次,使霉菌孢子分散开。

取1mL 1:10稀释液,注入含有9mL灭菌稀释液试管中,另换一支吸管吹吸5次,此液为1:100稀释液。

按上述操作顺序做10倍递增稀释液,每稀释一次,换用一支1mL灭菌吸管,根据对样品污染情况的估计,选择三个合适稀释度,分别在做10倍稀释的同时,吸取1mL稀释液于灭菌平皿中,每个稀释度做两个平皿,然后将凉至45℃左右的高盐察氏培养基注入平皿中,充分混合,待琼脂凝固后,倒置于(25~28)℃±1℃恒温培养箱中,培养3d后开始观察,应培养观察1周。

8. 结果计算

通常选择菌落数在10~100个的平皿进行计数,同稀释度的两个平皿的菌落平均数乘以稀释倍数,即为每克(或每毫升)样品中所含霉菌数。

报告:每克(或每毫升)饲料中含霉菌数以个/g(个/mL)表示。

四、黄曲霉毒素的检测

黄曲霉毒素是到目前为止所发现的毒性最大的真菌毒素。目前已分离鉴定出12种,包括B_1、B_2、G_1、G_2、M_1、M_2、P_1、Q、H_1、GM、B_{2a}和毒醇。黄曲霉毒素B_1(AFB_1)毒性及致癌性最强,在天然污染的食品中以B_1最为多见。

饲料中黄曲霉毒素B_1的检测方法主要有酶联免疫吸附法、薄层层析法、快速筛选法等。酶联免疫吸附法和薄层层析法是我国规定的标准方法。在生产现场,可采用快速筛选法,此方法简便快捷,但不能准确定量。

(一)酶联免疫吸附法

1. 测定原理

利用固相酶联免疫吸附原理,将AFB_1特异性抗体包被于聚苯乙烯微量反应板的孔穴中,再加入样品提取液(未知抗原)及酶标AFB_1抗原(已知抗原),使两者与抗体之间进行免疫竞争反应,然后加酶底物显色,颜色的深浅取决于抗体和酶标 AFB_1、抗原结合的量,即样品中 AFB_1 多,则被抗体结合酶标 AFB_1 抗原少,颜色浅,反之则深。用目测法或仪器法与 AFB_1 标样比较来判断样品中 AFB_1 的含量。

2. 试剂和材料

(1)AFB_1 酶联免疫测试盒组成

1)包被抗体的聚苯乙烯微量反应板　24孔或48孔。

2)A试剂　稀释液,甲醇:蒸馏水为7:93(V/V)。

3)B试剂　AFB_1 标准物质(Sigma公司,纯度100%)溶液,1.00μg/L。

4)C试剂　酶标 AFB_1 抗原(AFB_1 辣根过氧化物酶交联物,AFB_1 - HRP),AFB_1:HRP摩尔比)<2:1。

5)D试剂　酶标 AFB_1 抗原稀释液,含0.1%牛血清白蛋白的pH 7.5磷酸盐缓冲液(PBS)。

pH 7.5 磷酸盐缓冲液的配制:称取 3.01g 磷酸氢二钠($Na_2HPO_4 \cdot 12H_2O$),0.25g磷酸二氢钠($NaH_2PO_4 \cdot 2H_2O$),8.76g氯化钠(NaCl),加水溶解至1L。

6)E试剂　洗涤母液,含0.05%吐温-20的PBS溶液。

7)F试剂　底物液a,四甲基联苯胺(TMB),用pH 5.0乙酸钠-柠檬酸缓冲液配成浓度为0.2g/L。

pH 5.0 乙酸钠-柠檬酸缓冲液配制:称取15.09g乙酸钠($CH_3COONa \cdot 3H_2O$),1.56g柠檬酸($C_6H_8O_7 \cdot H_2O$),加水溶解至1L。

8)G试剂　底物液b,1mL pH 5.0乙酸钠—柠檬酸缓冲液中加入0.3%过氧化氢溶液281μL。

9)H试剂　终止液,$c(H_2SO_4) = 2mol/L$ 硫酸溶液。

10)试剂　AFB_1 标准物质(Sigma公司,纯度100%)溶液,50.00μg/L。

(2)测试盒中试剂的配制

1)C试剂中加入1.5mL D试剂,溶解,混匀,配成试验用酶标 AFB_1 抗原溶液,冰箱中保存。

2)E试剂中加300mL蒸馏水配成试验用洗涤液。

3)甲醇水溶液　甲醇:水为5:5(V:V)。

3. 仪器与设备

(1)小型粉碎机。

（2）分样筛　内孔径 0.995mm（20 目）。

（3）分析天平　感量 0.000 1g。

（4）滤纸　快速定性滤纸，直径 9~10cm。

（5）微量连续可调取液器及配套吸头　10~100μL。

（6）培养箱　0~50℃，可调。

（7）冰箱　4~80℃。

（8）AFB_1 测定仪或酶标测定仪　含有波长 450nm 的滤光片。

4. 测定步骤

（1）取样　采集、处理样品，制成分析用的试样。如果样品脂肪含量超过 10%，粉碎前应用乙醚脱脂制成分析用试样，但分析结果以未脱脂计算。

（2）试样提取　称取 5g 试样，精确至 0.001g，于 50mL 磨口试管中，加入甲醇水溶液 25mL，加塞振荡 10min，过滤，弃去 1/4 初滤液，再收集适量试样滤液。

根据各种饲料的限量规定和 B 试剂浓度，按表 7-4 用 A 试剂将试样滤液稀释，制成待测试样稀释液。

表 7-4　待测试样稀释度

每千克饲料中 AFB_1 限量（μg）	试样滤液量（mL）	A 试剂量（mL）	稀释倍数
≤10	0.10	0.10	2
≤20	0.05	0.15	4
≤30	0.05	0.25	6
≤40	0.05	0.35	8
≤50	0.05	0.45	10

（3）限量测定

1）洗涤包被抗体的聚苯乙烯微量反应板；每次测定需要标准对照 3 个，其余按测定试样数，截取相应的板孔数。用 E 洗涤液洗板 2 次，洗液不得溢出，每次间隔 1min，并放在吸水纸上拍干。

2）加试剂　按表 7-5 所列，依次加入试剂和待测试样稀释液。

表 7-5　试剂和待测试样稀释液的加入量和次序

次序	加入量	孔号											
		1	2	3	4	5	6	7	8	9	10	11	12
1	50μL	A	A	B	待测试样稀释液								
2	—	摇匀											
3	50μL	D	C	C	C	C	C	C	C	C	C	C	C
4	—	摇匀											

注:表中 1 号孔为空白孔,2 号孔为阴性孔,3 号孔为限量孔,4~12 号孔为试样孔。

3)反应　放在 37℃ 恒温培养箱中反应 30min。

4)洗涤　将反应板从培养箱中取出,用 E 洗涤液洗板 5 次,洗液不得溢出,每次间隔 2min,在吸水纸上拍干。

5)显色　每孔加入底物 F 试剂和 G 试剂各 50μL,摇匀,在 37℃ 恒温培养箱中反应 15min。目测法判定。

6)中止　每孔加终止液 H 试剂 50μL。仪器法判定。

7)结果判定

目测法:先比较 1~3 号孔颜色,若 1 号孔接近无色(空白),2 号孔最深,3 号孔次之(限量孔,即标准对照孔),说明测定无误。这时比较试样孔 3 号孔颜色,若浅者,为超标;若相当或深者,为合格。

仪器法:用 AFB_1 测定仪或酶标测定仪,在 450nm 处用 1 号孔调零点后测定标准孔及试样孔吸光度 A,若 $A_{试样孔} < A_{3号孔}$ 为超标,若 $A_{试样孔} \geqslant A_{3号孔}$ 为合格。

试样若超标,则根据试样提取液的稀释倍数,推算 AFB_1 的含量(表 7-6)。

表 7-6　每千克试样中 AFB_1 含量

稀释倍数	每千克试样中 AFB_1 含量(μg)
2	>10
4	>20
6	>30
8	>40
10	>50

(4)定量测定　若试样超标,则用 AFB_1 测定仪或酶标测定仪在 450nm 波

长处进行定量测定,通过绘制 AFB$_1$ 的标准曲线来确定试样中 AFB$_1$ 的含量。将 50.00μg/L 的 AFB$_1$ 标准溶液用 A 试剂稀释成 0.00μg/L、0.01μg/L、0.10μg/L、1.00μg/L、5.00μg/L、10.00μg/L、20.00μg/L 和 50.00μg/L 的标准工作溶液,分别作为 B 试剂系列,按限量法测定步骤测定相应的吸光度值 A;以 0.00μg/L AFB$_1$ 浓度的 A$_0$ 值为分母,其他标准浓度的 A 值为分子的比值,再乘以 100 为纵坐标,对应的 AFB$_1$ 标准浓度为横坐标,在半对数坐标纸上绘制标准曲线。根据试样的 A 值/A$_0$ 值,乘以 100,在标准曲线上查得对应的 AFB$_1$ 量,并计算出试样中 AFB$_1$ 的含量。

5. 计算结果

$$AFB_1 \text{ 含量}(\mu g/kg) = \frac{\rho V}{m} \cdot n$$

式中:ρ—从标准曲线上查得的试样提取液中 AFB$_1$ 含量,μg/L;

$\quad\quad V$—试样提取液体积,mL;

$\quad\quad n$—试样稀释倍数;

$\quad\quad m$—试样的质量,g。

6. 注意事项

①精确度:重复测定结果相对偏差不得超过 10%。②测试盒应放在 4 ~ 8℃冰箱内保存,不得放在 0℃ 以下的冷冻室内保存。测试盒有效期为 6 个月。③凡接触 AFB$_1$ 的容器,需浸入 10g/L 次氯酸钠(NaClO$_2$)溶液,半天后清洗备用。④为保证分析人员安全,操作时要带上医用乳胶手套。

(二)快速筛选法(紫外 - 荧光法)

本方法适用于玉米及猪、鸡配(混)合饲料的快速检测。

1. 原理

被黄曲霉毒素污染的霉粒在 360nm 紫外线下呈亮黄绿色荧光,根据荧光粒多少来评估饲料受黄曲霉毒素污染状况。

2. 仪器

小型植物粉碎机;紫外线分析仪:波长 360nm。

3. 测定方法

将被检样品粉碎过 20 目筛,用四分法取 20g 平铺在纸上,于 360nm 紫外线下观察,细心查看有无亮黄绿色荧光,并记录荧光粒个数。

4. 结果测定

样品中无荧光粒,可基本判为饲料未受黄曲霉毒素 B$_1$ 污染。

样品中有 1~4 个荧光粒,为可疑黄曲霉毒素 B_1 污染。

样品中有 4 个以上荧光粒,可基本确定饲料中黄曲霉毒素 B_1 含量在 $5\mu g/kg$ 以上。

5. 注意事项

本方法为概略分析方法,不能准确定量,对仲裁检验及定量分析需用国家标准检测方法。

第三节　重金属的检测

一、饲料中硫酸铜的检测

硫酸铜是动物所需要的重要微量元素类添加剂。在动物饲料中作为铜矿物质的添加剂,能够满足动物的补充需要。铜是动物所必需的营养素之一,在猪饲粮中添加高铜可提高生产性能。但是添加过高的铜会抑制铁和锌的吸收,导致铁、锌缺乏症;可引起动物中毒、造成污染环境;还可以在动物性食品中蓄积危害人类的健康。饲料中硫酸铜的检测包括硫酸铜的鉴别和含量的测定。

(一)硫酸铜的鉴别

1. 试剂

亚铁氰化钾溶液:100g/L;氯化钡溶液:50g/L。

2. 鉴别方法

(1)铜离子的鉴别　称取 0.5g 试样,加 20mL 水溶解。取 10mL 此溶液,加 5mL 新配制的亚铁氰化钾(100g/L)溶液,振摇后生成红棕色沉淀,此沉淀不溶于稀酸。

(2)硫酸根离子的鉴别　取上述 5mL 试验溶液,置于白色瓷板上,加氯化钡溶液(50g/L),即有白色沉淀生成,在盐酸和硝酸中不溶。

(二)硫酸铜含量的测定

1. 方法原理

试样用水溶解,在微酸性条件下,加入适量的碘化钾与二价铜作用,析出等量碘,以淀粉为指示剂,用硫代硫酸钠标准滴定溶液滴定析出的碘。从消耗硫代硫酸钠标准滴定溶液的体积,计算试样中硫酸铜含量。

2. 试剂和溶液

以下所用的试剂和水,除特别注明者外均为分析纯试剂,水应符合 GB/

T 6682中规定的三级水要求。

碘化钾；冰乙酸；淀粉指示液：5g/L；硫代硫酸钠标准滴定溶液：c（$Na_2S_2O_3$）约为 0.1mol/L。

（1）配制 称取硫代硫酸钠26g与无水碳酸钠0.20g，加新沸过的冷水适量使溶解成1 000mL，摇匀，放置2周后过滤。

（2）标定 称取在120℃干燥至恒重的基准重铬酸钾0.18g，精密称量，置碘瓶中，加水25mL使溶解，加碘化钾2g，轻轻振摇使溶解，加20%稀硫酸20mL，摇匀，加塞；在暗处放置10min，加水150mL，用硫代硫酸钠标准溶液滴定至近终点时，加淀粉（5g/L）指示液2mL，继续滴定至蓝色消失而显亮绿色，并将滴定的结果用空白试验校正。

（3）计算

$$c(Na_2S_2O_3) = \frac{m \times 1\,000}{(V_1 - V_2)M}$$

式中：m——重铬酸钾的质量的准确数值，g；

V_1——硫代硫酸钠溶液的体积的数值，mL；

V_2——空白试验硫代硫酸钠溶液的体积的数值，mL；

M——重铬酸钾的摩尔质量的数值，g/mol［M（$1/6K_2Cr_2O_7$）= 49.031］。

3. 分析步骤

称取约1g试样（精确至0.000 2g），置于250mL碘量瓶中，加入100mL水溶解，加入4mL冰乙酸，加2g碘化钾，摇匀后，于暗处放置10min。用硫代硫酸钠标准滴定溶液滴定，直至溶液呈现淡黄色，加3mL淀粉指示液，继续滴定至蓝色消失，即为终点。

4. 结果计算

以质量百分数表示的硫酸铜（$CuSO_4 \cdot 5H_2O$）含量（X_1），按以下公式计算：

$$X_1(\%) = \frac{cV \times 0.249\,7}{m} \times 100 = \frac{24.97Vc}{m}$$

以质量百分数表示的硫酸铜（以 Cu 计）含量（X_2），按以下公式计算：

$$X_2(\%) = \frac{cV \times 0.063\,55}{m} \times 100 = \frac{6.355Vc}{m}$$

式中：c——硫代硫酸钠标准滴定溶液的实际浓度，mol/L；

V——滴定时消耗硫代硫酸钠标准滴定溶液的体积，mL；

m——试样的质量，g；

0.249 7——与 1.00mL 硫代硫酸钠标准滴定溶液 $[c(Na_2S_2O_3) = 1.000mol/L]$ 相当的以克表示的五水硫酸铜的质量;

0.063 55——与 1.00mL 硫代硫酸钠标准滴定溶液 $[c(Na_2S_2O_3) = 1.000mol/L]$ 相当的以克表示的铜的质量。

5. 允许差

取平行测定结果的算术平均值为测定结果。平行测定结果的绝对差值不大于 0.2%。

二、饲料中砷的检测

砷在自然界分布很广,一般以三价砷或五价砷化合物的形式存在。大多数砷化物都有很强的毒性,各种砷化物的毒性受砷的化合价、化合物种类和溶解性的影响,三价砷毒性大于五价砷,无机砷的毒性较有机砷高。不同动物对砷的敏感性不同,单胃动物比反刍动物敏感。

砷的测定方法有银盐法、硼氢化物还原光度法(快速法)、砷斑法、原子吸收分光光度法等。

(一)饲料中砷的鉴别

1. 原理

在盐酸溶液中,金属铜能使砷化合物形成黑色砷化铜而沉淀在铜表面,借以鉴定样品中的砷化合物。

2. 试剂与溶液

铜片,取 2 小块铜片用硝酸洗涤至光亮,再用水洗净,备用;或用铜丝做同样处理备用;浓盐酸;20g/L 氯化锡溶液,称取 2g 氯化亚锡,溶于 1 000mL 浓盐酸中备用;盐酸联氨。

3. 操作步骤

取适量样品,用水调成糊状,置于烧杯中,按体积的 1/5 加入浓盐酸,再加 20g/L 氯化亚锡溶液 1mL,投入铜片 2 片,在沸水浴中加热 45min,取出铜片,观察铜片上有无黑色砷化铜存在。

将上述样品溶液置于试管中,加入盐酸联氨 0.4g,取铜丝 2 根,加热至微沸,保持 5min,铜丝变黑则可能有砷盐存在。

(二)饲料中砷含量的测定

以银盐法为例进行介绍。

1. 测定原理

样品经酸消解或干灰化破坏有机物,使砷呈离子状态存在,经碘化钾、氯化亚锡将高价砷还原为三价砷,然后被锌粒和酸产生的新生态氢化砷。在密闭装置中,被二乙氨基二硫代甲酸银(Ag－DDTC)的三氯甲烷溶液吸收,形成黄色或棕红色银溶胶,其颜色深浅与砷含量成正比,用分光光度计比色测定。形成胶体银的反应如下:

$$AsH_3 + 6Ag－DDTC = 6Ag + 3H(DDTC) + As(DDTC)_3$$

2. 试剂及配制

除特殊规定外,所用试剂均为分析纯,水系蒸馏水或相应纯度的水。硫酸;高氯酸;盐酸;坏血酸。无砷锌粒:粒径3.0mm±0.2mm;混合酸溶液(A)为$HNO_3:H_2SO_4:HCLO_4 = 23:3:4$;乙酸铅棉花:将医用脱脂棉在乙酸铅溶液(100g/L)中浸泡1h,压除多余溶液,自然晾干,或在90~100℃烘干,保存于密闭瓶中;二乙氨基二硫代甲酸银(Ag－DDTC)－三乙胺－三氯甲烷吸收溶液,2.5g/L:称取2.5g(精确到0.0002g)Ag－DDTC于干燥的烧杯中,加适量三氯甲烷待完全溶解后,转入1000mL容量瓶中,加入20mL三乙胺,用三氯甲烷定容,于棕色瓶中存放在冷暗处,若有沉淀应过滤后使用;砷标准储备溶液1.0mg/mL:精确称取0.6600g三氧化二砷(110℃,干燥2h),加5mL氢氧化钠溶液(200g/L)使之溶解,然后加入25mL硫酸溶液(60mL/L)中和,定容至500mL,此溶液每毫升含1.00mg砷,于塑料瓶中冷储;砷标准工作溶液,1.0μg/mL:准确吸取5.00mL砷标准储备液于100mL容量瓶中,加水定容,此溶液含砷50μg/mL,准确吸取50μg/mL砷标准溶液2.00mL于100mL容量瓶中,加1mL盐酸,加水定容,摇匀,此溶液每毫升相当于1.0μg砷;硫酸溶液,60mL/L:吸取6.0mL硫酸,缓慢加入约80mL水中,冷却后用水稀释至100mL;盐酸溶液,$c(HCl) = 1mol/L$:量取84.0mL盐酸,倒入适量水中,用水稀释至1L;盐酸溶液,$c(HCl) = 3mol/L$:将1份盐酸与3份水混合;硝酸镁溶液,150g/L:称取30g硝酸镁[$Mg(NO_3)_2 \cdot 6H_2O$]溶于水中,并稀释至200mL;碘化钾溶液,150g/L:称取75g碘化钾溶于水中,定容至500mL,储存于棕色瓶中;酸性氯化亚锡溶液,400g/L:称取20g氯化亚锡($SnCl_2 \cdot 2H_2O$)溶于50mL盐酸中,加入数颗金属锡粒,可用1周;氢氧化钠溶液,200g/L;乙酸铅溶液,200g/L。

3. 仪器设备

(1)砷化氢发生及吸收装置(图7－3) 管径ϕ为8.0~8.5mm;尖端孔ϕ为2.5~3.0mm;吸收瓶,下部带5mL刻度线。

(2)分光光度计 波长范围360~800nm。

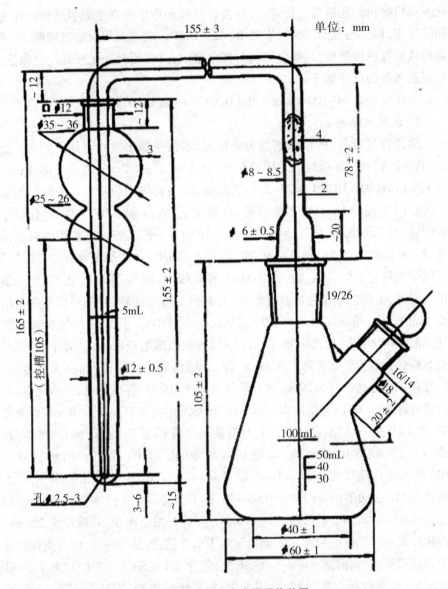

单位：mm

图7-3　砷化氢发生及吸收装置
1. 砷化氢发生器　2. 导气管　3. 吸收瓶　4. 乙酸铅棉花

（3）分析天平　感量0.002g。

（4）可调温电炉　六联和二联各1个。

（5）玻璃器皿　凯氏瓶,各种刻度吸量管、容量瓶和高型烧杯。

（6）瓷坩埚　30mL。

(7)高温炉　温控0~950℃。

4. 样品制备

选择有代表性样品1.0kg,用四分法缩减至250g,过0.42mm孔筛,存于密封瓶中,待用。

5. 操作步骤

(1)试样处理

1)混合酸消解法　配合饲料及植物性单一饲料,宜采用硝酸—硫酸—高氯酸消解法。称取试样3~4g(精确到0.001g),置于250mL凯氏瓶中,加水少许湿润试样,加30mL混合酸(A),放置4h以上或过夜,置电炉上从室温开始消解。待棕色气体消失后,提高消解温度,至冒白烟数分钟(务必赶尽硝酸),此时溶液应清亮无色或淡黄色,瓶内溶液体积近似硫酸用量,残渣为白色。若瓶内溶液呈棕色,冷却后添加适量硝酸和高氯酸,直到消解完全。冷却,加10mL盐酸溶液并煮沸,稍冷,转移到50mL容量瓶中,洗涤凯氏瓶3~5次,洗液并入容量瓶中,然后定容,摇匀,待测。

试样消解液含砷小于10μg时,可直接转移到砷化氢发生器中,补加7mL盐酸,加水使瓶内溶液体积为40mL,从加碘化钾起按下述"(3)"操作步骤进行。

2)盐酸溶样法　磷酸盐、碳酸盐和微量元素添加剂不宜加硫酸,应用盐酸溶样。称取试样1~3g(精确到0.0002g)于100mL高型烧杯中,加水少许湿润试样,慢慢滴加10mL盐酸溶液,待激烈反应过后,再缓慢加入8mL盐酸,用水稀释至约30mL煮沸。转移到50mL容量瓶中,洗涤烧杯3~4次,洗液并入容量瓶中,定容,摇匀,待测。

试样消解液含砷小于10μg时,可直接在发生器中溶样,用水稀释到40mL并煮沸,从加碘化钾起按下述"(3)"操作步骤进行。

另外,少数矿物质饲料富含硫,严重干扰砷的测定,可用盐酸溶解样品后,往高型烧杯中加入5mL乙酸铅溶液并煮沸,静置20min,形成的硫化铅沉淀过滤除之,滤液定容至50mL,以下按下述"(3)"规定步骤进行。

3)干灰化法　预混料、浓缩饲料(配合饲料)可选择干灰化法。称取试样2~3g(精确至0.0002g)于30mL瓷坩埚中,低温炭化至无烟后,加入5mL硝酸镁溶液混匀,于低温或沸水浴中蒸干,然后转入高温炉于550℃恒温灰化3.5~4h。取出冷却,缓慢加入10mL盐酸溶液,待激烈反应过后,煮沸并转移至50mL容量瓶中,洗涤瓷坩埚3~5次,洗液并入容量瓶中,定容,摇匀,待测。

所称试样含砷小于10μg时,可直接转移到发生器中,补加8mL盐酸,加水至 40mL 左右,加入 1g 抗坏血酸溶解后,按下述"(3)"规定步骤操作。

同时于相同条件下,做试剂空白试验。

(2) 标准曲线绘制 准确吸取砷标准工作溶液(1.0μg/mL)0.00mL、1.00mL、2.00mL、4.00mL、6.00mL、8.00mL、10.00mL 于发生瓶中,加 10mL 盐酸,加水稀释至 40mL,从加入碘化钾起,以下按下述"(3)"规定步骤操作,测其吸光度,求出回归方程各参数或绘制出标准曲线。当更换锌粒批号或者新配制 Ag - DDTC 吸收液、碘化钾溶液和氯化亚锡溶液时,均应重新绘制标准曲线。

(3) 还原反应与比色测定 从处理好的待测液中,准确吸取适量溶液(含砷量应≥1.0μg)于砷化氢发生器中,补加盐酸至总量为 10mL,并用水稀释到40mL,使溶液中盐酸浓度为 3mol/L.,然后向试样溶液、试剂空白溶液、标准系列溶液各发生器中,加入 2mL 碘化钾溶液(150g/L),摇匀,加入 1mL 氯化亚锡溶液,摇匀,静置 15min。

准确吸取 5.00mL Ag - DDTC 吸收液于吸收瓶中,连接好发生吸收装置(勿漏气,导管塞有膨松的乙酸铅棉花)。从发生器侧管迅速加入 4g 无砷锌粒,反应 45min,当室温低于15℃时,反应延长至 1h。反应中轻摇发生瓶 2 次,反应结束后,取下吸收瓶,用三氯甲烷定容至 5mL,摇匀(避光时溶液颜色稳定 2h)。以原吸收液为参比,在 520nm 处,用 1cm 比色池测定。

6. 结果计算

$$\text{饲料中砷含量}(mg/kg) = \frac{A \times V_1}{m \times V_2}$$

式中:m—试样质量,g;

V_1—试样消解液总体积,mL;

V_2—分取试样体积,mL;

A—测试液中砷含量,μg。

三、饲料中铅的检测

自然界的铅(Pb)大多数以硫化物的形式分布于方铅矿中。由于铅及铅制剂在工农业中的广泛应用,特别是含铅汽油的燃烧及其废气的排放,使任何与动物相关的生态环境中铅含量发生了很大变化。铅在动物体内主要沉积在骨骼中。由饲料引起的铅中毒多为慢性过程,主要表现为消化紊乱和神经症状。

饲料中铅含量的测定可采用原子吸收分光光度法和双硫腙比色法。因原子吸收分光光度法快速准确,应用广泛,以下主要介绍此方法。

1. 测定原理

(1) 干灰化法 将试料在马福炉 550℃±150℃ 灰化之后,酸性条件下溶解残渣,沉淀和过滤,定容制成试样溶液,用火焰原子吸收光谱法,测量其在 283.3nm 处的吸光度,与标准系列比较定量。

(2) 湿消化法 试料中的铅在酸的作用下变成铅离子,沉淀和过滤去除沉淀物,稀释定容,用原子吸收光谱法测定。

2. 试剂和溶液

(1) 稀盐酸溶液 $c(HCL)=0.6mol/L$。

(2) 盐酸溶液 $c(HCl)=6mol/L$。

(3) 硝酸溶液 $c(HNO_3)=6mol/L$:吸取 43mL 硝酸,用水定容至 100mL。

(4) 铅标准储备液 准确称取 1.598g 硝酸铅,加硝酸溶液 10mL,全部溶解后,转入 1 000mL 容量瓶中,加水至刻度,该溶液含铅为 1mg/mL。标准储备液储存在聚乙烯瓶中,4℃保存。

(5) 铅标准工作液 吸取 1.0mL 铅标准储备液,加入 100mL 容量瓶中,加水至刻度,此溶液含铅为 10μg/mL。工作液当天使用当天配制。

(6) 乙炔 符合《溶解乙炔》(GB 6819)的规定。

3. 仪器与设备

马福炉,温度能控制在 550℃±15℃;分析天平:称量精度到 0.000 1g;实验室用样品粉碎机;原子吸收分光光度计(附测定铅的空心阴极灯);无灰(不释放矿物质的)滤纸;瓷坩埚(内层光滑没有被腐蚀,使用前用盐酸煮);可调电炉;平底柱型聚四氟乙烯坩埚(60cm³)。

4. 试样的制备

选取有代表性的样品,至少 500g,四分法缩分至 100g,粉碎,过 1mm 尼龙筛,混匀装入密闭容器中,低温保存备用。

5. 分析步骤

(1) 试样溶解

1) 干灰化法 称取约 5g 制备好的试样,精确到 0.000 1g,置于瓷坩埚中。将瓷坩埚置于可调电炉上,100~300℃ 缓慢加热炭化至无烟,要避免试料燃烧。然后放入已在 550℃下预热 15min 的马福炉,灰化 2~4h,冷却后用 2mL 水将炭化物润湿。如果仍有少量炭粒,可滴入硝酸使残渣润湿,将瓷坩埚放在水浴上干燥,然后再放到马福炉中灰化 2h,冷却后加 2mL 水。

取 5mL 盐酸,开始慢慢一滴一滴加入到坩埚中,边加边转动坩埚,直到不冒泡,然后再快速加入 5mL 硝酸,转动坩埚并用水浴加热直到消化液为 2～3mL 时取下(注意防止溅出),分次用 5mL 左右的水转移到 50mL 容量瓶。冷却后,用水定容至刻度,用无灰滤纸过滤,摇匀,待用。同时制备试样空白溶液。

2)湿消化法

盐酸消化法:依据预期含量,称取 1～5g 制备好的试样,精确到 0.001g,置于瓷坩埚。用 2mL 水将试样润湿,取 5mL 盐酸,开始慢慢一滴一滴加入到瓷坩埚中,边加边转动坩埚,直到不冒泡,然后再快速加入 5mL 硝酸,转动坩埚并用水浴加热直到消化液 2～3mL 时取下(注意防止溅出),分次用 5mL 左右的水转移到 50mL 容量瓶。冷却后,用水定容至刻度。用无灰滤纸过滤,摇匀,待用。同时制备试样空白溶液。

高氯酸消化法:称取 1g 试样(精确至 0.001g),置于聚四氟乙烯坩埚中,加水湿润样品,加入 10mL 硝酸(含硅酸盐较多的样品需再加入 5ml 氢氟酸),放在通风柜里静置 2h 后,加入 5mL 高氯酸,在可调电炉上垫瓷砖小火加热,温度低于 25℃,待消化液冒白烟为止。冷却后,用无灰滤纸过滤到 50mL 的容量瓶中,用水冲洗坩埚和滤纸多次,加水定容至刻度,摇匀,待用。同时制备试样空白溶液。

(2)标准曲线绘制 分别吸取 0mL、1.0mL、2.0mL、4.0mL、8.0mL 铅标准工作液,置于 50mL 容量瓶中,加入盐酸溶液 1mL,加水定容至刻度,摇匀,导入原子吸收分光光度计,用水调零,在 283.3nm 波长处测定吸光度,以吸光度为纵坐标,浓度为横坐标,绘制标准曲线。

(3)测定 试样溶液和试剂空白,按绘制标准曲线步骤进行测定,测出相应吸光值与标准曲线比较定量。

6. 结果计算

(1)计算公式 测定结果按下式计算:

$$铅的含量(mg/kg) = \frac{m_1 - m_2}{m} \cdot V$$

式中:m—试料的质量的数值,g;

V—试料消化液总体积的数值,mL;

m_1—测定用试料消化液铅含量的数值,μg/mL;

m_2—空白试液中铅含量的数值,μg/mL。

(2)结果表示 每个试样取两个平行样进行测定,以其算术平均值为结果,结果表示为 0.01mg/kg。

（3）重复性　同一分析者对同一试样同时或快速连续地进行 2 次测定，所得结果与允许相对偏差见表 7 - 7。

表 7 - 7　分析允许相对偏差

铅含量范围(mg/kg)	分析允许相对偏差(%)
≤5	≤20
5 ~ 15	≤15
15 ~ 30	≤10
>30	≤5

7. 注意事项

第一，本标准适用于配合饲料、浓缩饲料、单一饲料、添加剂预混合饲料中铅的测定。干灰化法适用于含有有机物较多的饲料原料、配合饲料、浓缩饲料中铅的测定。湿消化法分盐酸消化法和高氯酸消化法。盐酸消化法适用于不含有机物质的添加剂预混合饲料和矿物质饲料中铅的测定，高氯酸消化法适用于含有有机物质的添加剂预混合饲料中铅的测定。

第二，各种强酸应小心操作，稀释和取用均在通风橱中进行，使用高级酸时注意不要烧干，小心爆炸。

第三，所用的容器在使用前用稀盐酸煮。如果使用专用的灰化皿和玻璃器皿，每次使用前不需要用盐酸煮。

四、饲料中镉的检测

一般情况下，饲料中的镉含量低于 1.0mg/kg，不会对动物畜禽造成危害，但含镉工业"三废"污染的饲料中镉含量明显增高。如果植物生长在被镉污染的土壤中，植物体内积聚的镉与土壤中的镉呈显著的正相关。长期摄入低浓度的镉和被镉污染的饲草和饮水，就会引起慢性镉中毒。同时，镉还可以在动物产品中残留和富集，进一步危及人类健康。

镉的测定方法主要有原子吸收法和比色法。原子吸收法是国家规定的标准方法（GB 13082—1991），快速准确，应用广泛。比色法主要是利用镉离子与镉试剂生产红色络合物，其颜色深浅与镉含量成正比来测定。下面主要介绍原子吸收法。

（一）饲料中镉的鉴别

1. 方法原理

在碱性介质中，镉与镉试剂作用生成橙红色络合物，加入酒石酸钾钠可隐藏其金属的干扰,以便鉴定样液中的镉。

2. 试剂和溶液

盐酸溶液:1∶1(V∶V)溶液;酒石酸钾钠溶液:100g/L;氢氧化钾乙醇溶液:0.02mol/L,称取0.112g氢氧化钾溶于10mL水中,用乙醇稀释至100mL;镉试剂:0.2g/L,称取0.02g对硝基苯重氮氨基偶氮苯,溶于100mL 0.02mol/L氢氧化钾乙醇溶液中;氢氧化钾溶液:2mol/L,称取11.2g氢氧化钾溶于100mL水中。

3. 分析步骤

称取20.0g均匀样品,置于瓷坩埚中,先小火炭化,然后移入550℃高温炉中炭化完全,取出。加入(1+1)盐酸溶液5mL,溶解后用水移入50mL容量瓶中备用待检。

吸去待检液5mL置于试管中,用2mol/L氢氧化钾溶液中和后,加入100g/L酒石酸钾钠溶液1mL、2mol/L氢氧化钾溶液7mL和0.2g/L镉试剂1mL,混匀,观察其颜色变化。若溶液出现橙红色,则说明样品中有镉存在。

(二)饲料中镉的测定(原子吸收分光光度法)

1. 方法原理

以干灰化法分解样品,在酸性条件下,有碘化钾存在时,镉离子与碘离子形成络合物,被甲基异丁酮萃取分离,将有机相喷入空气-乙炔火焰,使镉原子化,测定其对特征共振线228.8nm的吸光度,与标准系列比较而求得镉的含量。

2. 试剂和溶液

除特殊规定外,本标准所用试剂均为分析纯,水为重蒸馏水。

(1)硝酸 优级纯。

(2)盐酸 优级纯。

(3)2mol/L碘化钾溶液 称取332g碘化钾,溶于水,加水稀释至1 000mL。

(4)5%抗坏血酸溶液 称取5g抗坏血酸,溶于水,加水稀释至100mL(临用时配制)。

(5)1mol/L盐酸溶液 量取10mL盐酸,加入110mL水,摇匀。

(6)甲基异丁酮[$CH_3COCH_2CH(CH_3)_2$] 镉标准贮备液:称取高纯金属0.100 0g于250mL三角烧瓶中,加入10mL 1∶1硝酸,在电热板上加热溶解完全后,蒸干,取下冷却,加入20mL 1∶1盐酸及20mL水,继续加热溶解,取下冷却后,移入1 000mL容量瓶中,用水稀释至刻度,摇匀,此溶液每毫升相当于100μg镉。

(7)镉标准中间液 吸取10mL镉标准储备液于100mL容量瓶中,以

饲料安全应用关键技术

1mol/L盐酸稀释至刻度,摇匀,此溶液每毫升相当于10μg镉。

(8)镉标准工作液　吸取10mL镉标准中间液于100mL容量瓶中,以1mol/L盐酸稀释至刻度,摇匀,此溶液每毫升相当于1μg镉。

3. 仪器、设备

分析天平,感量0.000 1g;马福炉;原子吸收分光光度计;硬质烧杯:100mL;容量瓶:50mL;具塞比色管,25mL;吸量管:1mL、2mL、5mL、10mL;移液管:5mL、10mL、15mL、20mL。

4. 试样选取和制备

采集具有代表性的饲料样品,至少2kg,四分法缩分至约250g,磨碎,过1mm筛,混匀装入密闭广口试样瓶中,防止试样变质,低温保存备用。

5. 分析步骤

(1)试样处理　准确称取5~10g试样于100mL硬质烧杯中,置于马福炉内,微开炉门,由低温开始,先升至200℃保持1h,再升至300℃保持1h,最后升温至500℃灼烧16h,直至试样成白色或灰白色,无碳粒为止。

取出冷却,加水润湿,加10mL硝酸,在电热板或沙浴上加热分解试样至近干,冷后加10mL 1mol/L盐酸溶液,将盐类加热溶解,内容物移入50mL容量瓶中,再以1mol/L盐酸溶液反复洗涤烧杯,洗液并入容量瓶中,以1mol/L盐酸溶液稀释至刻度,摇匀备用。

若为石粉、磷酸盐等矿物试样,可不用干灰化法,称样后,加10~15mL硝酸(或盐酸),在电热板或沙浴上加热分解试样至近干,其余同上处理。

(2)标准曲线绘制　精确分取镉标准工作液0mL、1.25mL、2.50mL、5.00mL、7.50mL、10.00mL,分别置于25mL具塞比色管中,以1mol/L盐酸溶液稀释至15mL,依次加入2mL碘化钾溶液,摇匀,加1mL抗坏血酸溶液,摇匀,准确加入5mL甲基异丁酮,振动萃取3~5min,静置分层后,有机相导入原子吸收分光光度计,在波长228.8nm处测其吸光度,以吸光度为纵坐标,浓度为横坐标,绘制标准曲线。

(3)测定　准确分取15~20mL待测试样溶液及同量试剂空白溶液于25mL具塞比色管中,依次加入2mL碘化钾溶液,其余同标准曲线绘制测定步骤。

6. 结果计算

(1)计算公式

$$X = \frac{A_1 - A_2}{mV_2/V_1} = \frac{V_1(A_1 - A_2)}{mV_2}$$

式中:X—试样中镉的含量,$\mu g/kg$;

A_1—待测试样溶液中镉的质量,μg;

A_2—试剂空白溶液中镉的质量,μg;

m—试样质量,g;

V_2—待测试样溶液体积,mL;

V_1—试样处理液总体积,mL。

(2)结果表示　每个试样取 2 个平行样进行测定,以其算术平均值为结果。结果表示到 0.01mg/kg。

(3)重复性　同一分析者对同一试样同时或快速连续地进行 2 次测定,所得结果之间的差值:在镉的含量小于或等于 0.5mg/kg 时,不得超过平均值的 50%;在镉的含量大于 0.5mg/kg 而小于 1mg/kg 时,不得超过平均值的 30%;在镉的含量大于或等于 1mg/kg 时,不得超过平均值的 20%。

五、饲料中氟的检测

氟是动物机体必需的微量元素之一,缺乏会引起动物的缺乏症,但同时也是一种有毒元素,因此过量会导致动物氟中毒。通常植物性饲料中含氟量较低,在 50mg/kg 以下,但在氟污染区生产的植物中氟的含量较高,可达几十至几百毫克/千克。矿物质饲料磷酸盐、石粉中氟的含量较高。对氟含量较高的饲料必须经过脱氟处理,否则对动物的危害较大。

氟的测定方法有离子选择性电极法和比色法。离子选择性电极法测定范围宽、干扰小,简便,是国家规定的标准方法,适用于含量较高、变色范围较大和干扰大的饲料。当氟含量低时,会出现非线性关系,宜选用比色法测定。以下主要介绍离子选择性电极法的测定。

1. 测定原理

氟离子选择电极的氟化镧单晶膜对氟离子产生选择性的对数响应,氟电极和饱和甘汞电极在被测试液中,电位差可随溶液中氟离子的活度的变化而改变,电位变化规律符合能斯特(Nernst)方程式,即

$$E = E(标准) - \frac{2.303RT}{F}lgcF$$

E 与 $lgcF$ 呈线性关系,$2.303RT/F$ 为该直线的斜率(25℃时为 59.16)。

在水溶液中,易与氟离子形成络合物的三价铁(Fe^{3+})、三价铝(Al^{3+})及硅酸根(SiO_3^{2-})等离子干扰氟离子测定,其他常见离子对氟离子测定无影响。测量溶液的酸度为 pH 5~6 时,用总离子强度缓冲液消除干扰离子及酸度的影响。

2. 试剂与溶液

本标准所用试剂,除特殊说明外,均为分析纯。实验室用水为不含氟的去离子水。全部溶液储于聚乙烯塑料瓶中。

(1) $c(CH_3COONa \cdot 3H_2O)$:3mol/L 乙酸钠溶液 称取 204g 乙酸钠 ($CH_3COONa \cdot 3H_2O$),溶于约 300mL 水中,待溶液温度恢复到室温后,以 1mol/L 乙酸调节至 pH 7.0,移入 500mL 容量瓶,加水至刻度。

(2) $c(Na_3C_6H_5O_7 \cdot 2H_2O)$:0.75mol/L 柠檬酸钠溶液 称 110g 柠檬酸钠 ($Na_3C_6H_5O_7 \cdot 2H_2O$),溶于约 300mL 水中,加高氯酸($HClO_4$)14mL,移入 500mL 容量瓶,加水至刻度。

(3) 总离子强度缓冲液 乙酸钠溶液与柠檬酸钠溶液等量混合,临用时配制。

(4) $c(HCl)$:1mol/L 盐酸溶液 量取 10mL 盐酸,加水稀释至 120mL。

(5) 氟标准溶液 氟标准储备液:称取经 100℃ 干燥 4h 冷却的氟化钠 0.221 0g,溶于水,移入 100mL 容量瓶中,加水至刻度,混匀,储备于塑料瓶中,置冰箱内保存,此液每毫升相当于 1.0mg 氟。

(6) 氟标准溶液 临用时准确吸取氟储备液 10mL 于 100mL 容量瓶中,加水至刻度,混匀。此液每毫升相当于 100μg 氟。

(7) 氟标准稀溶液 准确吸取氟标准溶液 10mL 于 100mL 容量瓶中,加水至刻度,混匀,此液每毫升相当于 10μg 氟。即配即用。

3. 仪器与设备

氟离子选择电极:测量范围 $(1 \times 10^{-1}) \sim (5 \times 10^{-7})$ mol/L,CSB-1 型或与之相当的电极;甘汞电极:232 型或与之相当的电极;磁力搅拌器;酸度计:测量范围 0~400mV,pHS-2 型或与之相当的酸度计或电位计;分析天平:感量 0.000 1g;纳氏比色管:50mL;容量瓶:50mL、100mL;超声波提取器。

4. 试样制备

取具有代表性的样品 2kg,以四分法缩分至约 250g,粉碎,过 0.42mm 孔筛,混匀,装入样品瓶,密闭保存,备用。

5. 分析步骤

(1) 氟标准工作液的制备 吸取氟标准稀溶液 0.50mL、1.00mL、2.00mL、5.00mL、10.00mL,再吸取氟标准溶液 2.00mL、5.00mL 分别置于 50mL 容量瓶中,于各容量瓶中分别加入盐酸溶液 5.00mL,总离子强度缓冲液 25mL,加水至刻度,混匀。上述标准工作液的浓度分别为 0.1μg/mL,0.2μg/

mL,0.4μg/mL,1.0μg/mL,2.0μg/mL,4.0μg/mL,10.0μg/mL。

(2)试液制备

1)饲料试液制备(除饲料级磷酸盐外)　精确称取0.5~1g试样(精确至0.000 2g),置于50mL纳氏比色管中,加入盐酸溶液5.0mL,密闭提取1h(不时地轻轻摇动比色管),应尽量避免样品黏于管壁上,或置于超声波提取器中密闭提取20min。提取后加总离子强度缓冲液25mL,加水至刻度,混匀,干过滤。滤液供测定用。

2)磷酸盐试液制备　准确称取约含2 000μg氟的试样(精确至0.000 2g)置于100mL容量瓶中,用盐酸溶液溶解并定容至刻度,混匀。取5.00mL溶解液至50mL。容量瓶中,加入25mL总离子强度缓冲液,加水至刻度,混匀。供测定用。

(3)测定　将氟电极和甘汞电极与测定仪器的负端和正端连接,将电极插入盛有水的50mL聚乙烯塑料烧杯中,并预热仪器,在磁力搅拌器上以恒速搅拌,读取平衡电位值,更换2~3次水,待电位值平衡后,即可进行标准液和试样液的电位测定。

由低到高浓度分别测定氟标准工作液的平衡电位,同法测定试液的平衡电位,以平衡电位为纵坐标,氟标准工作液的氟离子浓度为横坐标,用回归方程计算或在半对数坐标纸上绘制标准曲线,每次测定均应同时绘制标准曲线。从标准曲线上读取试液的氟离子浓度。

6. 结果计算

(1)计算公式　饲料(除饲料及磷酸盐外)按下式计算试样中氟的含量,即

$$氟的含量(mg/kg) = \frac{P \times 50 \times 1\,000}{m \times 1\,000} = \frac{\rho}{m} \times 50$$

式中:ρ—试样中氟的质量浓度,μg/mL;

　　　m—试样质量,g;

　　　50—试液总体积,mL。

(2)结果表示　每个试样都取2个平行样进行测定,以其算术平均值作为测定结果,结果表示到0.1mg/kg。

(3)重复性　同一分析者对同一试样同时或快速连续地进行2次测定,所得结果之间的差值,在试样中氟含量小于或等于50mg/kg时,不超过10%;在试样中氟含量大于50mg/kg时,不超过5%。

第四节　饲料天然毒物及其他毒物的检测

一、大豆粕脲酶活性检测

生大豆中脲酶活性很高。当畜禽食入生大豆或加热不充分的大豆时,脲酶在胃肠适宜的水分、温度和 pH 条件下被激活,被激活后的脲酶将生大豆中的含氮化合物分解为氨,大量的氨会引起动物氨中毒。脲酶不耐热,和胰蛋白酶抑制因子在加热时能以相近的速率变形,脲酶不容易检测,故常用脲酶活性来判断大豆蛋白加热强度及胰蛋白酶抑制因子被破坏的程度。脲酶活性是在 30℃ ±5℃ 和 pH7 的条件下,每分钟每克大豆粕分解尿素所释放的氨态氮的毫克数。我国规定,饲料用大豆粕的脲酶活性不得超过 0.4。

脲酶活性的测定有定性法和定量法。定性法简单、快速,因此易于在生产中应用,但不宜用作仲裁法,常用的方法有酚红法。定量法主要是滴定法(GB/T 8622 - 2006)。

(一)尿酶活性的定性检测

1. 方法原理

酚红指示剂在 pH 6.4 ~ 8.2 时由黄变红,大豆制品中所含的脲酶,在室温下可将尿素水解产生氨。释放的氨可使酚红指示剂变红,根据变红的时间长短来判断脲酶活性的大小。

2. 仪器、设备

粉碎装置:研钵、粉碎机;分析天平:感量 0.01g;试管:直径 18mm、150mm;尿素;20% 酚红试剂、0.1% 乙醇溶液。

3. 分析步骤

称取 0.2g(精确至 0.01g)样品于试管中,加入 0.2g 的尿素,再加入 2 滴酚红指示剂及 20mL 蒸馏水,摇动 10s,观察溶液的颜色。

4. 结果判定

1min 内显示红色表示脲酶活性很强(豆粕生);1 ~5min 内显示红色或者粉红色表示脲酶活性强(豆粕生);5 ~15min 内显示红色或粉红色表示脲酶活性弱(合格豆粕);15 ~ 30min 内显红色或粉红色表示脲酶无活性(过熟豆粕)。通常 10min 以上不显粉红色或红色的大豆饼粕,其脲酶活性即被认为合格,生熟度适中。

(二)脲酶活性的定量检测

1. 范围

本方法适用于大豆制品及其副产品中脲酶活性的测定,可确认大豆制品的湿热处理程度。

2. 方法原理

将粉碎的大豆制品与中性尿素缓冲液混合,在30℃±0.5℃下精确保温30min,样品中的脲酶催化尿素分解产生氨的反应。用过量盐酸中和所产生的氨,再用氢氧化钠标准溶液回滴。

3. 试剂和溶液

以下所用的试剂和水,除特别注明者外均为分析纯试剂,水应符合 GB/T 6682中规定的水要求。

(1)尿素缓冲溶液(pH 7.0±0.1) 称取 8.95g 磷酸氢二钠($Na_2HPO_4 \cdot 12H_2O$)、3.40g 磷酸二氢钾(KH_2PO_4)溶于水并稀释至刻度 1 000mL,再将 30g 尿素溶在此缓冲液中,有效期 1 个月。

(2)盐酸溶液[$c(HCl = 0.1mol/L)$] 吸取 8.3mL 盐酸,用水稀释至 1 000mL。

(3)氢氧化钠溶液[$c(NaOH = 0.1mol/L)$] 称取 4g 氢氧化钠溶于水并稀释至 1 000mL,按 GB/T 601 规定的方法配制和标定。

(4)甲基红、溴甲酚绿混合乙醇溶液 称取 0.1g 甲基红,溶于 95% 乙醇并稀释至 100mL,再称取 0.5g 溴甲酚绿,溶于 95% 乙醇并稀释至 100mL,两种溶液等体积混合,储存于棕色容量瓶中。

4. 仪器、设备

粉碎机:粉碎时应不生强热;样品筛:孔径 200μm;分析天平:感量 0.1mg;恒温水浴:可控温 30℃±0.5℃;计时器;酸度计:精度 0.02,附有磁力搅拌器和滴定装置;实验室常用玻璃仪器。

5. 试样选取与制备

用粉碎机将具有代表性的样品粉碎,使之全部通过样品筛。对特殊样品(水分或挥发物含量较高而无法粉碎的样品)应先在实验室温度下进行预干燥,再进行粉碎,当计算结果时应将干燥失重计算在内。

6. 分析步骤

称取约 0.2g 已粉碎的试样,称准至 0.1mg(如活性很高的样品,可只称 0.05g 试样),转入试管中,加入 10mL 尿素缓冲溶液,立即盖好试管并剧烈摇动,将试管马上置于30℃±0.5℃恒温水浴中,准确计时保持30min。即刻加入10mL盐酸溶液,迅速冷却到20℃。将试管内容物全部转入烧杯,用20mL水冲洗试管2次,立即用氢氧化钠标准溶液滴定到pH 4.7。如果选择用指示剂,则将试管内容物全部转入250mL锥形瓶中加入8~10滴混合指示剂,以氢氧化钠标准溶液滴定至溶液呈蓝绿色。

另取试管做空白试验,称取与上述试样量相当的试样,也称准至0.1mg,于玻璃试管中,加入10mL盐酸溶液,振摇后再加入10mL尿素缓冲液,立即盖好试管并剧烈摇动,将试管置于30℃±0.5℃的恒温水浴,同样准确保持30min,冷却至20℃。将试管内容物全部转入烧杯,用20mL水冲洗试管数次,并用氢氧化钠标准溶液滴定至pH 4.7。如果选择用指示剂,则将试管内容物全部转入250mL锥形瓶中加入8~10滴混合指示剂,以氢氧化钠标准溶液滴定至溶液呈蓝绿色。

7. 结果计算

(1)计算公式 以每分钟每克大豆制品在30℃和pH 7的条件下释放氨的毫克量来表示脲酶的活性(U),可按下式计算:

$$X = \frac{14 \times c(V_0 - V)}{30 \times m}$$

如果试样经粉碎前的预干燥处理后,则按下式计算:

$$X = \frac{14 \times c(V_0 - V)}{30 \times m} \times (1 - S)$$

式中:X—试样的脲酶活性,U/g;

c—氢氧化钠标准滴定溶液浓度,mol/L;

V_0—空白消耗氢氧化钠标准滴定溶液体积,mL;

V—试样消耗氢氧化钠标准滴定溶液体积,mL;

14—氮的摩尔质量,$M(N_2) = 14g/mol$;

30—反应时间,min;

m—试样质量,g;

S—预干燥时试样失重的质量分数,%。

(2)结果表示 每个试样取2个平行样进行测定,以其算术平均值为结果。计算结果表示到小数点后两位。

(3)重复性 同一分析者对同一试样同时或快速连续地进行2次测定活性≤0.2时,所得结果之间的差值不超过平均值的20%;活性>0.2时,所得结果之间的差值不超过平均值的10%。

(4)注意事项 若试样粗脂肪含量高于10%,则应先进行不加热的脱脂处理后,再测定脲酶活性。若测得试样的脲酶活性大于1mgN/(g·min),则样品称量应减少到0.05g。

二、棉粕中游离棉酚的检测

棉酚主要存在于棉仁色素腺体内,是一种不溶于水而溶于有机溶剂的黄褐色聚酚色素。在制油过程中,由于蒸炒、压榨等热作用,大部分棉酚与蛋白质、氨基酸结合而变成结合棉酚,结合棉酚在动物消化道内不被动物吸收,故毒性很小。另一部分棉酚则以游离形式存在于饼、粕及油品中,这部分游离棉酚对动物毒性较大,尤其对单胃动物有较强的毒害作用,可损害生殖系统,降低畜禽采食量,抑止畜禽的生长。饲料中游离棉酚的检测对保证饲料安全具有重要意义。目前采用的国标方法是 GB 13086-1991。

1. 范围

本方法适用于棉籽粉、棉籽饼(粕)和含有这些物质的配合饲料(包括混合饲料)中游离棉酚的测定。

2. 方法原理

在3-氨基-1-丙醇存在下,用异丙醇与正己烷的混合溶剂提取游离棉酚,用苯胺使棉酚转化为苯胺棉酚,在最大吸收波长440nm处进行比色测定。

3. 试剂和溶液

以下所用的试剂和水,除特别注明者外均为分析纯试剂,水应符合 GB/T 6682中规定的三级水要求;异丙醇;正己烷;冰乙酸;苯胺($C_6H_5NH_2$):如果测定的空白试验吸收值超过0.022,在苯胺中加入锌粉进行蒸馏,弃去开始和最后的10%蒸馏部分,放入棕色的玻璃瓶内贮存在0~4℃冰箱中,该试剂可稳定几个月;3-氨基-1-丙醇;异丙醇-正己烷混合溶剂为6:4(V:V);溶剂A:量取约500mL异丙醇-正己烷混合溶剂、2mL 3-氨基-1-丙醇、8mL冰乙酸和50mL水于1 000mL容量瓶中,再用异丙醇-正己烷混合溶剂定容至刻度。

4. 仪器、设备

分析天平:感量0.000 1g;分光光度计:有10mm比色池,可在440nm处测量吸光度;振荡器:振荡频率120~130次/min;恒温水浴锅;具塞三角瓶:100mL、250mL;容量瓶:25mL(棕色);吸量管:2mL、10mL;移液管:10mL、50mL;漏斗:直径50mm;表玻璃:直径60mm。

5. 试样选取和制备

采集具有代表性的棉籽饼(粕)样品至少 2kg,四分法缩至约 250g,磨碎,过 2.8mm 孔筛,混匀,装入密闭容器,防止试样变质,低温保存备用。

6. 分析步骤

称取 1~2g 试样,(精确到 0.001g),置于 250mL 具塞三角瓶中,加入 20 粒玻璃珠,用移液管准确加入 50mL 溶剂 A,塞紧瓶塞,放入振荡器内振荡 1h,用干燥的定量滤纸过滤,过滤时在漏斗上加盖一层表玻璃以减少溶剂的挥发,弃去最初几滴滤液,收集滤液于 100mL 具塞三角瓶中。

用吸量管吸取等量双份滤液 5~10mL 分别至两个 25mL 棕色容量瓶 a 和 b 中,如果需要,用溶剂补充至 10mL。

用异丙醇－正己烷的混合溶剂稀释瓶 a 至刻度,摇匀,该溶液用作试样测定液的参比溶液。

用移液管吸取 2 份 10mL 溶剂 A 分别至两个 25mL 棕色容量瓶 a_0 和 b_0 中。

用异丙醇－正己烷的混合溶剂补充 a_0 至刻度,摇匀,该溶液用作空白测定液的参比溶液。

加 2.0mL 苯胺于容量瓶 b 和 b_0 中,在沸水浴上加热 30min 显色。

冷却至室温,用用异丙醇－正己烷的混合溶剂定容,摇匀并静置 1h。

用 10mm 比色池,在波长 440nm 处,用分光光度计以 a_0 为参比溶液测定空白液 b_0 的吸光度,以 a 为参比溶液测定试样测定液 b 的吸光度,从试样测定液的吸光度值中减去空白测定液的吸光度值,得到校正吸光度 A。

7. 结果计算

(1)计算公式

$$X = \frac{A \times 1250 \times 1000}{a \times m \times V} = \frac{A \times 1.25}{amV} \times 10^6$$

式中:X—游离棉酚含量,mg/kg;

　　　A—校正吸光度;

　　　m—试样质量,g;

　　　V—测定用滤液的体积,mL;

　　　a—质量吸收系数,游离棉酚为 62.5cm^{-1}·g^{-1}·L。

(2)结果表示　每个试样取 2 个平行样进行测定,以其算术平均值为结果。结果表示到 20mg/kg。

(3)重复性 同一分析者对同一试验同时或快速连续地进行 2 次测定，所得结果之间的差值，在游离棉酚含量 <500mg/kg 时，不得超过平均值的 15%；在游离棉酚含量为 500～750mg/kg 时，不得超过平均值的 12%；在游离棉酚含量 >750mg/kg 时，不得超过平均值的 10%。

三、菜粕中异硫氰酸酯的检测

异硫氰酸酯(isotiocyanate,ITC)是硫甙酶解的产物，通过菜粕中的硫代葡萄糖甙酶的水解作用下产生的有毒物质之一，存在于十字花科植物中。与碘离子一样，异硫氰酸盐的硫氰离子也为单价阴离子，而且外形和碘离子相似，它一方面通过在机体内转化为硫氰化物发挥抗甲状腺作用，另一方面与组织内的氨基作用生成硫脲衍生物，产生硫脲样抗甲状腺作用。异硫氰酸盐通过其强烈的辛辣味对黏膜刺激，在达到一定浓度后，其对动物采食量有明显影响，长时间饲喂含有超过允许量的异硫氰酸盐的日粮可引起腹泻，严重的可能导致出血性胃肠炎。

饲料中异硫氰酸酯的测定方法主要有气相色谱和银盐法。异硫氰酸酯在高温下易挥发，因此采用气相色谱法测定，准确度和精密度较好，但仪器设备较贵重。银量法相对比较快捷、方便，是经典的测定方法，也广泛使用。

(一)气相色谱法

1. 范围

本方法适用于配合饲料(包括混合饲料)和菜籽取油后的饼粕中异硫氰酸酯的测定。

2. 方法原理

配合饲料中存在的硫葡萄糖苷，在芥子酶作用下生成相应的异硫氰酸酯，用二氯甲烷提取后再用气相色谱进行测定。

3. 试剂和溶液

除特殊规定外，本标准所用试剂均为分析纯，水为蒸馏水或相应纯度的水；二氯甲烷或氯仿；丙酮；pH 7 缓冲液：量取 35.3mL 0.1mol/L 柠檬酸($C_6H_8O_7 \cdot H_2O$)溶液，置入 200mL 容量瓶中，用 0.2mol/L 磷酸氢二钠($Na_2HPO_4 \cdot 12H_2O$)稀释至刻度，配制后检查 pH；无水硫酸钠；酶制剂：将白芥(Sinapis alb aL.)种子(72h 内发芽率必须大于 85%，保存期不超过 2 年)粉碎后，称取 100g，用 300mL 丙酮分 10 次脱脂，滤纸过滤，真空干燥脱脂白芥子粉，然后用 400mL 水分 2 次提取脱脂粉中的芥子酶，离心，取上层混悬液体，合并，于合并混悬液中加入 400mL 丙酮沉淀芥子酶，弃去上清液，用丙酮洗沉淀 5 次，离心，真空干燥下层沉淀物，研磨成粉状，装入密闭容器中，低温保存备用，此制剂应不含异硫氰酸酯；丁基异硫氰酸酯内标溶液：配制 0.100mg/mL 丁基异硫氰酸酯二氯甲烷或氯仿溶液，贮于 4℃，如试样中异硫氰酸酯含量较低，可将上述溶液稀释，使内标丁基异硫氰酸酯峰面积和试样中异硫氰酸酯峰面积相接近。

4. 仪器、设备

气相色谱仪：具有氢焰检测器；氮气钢瓶，其中氮气纯度为 99.99%；微量注射器，5μL；分析天平：感量 0.000 1g；实验室用样品粉碎机；振荡器：往复，200 次/min；具塞锥形瓶：25mL；离心机；离心试管：10mL。

5. 试样选取和制备

采集具有代表性的配合饲料样品，至少 2kg，四分法缩分至约 250g，磨碎，过 1mm 孔筛，混匀，装入密闭容器，防止试样变质，低温保存备用。

6. 分析步骤

（1）试样的酶解　称取约 2.2g 试样于具塞锥形瓶中，精确到 0.001g，加入 5mL pH 7 缓冲液，30mg 酶制剂，10mL 丁基异硫氰酸酯内标溶液，用振荡器振荡 2h，将具塞锥形瓶中内容物转入离心试管中，离心机离心，用滴管吸取少量离心试管下层有机相溶液，通过铺有少量无水硫酸钠层和脱脂棉的漏斗过滤，得澄清滤液备用。

（2）色谱条件

1）色谱柱　玻璃，内径 3mm，长 2m。

2）固定液　20% FAP（或其他效果相同的固定液）。

3）载体　ChromosorbW，HP，80～100 目（或其他效果相同的载体）。

4）柱温　100℃。

5）进样口及检测器温度　150℃。

6）载气（氮气）流速　65mL/min。

（3）测定　用微量注射器吸取 1～2mL 上述澄清滤液，注入色谱仪，测量各异硫氰酸酯峰面积。

7. 结果计算

（1）计算公式

$$X = \frac{m_e}{115.19 \times Se \times m}[(4/3 \times 99.15 \times S_a) + (4/4 \times 113.18 \times S_b) + (4/5 \times 127.21 \times S_p)] \times 1\,000$$

$$= \frac{m_e}{S_e \times m}(1.15S_a + 0.98S_b + 0.88S_p) \times 1\,000$$

式中：X—试样中异硫氰酸酯的含量，mg/kg；

$\quad\quad m$—试样质量，g；

$\quad\quad m_e$—10mL 丁基异硫氰酸酯内标溶液中丁基异硫氰酸酯的质量，mg；

$\quad\quad S_e$—丁基异硫氰酸酯的峰面积；

$\quad\quad S_a$—丙烯基异硫氰酸酯的峰面积；

$\quad\quad S_b$—丁烯基异硫氰酸酯的峰面积；

$\quad\quad S_p$—戊烯基异硫氰酸酯的峰面积。

（2）结果表示　每个试样取 2 个平行样进行测定，以其算术平均值为结果。结果表示到 1mg/kg。

（3）重复性　同一分析者对同一试样同时或快速连续地进行 2 次测定，所得结果之间的差值，在异硫氰酸酯含量 ≤100mg/kg 时，不超过平均值的 15%；在异硫氰酸酯含量 >100mg/kg 时，不超过平均值的 10%。

（二）银量法

1. 方法原理

菜籽饼（粕）中存在的硫葡萄糖苷，在芥子酶作用下可生成相应的异硫氰酸酯。用水汽蒸出后再用硝酸银 - 氢氧化铵溶液吸收而生成相应的衍生硫脲。过量的硝酸银在酸性条件下以硫酸铁铵为指示剂用硫氰酸铵回滴，再计算出异硫氰酸酯的含量。

2. 试剂和溶液

除特殊规定外，本标准所用试剂均为分析纯，水为蒸馏水或相应纯度的水；乙醇：95%（V/V）；2.2 去泡剂：正辛醇（$C_6H_{17}OH$）；6mol/L 硝酸溶液：量取 195mL 浓硝酸，加水稀释至 500mL；10% 氢氧化胺溶液：取氨水（30%）100mL，加 200mL 水混匀；硫酸铁铵溶液：称取 100g 硫酸铁铵（$NH_4Fe(SO_4)2 \cdot 12H_2O$），溶于 500mL 水中；0.1mol/L 硝酸银标准溶液：准确称取在硫酸干燥器中干燥至恒重的基准硝酸银 16.987g，用水溶解后加水定容至 1 000mL，置棕色瓶中避光保存；0.1mol/L 硫氰酸铵标准贮备液：称取 7.6g 硫氰酸铵（NH_4CNS），溶于 1 000mL 水中。按以下方法标定：准确量取 10.00mL 0.1mol/L 硝酸银标准溶液，加 1mL 硫酸铁铵指示剂和 2.5mL 6mol/L 硝酸，摇动下用 0.1mol/L 硫氰酸铵标准贮备液滴定，终点前摇动溶液至完全清亮后，继续滴定至溶液所呈淡棕色保持30s。

硫氰酸铵标准贮备液的摩尔浓度按下式计算：

$$N = \frac{N_1 \times V_1}{V}$$

式中：N—硫氰酸铵标准贮备液摩尔浓度，mol/L；

N_1—硝酸银标准溶液摩尔浓度，mol/L；

V_1—硝酸银标准溶液的用量，mL；

V—消耗硫氰酸铵标准贮备液的体积，mL。

0.01mol/L硫氰酸铵标准工作液：临用前将0.1mol/L硫氰酸铵标准贮备液用水稀释10倍，摇匀。

pH 4缓冲液：称取42g柠檬酸（$C_6H_8O_7 \cdot H_2O$），溶于1L水中，用浓氢氧化钠溶液调节pH至4。

粗酶制剂：取白芥（*Sinapis alba* L.）种子（72h内发芽率必须大于85%，保存期不得超过2年），粉碎后用冷石油醚（沸程40～60℃）或正己烷脱脂，使脂肪含量不大于2%，然后再粉碎一次使全部通过0.28mm筛，放4℃冰箱可使用6周。

3. 仪器、设备

分析天平：感量0.000 1g；恒温箱：温度范围30～60℃，精度±1℃；异硫氰酸酯蒸馏装置：见图7－4，其中a为500mL三角烧瓶（具塞），b为250mL圆底烧瓶（在70mL处有一刻度）；冰水浴；沸水浴；三角烧瓶：100mL、500mL（具塞）；容量瓶：100mL；移液管：10mL、25mL；吸量管：5mL、10mL；滤纸；3.11回流冷凝器，可与瓶b相配。

4. 试样选取和制备

采集具有代表性的配合饲料样品，至少250g，四分法缩分至约50g。若样品含脂率大于5%时需要事先脱脂，测定脂肪含量；若样品含脂率小于5%时，则进一步磨碎使其80%能通过0.28mm（40目）孔筛，混匀，装入密闭容器，防止试样变质，低温保存备用。

5. 分析步骤

（1）称样　称取样品约2.2g在103℃±2℃烘烤至少8h，并在干燥器中冷却至室温后精确称重至0.001g。

（2）试样的酶解　将上述烘烤过的试样全部转移至500mL三角烧瓶a中，加100mL pH 4缓冲液，同时加入0.5g粗酶制剂。另取1个500mL三角烧

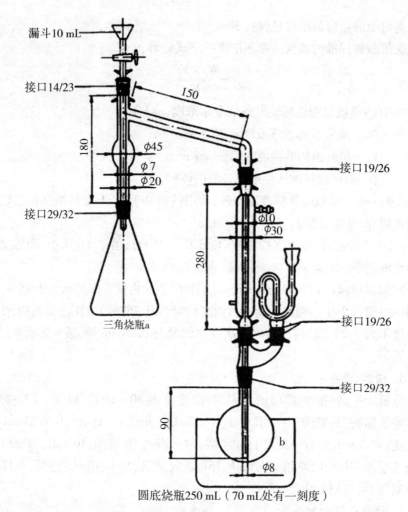

漏斗 10 mL

接口 14/23

150

180

φ45

φ7

φ20

接口 29/32

三角烧瓶 a

接口 19/26

φ10

φ30

280

接口 19/26

接口 29/32

90

b

φ8

圆底烧瓶 250 mL（70 mL 处有一刻度）

图 7 - 4   异硫氰酸酯蒸馏装置（单位:mm）

瓶加入 100mL pH 4 缓冲液和 0.5g 粗酶制剂,将三角烧瓶塞好塞子,置 40℃恒温箱中保温 3h,中间不时轻摇几次。

（3）蒸馏接收瓶准备   准确量 10.00mL 硝酸银标准溶液至 250mL 圆底烧瓶 b 中,并加入 2.5mL 氢氧化铵溶液。将此瓶 b 与蒸馏装置相连并置于冰水浴中,冷凝器末端必须没于硝酸银 - 氢氧化铵液中。

（4）蒸馏   将盛试样的三角烧瓶 a 冷至室温,加入几粒玻璃珠和几滴去泡剂,然后与蒸馏装置相连,从上面漏斗中加入 10mL 95% 乙醇,另加 3mL 乙醇于接收瓶上的安全管中。缓慢加热蒸馏,至馏出液达到接收瓶 b 70mL 刻度处。

（5）试样测定　取下接收瓶 b，将安全管中的乙醇倒入此瓶中，将它与回流冷凝器连接，于沸水中加热瓶中内容物 30min，然后取下冷却至室温。将内容物定量转至 100mL 容量瓶中，用水洗接收瓶 b 2~3 次，用水稀释至刻度，摇匀后过滤于 100mL 三角烧瓶中，用移液管取 25mL 滤液于另一 100mL 三角烧瓶中，加 1mL 6mol/L 硝酸和 0.5mL 硫酸铁铵指示剂，用 0.01mol/L 硫氰酸铵标准工作液滴定过量的硝酸银，直到稳定的淡红色出现为终点。

（6）空白测定　按同样测定步骤操作，但不加试样，得到空白测定值。

6. 结果计算

（1）计算公式

$$X = \frac{4 \times (V_1 - V_2) \times C \times 56.59}{m} = \frac{C(V_1 - V_2)}{m} \times 226.36$$

式中：X—试样中异硫氰酸酯的含量，以每克绝干样中异硫氰酸酯的毫克数表示，mg/g；

V_1—空白测定所耗硫氰酸铵标准工作液的体积，mL；

V_2—试样测定所耗硫氰酸铵标准工作液的体积，mL；

C—硫氰酸铵标准工作液的浓度，mol/L；

m—试样的绝干质量，g。

（2）结果表示　每个试样取 2 个平行样进行测定，以其算术平均值为结果。结果表示到 0.01mg/g。

（3）重复性　同一分析者对同一试样同时或快速连续地进行 2 次测定，所得结果之间的差值，在异硫氰酸酯含量小于或等于 0.50mg/g 时，不得超过平均值的 20%；在异硫氰酸酯含量大于 0.50mg/g 而小于 1.00mg/g 时，不得超过平均值的 15%；在异硫氰酸酯含量等于或大于 1.00mg/g 时，不得超过平均值的 10%。

四、菜粕中噁唑烷硫酮的测定

噁唑烷硫酮（oxazo-lidinethione，OZT）又被称作甲状腺肿因子（goitrin），由异硫氰酸盐分解而形成，是菜粕的主要有毒物质之一，是硫代葡萄糖甙酶解后的二级产物，其典型的临床症状是导致甲状腺肿大（主要阻碍甲状腺素合成）。噁唑烷硫酮通过抑制酪氨酸的碘化使甲状腺生成受阻，导致甲状腺肿大，其同时通过干扰甲状腺球蛋白的水解来影响甲状腺素的释放。噁唑烷硫酮不易挥发，并在 245nm 处有最大吸收，一般采用紫外分光光度法测定。

1. 范围

本方法适用于菜籽饼(粕)和配合饲料中的噁唑烷硫酮的测定。

2. 方法原理

饲料中的硫葡萄糖苷被硫葡萄糖苷酶(芥子酶)水解,再用乙醚萃取生成的噁唑烷硫酮,用紫外分光光度计测定。

3. 试剂和溶液

乙醚:光谱纯或分析纯;去泡剂:正辛醇;缓冲剂(pH 7):量取 35.3mL 0.1mol/L 柠檬酸($C_6H_8O_7 \cdot H_2O$)溶液(21.01g/L),置于 200mL 容量瓶中,用 0.2mol/L 磷酸氢二钠溶液调节 pH 至 7;酶源:用白芥(*Sinapis alba* L.)种子(72h 内发芽率必须大于 85%,保存期不超过 2 年)制备。将白芥籽磨细,使 80% 通过 0.28mm 孔径筛子,用正己烷或石油醚(沸程 40~60℃)提取其中脂肪,使残油不大于 2%,操作温度保持在 30℃ 以下,放通风橱于室温下使溶剂挥发。此酶源置具塞玻璃瓶中 4℃ 下保存,可用 6 周。

4. 仪器、设备

分析天平:感量 0.000 1g;样品筛:孔径 0.28mm;样品磨;玻璃干燥器;恒温干燥箱:103℃ ±2℃;三角烧瓶:25mL、100mL、250mL;容量瓶:25mL、100mL;烧杯:50mL;分液漏斗:50mL;移液管:2mL;振荡器:振荡频率 100 次/min(往复式);分光光度计:有 10mm 石英比色池,可在 200~300nm 处测量吸光度。

5. 试样选取和制备

采集具有代表性的样品至少 500g,四分法缩至 50g,再磨细,使其 80% 能通过 0.28mm 孔筛。

6. 分析步骤

(1)称取试样(菜籽饼(粕)1.1g,配合饲料 5.5g) 于事先干燥称重(精确到 0.001g)的烧杯中,放入恒温干燥箱中,在 103℃ ±2℃ 下烘烤至少 8h,取出置干燥器中冷至室温,再称重,精确到 0.001g。

(2)试样的酶解 将干燥称重的试样全倒入 250mL 三角烧瓶中,加入 70mL 沸缓冲液,并用少许冲洗烧杯,使冷却至 30℃,然后加入 0.5g 酶源和几滴去泡剂,于室温下振荡 2h。立即将内容物定量转移至 100mL 容量瓶中,用水洗涤三角烧瓶,并稀释至刻度,过滤至 100mL 三角烧瓶中,滤液备用。

(3)试样测定 取上述滤液(菜籽饼(粕)1.0mL,配合饲料 2.0mL),至 50mL 分液漏斗中,每次用 10mL 乙醚提取 2 次,每次小心从上面取出上层乙醚。合并乙醚层于 25mL 容量瓶中,用乙醚定容至刻度。在 200~280nm 测定其吸光度值,用最大吸光度值减去280nm处的吸光度值得试样测定吸光度值。

(4)试样空白测定　按以上步骤操作,只加试样不加酶源,测得值为试样空白吸光度。

(5)酶源空白测定　按以上步骤同样操作,不加试样只加酶源,测得值为酶源空白吸光度。

7. 结果计算

(1)计算公式

$$X = (A_E - A_B - A_c) \times C_p \times 25 \times 100 \times 10^{-3} \times \frac{1}{m} = \frac{A_E - A_B - A_c}{m} \times 2.5 \times C_p$$

式中:X——试样中噁唑烷硫酮的含量,以每克绝干样中噁唑烷硫酮的毫克数表示,mg/g;

A_E——试样测定吸光度值;

A_B——试样空白吸光度值;

A_c——酶源空白吸光度值;

C_p——转换因素,吸光度为1时,每升溶液中噁唑烷硫酮的毫克数,其值为8.2;

m——试样绝干质量,g。

若试样测定液稀释过,计算时应予考虑。

(2)结果表示　每个试样取2个平行样进行测定,以其算数平均值为结果,结果表示到0.01mg/g。

(3)重复性　同一分析者对同一试样同时或快速连续地进行2次测定,所得结果之间的差值,在噁唑烷硫酮含量小于或等于0.20mg/g时,不得超过平均值的20%;在噁唑烷硫酮含量大于0.20mg/g而小于0.50mg/g时,不得超过平均值的15%;在噁唑烷硫酮含量等于或大于0.50mg/g时,不得超过平均值的10%。

五、饲料中植酸酶活性的检测

磷在植物性饲料中含量不一,但大部分以植酸及植酸盐的形式存在,难以被单胃动物消化利用,未被利用的磷随动物的粪便排出体外,污染环境;另外植酸还可以通过螯合作用降低动物对锌、锰、铁、钙等矿物质和蛋白质的利用率。植酸酶是催化植酸及植酸盐水解成肌醇与磷酸的一类酶的总称,是生产中用量最多的单一酶制剂,在植物性饲料中添加植酸酶可以显著提高磷的利用率,促进动物生长和提高饲料营养物质转化率。

酶活性的高低是衡量酶制剂质量的主要指标,选择具有高度专一性和灵敏度的酶活测定方法是酶制剂质量的保障。植酸酶活性的定义为:样品在植酸钠浓度为 5.0mmol/L,温度 37℃、pH 5.5 的条件下,每分钟从植酸钠中释放出 1μmol 的无机磷所需要的植酸酶量,即为 1 个植酸酶活性单位,单位以 U 表示。下面主要介绍分光光度法测定饲料中植酸酶活性的方法。

1. 范围

本方法适用于作为饲料添加剂使用的植酸酶产品,也适用于添加有植酸酶的配合饲料。方法的最低检出量为 130U/kg。

2. 方法原理

植酸酶在一定温度和 pH 条件下,将底物植酸钠水解,生成正磷酸和肌醇衍生物。在酸性溶液中,用钒钼酸铵生成黄色的 $[(NH_4)_3PO_4NH_4VO_3 \cdot 16MoO_3]$ 复合物,在波长 415nm 下进行比色测定。

3. 试剂和溶液

本标准中所用试剂,在没有注明其他要求时,均指分析纯试剂和符合 GB/T 6682 中规定的三级水。清洗试验用容器不要用含磷清洗剂。

(1)磷酸二氢钾(KH_2PO_4) 基准物。

(2)乙酸缓冲液(Ⅰ) $c(CH_3COONa) = 0.25mol/L$:称取 20.52g 无水乙酸钠于 1 000mL 容量瓶中,加入 900mL 水溶解,用冰乙酸调节 pH 至 5.50 ± 0.01,再转移至 1 000mL 容量瓶中,并用蒸馏水定容至刻度。室温下存放 2 个月有效。

(3)乙酸缓冲液(Ⅱ) $c(CH_3COONa) = 0.25mol/L$:称取 20.52g 无水乙酸钠,0.5g 曲拉通 X – 100(TritonX – 100),0.5g 牛血清白蛋白(BSA)于 1 000mL 烧杯中,加入 900mL 水溶解,用冰乙酸调节 pH 至 5.50 ± 0.01,再转移至 1 000mL 容量瓶中并用蒸馏水定容至刻度。室温下存放 2 个月有效。

(4)底物溶液 $c(C_6H_6O_{24}P_6Na_{12}) = 7.5mmol/L$:称取 0.69g 植酸钠于 100mL 烧杯中,用 80mL 乙酸缓冲液(Ⅰ)溶解,并用冰乙酸调节 pH 至 5.50 ± 0.01,再转移至 100mL 容量瓶中,并用乙酸缓冲液(Ⅰ)定容至刻度,现用现配(实际反应液中的最终浓度为 5.0mmol/L)。

(5)硝酸溶液 1 + 2 水溶液。

(6)钼酸铵溶液(100g/L) 称取 10g 钼酸铵$[(NH_4)_6Mo_7O_{24} \cdot 4H_2O]$于 50mL 烧杯中加水溶解,必要时可微加热,再转移至 100mL 容量瓶中,加入 1.0mL 氨水(25%)用水溶解定容至刻度。

(7)偏钒酸铵溶液(2.35g/L) 称取 0.235g 偏钒酸铵(NH_4VO_3)于 50mL 烧杯中,加入 2mL 硝酸溶液及少量水,再转移至 100mL 棕色容量瓶中,用水溶解定容至刻度。避光条件下保存 1 周有效。

(8)酶解反色终止及显色液 移取 2 份硝酸溶液、1 份钼酸铵溶液、1 份偏钒酸铵溶液混合后使用,现用现配。

4. 仪器、设备

分析天平:感量 0.000 1g;恒温水浴:37℃±0.1℃;分光光度计:有 10mm 比色皿,可在 415nm 下测定吸光度;磁力搅拌器;涡流式混合器;酸度计:pH 精确至 0.01;离心机:转速为 4 000r/min 以上;超声波溶解器;回旋式振荡器。

5. 试样选取和制备

取有代表性样品,用四分法将试样缩分至 100g,植酸酶产品不需粉碎,配合饲料需粉碎通过 0.45mm 标准筛,装入密封容器,防止试样成分变化。

6. 分析步骤

(1)标准曲线的制作 准确称取 0.680 4g 在 105℃烘至恒重的基准磷酸二氢钾于 100mL 容量瓶中,用乙酸缓冲液(I)溶解,并定容至 100mL,浓度为 50.0mmol/L。按表 7-8 中的比例稀释成不同浓度,与试样一起反应测定,以无机磷的量为横坐标,吸光值为纵坐标,列出直线回归方程($y = a + bx$)。

表 7-8 标准稀释量

标准溶液序号	稀释量(mL)	浓度(μmol/L)
1	0.5→16	1.562 5
2	0.5→8	3.125 0
3	0.5→4	6.250 0
4	0.5→2	12.500
5	0.5→1	25.000

(2)试样溶液的制备

1)酶制剂样品中酶的提取 按表 7-9 中建议的称样量称取试样 2 份,精确至 0.000 1g,置于 100mL 容量瓶中,加入乙酸缓冲液(Ⅱ)摇匀并定容至刻度。放入一个磁力棒,在磁力搅拌器上高速搅拌 30min。或在超声波溶解器上超声溶解 15min,再放入回旋式振荡器中振荡 30min。

表 7 - 9 建议称样量

植酸酶活性(IU/g)	称样量(g)
5 000 以上	0.1 ~ 1
1 000 ~ 5 000	0.2 ~ 1
500 ~ 1 000	1 ~ 2
1 ~ 500	2 ~ 5
0.13 ~ 1	5 ~ 10

2)加酶饲料样品中酶的提取 称取添加植酸酶的饲料试样 2 份,精确至 0.000 1g,置于 200mL 刻度锥形瓶中,加入乙酸缓冲液(Ⅱ)100mL。在超声波溶解器上超声溶解 15min,再放入回旋式振荡器中振荡 30min。

所有提取后的试样必要时在离心机上以 4 000r/min 离心 10min。分取不同体积的上清液用乙酸缓冲液(Ⅱ)稀释,使试样溶液的浓度保持在 0.4U/mL 左右,待反应。

建议在测定样品时附加一个已知活性的植酸酶参考样,便于检验整个操作过程是否有偏差。

(3)反应 取 10mL 试管按下面的反应顺序进行操作,标准空白加入 0.2mL 乙酸缓冲液(Ⅱ)。在反应过程中,从加入底物溶液开始,向每支试管中加入试剂的时间间隔要绝对一致,在恒温水浴中 37℃ 水解 30min。

反应步骤及试剂、溶液用量见表 7 - 10。

表 7 - 10 反应步骤及试剂、溶液用量

反应顺序	样品、标准	样品空白(标准空白)
1. 加乙酸缓冲液(Ⅰ或Ⅱ)	1.8mL	1.8mL(2.0mL)
2. 加入待反应液	0.2mL	0.2mL
3. 混合	√	√
4. 水浴中 37℃ 预热 5min	√	√
5. 依次加入底物溶液	4mL	4mL(第二步)
6. 混合	√	√
7. 水浴中 37℃ 预热 30min	√	√
8. 依次加入终止液及显色液	4mL	4mL(第一步)
9. 混合	√	√
总体积	10mL	10mL

（4）样品测定　反应后的试样在室温下静置10min,如出现混浊需在离心机上以4 000r/min 离心10min。上清液以标准曲线的空白调零,在分光光度计415nm 波长处测定样品空白(A_0)和样品溶液(A)的吸光值,($A - A_0$)为实测吸光值,用直线回归方程计算植酸酶的活性。

7. 结果计算

试样中植酸酶活性以 X 表示,单位为酶活性单位每克(U/g)或酶活性单位每毫升(U/mL),按下式计算:

（1）计算公式

$$X = \frac{y}{m \times t} \times n$$

式中:X—试样中植酸酶的活性,U/g 或 U/mL;

　　　y—根据实际样液的吸光值由直线回归方程计算出的无机磷的含量,μmol;

　　　t—酶解反应时间,min;

　　　n—试样的稀释倍数;

　　　m—试样的质量,g 或 mL。

（2）结果表示　2 个平行试样的测定结果用算术平均值表示,酶制剂样品保留整数,加酶饲料样品保留三位有效数字。

（3）重复性　同一试样 2 个平行测定值的相对偏差,植酸酶产品不大于8%,添加植酸酶的各种饲料样品不大于15%。

第八章 饲料安全生产原料的选择与应用技术

饲料的质量安全直接影响畜产品质量安全,而饲料原料作为生产饲料产品的原材料,其质量优劣是影响饲料产品质量的重要因素。应当加强饲料原料,包括单一饲料、饲料添加剂、饲料药物添加剂、添加剂预混合饲料等的采购管理,制定供应商选择、评价和再评价程序,对供应商的资质、产品质量保障能力等进行评估,建立合格供应商名录,并保存供应商评价记录和相关文件,建立相关原料档案,以便查阅及追溯,确保饲料原料的安全性。

第一节　常用能量饲料的选择与应用

干物质中粗纤维低于 18%、粗蛋白质低于 20% 的一类饲料称为能量饲料。一般干物质消化能(猪)在 10.46MJ/kg 以上,高于 12.55MJ/kg 为高能饲料。

能量饲料的共同特点:无氮浸出物特别高,在 70% 以上,其中玉米 83%,高粱 82%,大麦 77%,小麦 78%。蛋白质品质低,粗蛋白质平均 10%,缺乏赖氨酸与蛋氨酸。矿物质钙低,磷多但主要以植酸磷形式存在,单胃动物利用率低。维生素 B_1 丰富,但缺乏维生素 C 和维生素 D_3。

能量饲料的分类:谷实类、糠麸类、块根块茎类、动植物油脂类、乳清粉类等。

一、玉米

玉米按色质有白玉米与黄玉米之分,现以黄玉米应用较多。玉米又被称为"饲料之王",60% ~ 80% 的玉米用于饲料生产。

除黄玉米与白玉米之外,现在还有高赖氨酸玉米,赖氨酸含量高出普通玉米 1 倍(0.5% 以上),色氨酸 0.2% 以上。

(一)营养特性

有效能值高,达到 14 ~ 15MJ/kg。亚油酸较高(2%),是谷实类最高含量。蛋白质含量低,品质差。缺乏赖氨酸、色氨酸。矿物质钙为 0.02%,磷为 0.25%,利用率低。维生素 E 多,胡萝卜素含量高(黄玉米),叶黄素等色素多,维生素 D 与维生素 K 几乎没有。

色素以 β - 胡萝卜素、叶黄素、玉米黄为主,对蛋黄颜色、皮肤着色等均有利。饲料中叶黄素含量为 8 ~ 12mg/kg。

(二)存在问题

玉米霉变产生的毒素主要是黄曲霉毒素 B_1 及 T - 2 毒素等。

中国饲用玉米中霉菌毒素调查结果如表 8 - 1。

表8-1　中国饲用玉米中霉菌毒素调查结果

毒素	平均值(μg/kg)	最大值(μg/kg)	阳性率(%)	样品数
黄曲霉毒素	3.4	21.2	74.3	35
T-2毒素	24.5	57.2	96.9	32
玉米赤霉烯酮	147.3	824.6	75.7	37
赭曲霉毒素	6.4	16.4	100	30
烟曲霉毒素	1 780	8 020	93.3	30
呕吐毒毒素	1 310	4 720	100	37

表8-2　全价饲料样品中的霉菌毒素含量

项目	黄曲霉毒素	烟曲霉毒素	赭曲霉毒素	T-2毒素	呕吐毒素	玉米赤霉烯酮
样品数	15	12	16	16	7	14
检出率(%)	100	91.7	93.7	100	100	100
超标率(%)	0	66.7	18.7	0	57.1	21.4
平均浓度(mg/kg)	8.27	1 020	12.75	41.23	600	21.4
最低(mg/kg)	3.3	0	0	20.7	440	39.2
最高(mg/kg)	14.5	2 500	56	79.8	820	230.3

(三)霉菌毒素的作用机制

抑制蛋白质合成:造成动物免疫抑制;抗体抑制;生产性能下降。

改变脑神经化学:造成动物共济失调;脑震荡;拒食。

激素失调:造成母畜不育和流产;假怀孕;繁殖损失;等。

DNA和RNA合成受损:对动物有致癌、致畸形、致突变作用。

(四)动物中毒后果

动物霉菌中毒后,出现免疫抑制,使动物易感疾病;疫苗接种失败,药物治疗无效等。同时还会降低生产性能,如增重下降、产奶减少、产蛋率下降、繁殖率下降、增加发病与死亡。

(五)黄曲霉毒素

黄曲霉毒素主要有4种:黄曲霉毒素 B_1、黄曲霉毒素 B_2、黄曲霉毒素 G_1、黄曲霉毒素 G_2,其中以黄曲霉毒素 B_1 为多,黄曲霉毒素 G_1 次之,黄曲霉毒素 B_2、黄曲霉毒素 G_2 很少。目前已明确其结构约有17种。凡呋喃环末端有双键者毒性较强,并有致癌性,如黄曲霉毒素 B_1、黄曲霉毒素 G_1、黄曲霉毒素 M_1。

黄曲霉毒素耐高温,在通常的加热处理(蒸、煮、烘、炒)时破坏很少,同时毒素在水中溶解度很小,易溶于油、氯仿、甲醇、乙醇等有机溶剂。

表 8 - 3　黄曲霉毒素 B_1 允许量

产品名称	指标 ($\mu g/kg$)	产品名称	指标 ($\mu g/kg$)
玉米	≤50	豆粕	≤30
花生饼(粕)、棉籽饼(粕)、菜籽饼(粕)	≤50	仔猪配合饲料及浓缩饲料	≤20
生长育肥猪、种猪配合饲料及浓缩饲料	≤20	肉用仔鸡前期、雏鸡配合饲料及浓缩饲料	≤10
肉用仔鸭前期、雏鸭配合饲料及浓缩饲料	≤10	鹌鹑配合饲料及浓缩饲料	≤20
奶牛精饲料补充料	≤10	肉牛精饲料补充料	≤50

黄曲霉毒素主要危害动物的肝脏、肾脏等脏器,黄曲霉毒素中毒以后出现肝功能的变化,如血清转氨酶(SGOT,SGPT)、碱性磷酸酶(AKP)等酶活性降低,肝脏组织中肝实质细胞变性或坏死等。

黄曲霉毒素动物中毒剂量:

1. 猪

饲料含量 $200 \sim 400\mu g/kg$,生长受阻,饲料利用率下降;$400 \sim 800\mu g/kg$,肝脏受损、肝炎、免疫抑制;$800 \sim 1\,200\mu g/kg$,生长受阻,采食下降,黄疸,低蛋白血症;$1\,200 \sim 2\,000\mu g/kg$,黄疸,凝血病,精神沉郁,部分动物死亡;$>2\,000\mu g/kg$,动物死亡。

2. 禽

$1.5mg/kg$,引起组织病理改变,脂肪肝、坏死。$10mg/kg$ 饲喂 4 周,产蛋率下降,蛋重减轻。

3. 牛

长期采食 $120\mu g/kg$ 玉米,腹泻、急性乳腺炎,呼吸失调,产不健康犊牛,繁殖率下降5%。

4. 虹鳟

$0.5 \sim 1.0mg/kg$ 为半致死量。

畜禽对黄曲霉毒素的敏感性:雏鸭>雏火鸡>雏鸡>日本鹌鹑;仔猪>犊牛>育肥猪>成年牛>绵羊。

一次口服中毒剂量后,24h 出现肝脏细胞坏死,48~72h 病变明显。

(六)玉米饲用价值

鸡饲料中,是主要能量饲料源,用量50% ~70%,玉米用量少时注意添加亚油酸。黄玉米着色效果好,猪饲料中,应用效果好,但注意出现背膘过厚与"黄膘肉"。粉碎粒度过细,可引起胃溃疡。使用时注意添加赖氨酸。反刍动物饲料中作为精饲料补充料,以压片为佳。

企业使用的典型指标见表8-4。

表8-4 玉米的采收指标

品种	质量指标	合格级	处理级	拒收级
玉米	感官性状	黄色,籽粒均匀,无霉变粒,无异味、异臭	色杂,籽粒不均,有极少霉变粒,有异味、异臭	色杂,籽粒不均,有部分霉变,有异味、异臭
	水分(%)	≤14.0(10月至翌年2月15.0)	14.1~15.0	≥15.1(10月至翌年2月16.1)
	粗蛋白质(%)	≥8.0	≥8.0	<8.0
	纯粮率(%)	≥94	91~94	≤91
	含杂率(%)	≤1.0	1.1~1.9	≥2.0
	容重(g/L)	≥685	640~685	<640

二、小麦

(一)分类

1. 硬质白小麦

种皮为白色或黄白色的麦粒不低于90%、硬度指数不低于60的小麦。

2. 软质白小麦

种皮为白色或黄白色的麦粒不低于90%、硬度指数不高于45的小麦。

3. 硬质红小麦

种皮为深红色或红褐色的麦粒不低于90%、硬度指数不低于60的小麦。

4. 软质红小麦

种皮为深红色或红褐色的麦粒不低于90%、硬度指数不高于45的小麦。

5. 混合小麦

不符合1~4类规定的小麦。

（二）营养特性

小麦的有效能值（鸡 12.7MJ/kg）略低于玉米，比大麦和燕麦高，主要是脂肪低的缘故（是玉米的一半）；粗蛋白质含量是玉米的 1.50%，品质优于玉米（赖氨酸 0.67%）。苏氨酸相对不足。钙少磷多。铁、铜、锰、锌较玉米高。非淀粉多糖（NSP）含量高达 6%，不能被动物消化酶消化，影响消化率。

（三）饲用价值

鸡饲料中，小麦全代替玉米，鸡的生产性能下降，饲喂效果为玉米的90%，以取代量为 1/3～1/2 为好。小麦粉碎太细会引起黏嘴现象，降低适口性。鱼饲料中，小麦是首选能量饲料源；猪饲料中，适口性好，使用时可减少饲粮的蛋白质饲料用量，且可提高肉的品质；牛、羊饲料中，小麦是良好的能量饲料源，可破碎与压扁使用。

小麦中非淀粉多糖（NSP）主要为阿拉伯木聚糖，使用时应添加酶制剂以消除其对营养物质消化率的影响。非淀粉多糖的抗营养特性：增加动物消化道内容物黏度，增加营养物质损失；降低肠道内胰蛋白酶、脂肪酶活性（物理屏障）；降低表观代谢能及消化能；使肠道内微生物菌群发生改变，增加肠道内发酵，产生有毒物质；产生黏性粪便，影响畜舍和周围环境，产蛋鸡还会污染蛋品等。

（四）小麦的国家标准

1. 容重

小麦籽粒在单位容积内的质量，以克每升（g/L）表示。

2. 不完善粒

受到损伤但尚有使用价值的小麦颗粒。包括虫蚀粒、病斑粒、破损粒、生芽粒和生霉粒。

（1）虫蚀粒　被虫蛀蚀，伤及胚的颗粒。

（2）病斑粒　颗粒带有病斑，伤及胚或胚乳的颗粒。

黑胚粒：籽粒胚都呈深褐色或黑色，伤及胚或胚乳的颗粒。赤霉病粒：籽粒皱缩，带白，有的粒面呈紫色，或有明显的粉红霉状物，间有黑色子囊壳。

（3）破损粒　压扁，破碎，伤及胚或胚乳的颗粒。

（4）生芽粒　芽或幼根虽未突破种皮但胚部种皮已破裂或明显隆起且与胚分离的颗粒，或芽或幼根突破种皮不超过本颗粒长度的颗粒。

3. 色泽、气味

具有小麦固有的综合颜色、光泽和气味。

225

4. 小麦硬度

小麦粒抵抗外力作用下发生变形和破碎的能力。

5. 小麦硬度指数

在规定条件下粉碎小麦样品,留存在筛网上的样品占试样的质量分数,用 *HI* 表示。硬度指数越大,表明小麦硬度越高,反之表明小麦硬度越低。

(五)质量要求和卫生要求

1. 质量要求

各类小麦质量要求见表 8 - 5,其中容重为定等级指示,三级为中等。

表 8 - 5　各类小麦质量要求

等级	容重(g/L)	不完善粒(%)	杂质(%) 总量	其中矿物质	水分(%)	色泽气味
一级	≥790	≤6.0				
二级	≥770	≤6.0				
三级	≥750	≤8.0	≤1.0	≤0.5	≤12.5	正常
四级	≥730	≤8.0				
五级	≥710	≤10.0				
等外	<710	—				

注:水分含量大于表中规定的小麦的收购,按国家有关规定执行。

企业实际使用的典型指标见表 8 - 6。

表 8 - 6　小麦收购指标

品种	质量指标	合格级	处理级	拒收级
小麦	感官性状	籽粒均匀,无霉变粒,无异味、异臭	色杂,籽粒不均,有极少霉变粒,有异味、异臭	色杂,籽粒不均,有部分霉变,有异味、异臭
	水分(%)	≤13.0	13.1～14.0	≥14.1
	粗蛋白质(%)	≥14.0	≥13.5	<13.5
	纯粮率(%)	≥94	91～94	≤91
	含杂率(%)	≤1.0	1.1～1.9	≥2.0
	容重(g/L)	≥730	680～730	<680

2. 卫生要求

饲料用小麦按《饲料卫生标准》(GB 13078)及国家有关规定执行;其他用

途小麦按国家有关标准的规定执行;植物检疫按国家有关标准和规定执行。

(六)小麦在不同配合饲料中的应用效果

鸡:饲喂效果不如玉米,仅及玉米的90%左右。

猪:适口性优于玉米。育肥猪:等量取代玉米时,可节约部分蛋白质饲料,改善屠体品质。

反刍动物:很好,但用量不宜超过50%。

木聚糖酶添加到肉鸡和猪的日粮中的试验结果见表8-7、表8-8。

表8-7 木聚糖酶添加到肉鸡小麦、玉米日粮中的影响

级别	日增重(g/d)	料重比	日采食量(g/d)	成活率(%)
正对照组(玉米)	92.4	2.6	178.0	86.6
负对照组(小麦)	90.4	2.6	179.5	93.1
实验组(麦酶)	94.6	2.6	175.4	92.2

表8-8 木聚糖酶对猪玉米-豆粕型日粮养分消化率影响

组别	粗蛋白质(%)	干物质(%)	钙(%)	磷(%)	酸性洗涤纤维(%)
对照	80.23	87.81	63.5	62.01	59.55
酶平均	81.26	87.55	63.78	63.90	56.94

以上结果表明,木聚糖酶在肉鸡小麦日粮中的效果是确定的,但是,对猪玉米-豆粕型日粮中的效果则不明显。

使用小麦时的注意事项:①在做中、大猪配合颗粒饲料的时候,使用全小麦或者部分小麦在制粒的效率和颗粒的硬度上会有很大的影响。②注意平衡能量与蛋白质的关系。③注意小麦+豆粕型日粮中赖氨酸及苏氨酸的添加。④小麦中比较缺乏生物素及维生素B_2,应用时注意补加。

使用全小麦时,解决硬度的方法(在环境、调制、蒸汽压力等条件不变的情况下)有:第一是往饲料中添加油脂,添加量为5%~10%。第二是在饲料中配合使用干酒糟高蛋白饲料(DDGS)或者米糠粕等,也是比较经济的办法。以米油糠为最好,但是在夏季要注意其新鲜度。一般,50%的小麦配合使用时,米油糠的使用量要控制在10%以上,才能解决颗粒偏硬的问题。如果配合DDGS也不能低于8%。

三、其他

(一)稻谷

禾本科稻属一年生草本作物。稻谷去壳后剩颖果,俗称糙米。糙米去米

糠为精米,过程中会产生一部分碎米。每 100 千克稻谷经加工后产出稻壳 20 ~ 25 千克,糙米 70 ~ 80 千克,碎米 2 ~ 3 千克,一般米糠占糙米重的 8% ~ 11%(糠麸类饲料中详细区别)。

稻谷中含有约 8% 的粗蛋白质、60% 以上的无氮浸出物和 8% 的粗纤维。稻谷中赖氨酸、胱氨酸、蛋氨酸、色氨酸等必需氨基酸含量低,矿物元素中锰和锌含量较高,其他微量元素不能满足猪的营养需要。

稻谷中的蛋白质,由谷蛋白、球蛋白、白蛋白及醇溶蛋白等组成,是谷类优良的蛋白质来源。稻谷中的脂肪大部分存在于米糠及胚芽中,脂肪中的脂肪酸以油酸(45%)、亚油酸(33%)为主。糖类以淀粉的形式存在,占白米的 75%。使用稻谷做饲粮必须注意维生素 A 的补充。稻谷中 B 族维生素含量丰富,无缺乏之虞。稻谷用作饲粮必须注意脱壳,因为稻谷壳中粗纤维占到 40% 以上,且大部分是难以消化的木质素,使用后反而会浪费能值和其他营养。

(二)糠麸类饲料

为谷实经过加工后形成的副产品。制米的副产品为糠,而制粉的副产品为麸。主要有米糠,大、小麦麸,燕麦麸,玉米皮等,其中米糠与小麦麸占主要地位。

糠麸类饲料由种皮、糊粉层和胚三部分组成,还可含有少量的胚乳。米稻糠分为砻糠、米糠和统糠。砻糠是粉碎的稻壳。米糠是糙米加工精米时的副产品,由种皮、糊粉层、胚及少量的胚乳组成。统糠是米糠与砻糠的混合物。100kg 稻谷产米 72kg,砻糠 22kg,米糠 6kg。

1. 米糠与脱脂米糠

(1)米糠

营养特性:米糠粗蛋白质为 11%,比麸皮低,但高于玉米,赖氨酸含量高达 0.55%;粗脂肪达 15%,多属不饱和脂肪酸,油酸与亚油酸占 80%。富含维生素 E、维生素 B_1、维生素 B_2。矿物质:钙少磷多,80% 为植酸磷。米糠中含有胰蛋白酶抑制因子,脂肪酶活性较高,长期储存易引起脂肪变质。非淀粉多糖含量多。

饲用价值:鸡:使用量在 5% 以下,颗粒饲料可在 10% 左右,大量饲用米糠,雏鸡可引起胰脏肿大。猪:仔猪不宜使用,易引起仔猪腹泻,肉猪使用量应在 20% 以下,否则随用量增加饲料转化率下降,肉品质下降。牛、羊:用量达 20% ~ 30%。鱼:是草食性鱼类重要的饲料来源,一般用量在 15% 左右。

表 8 - 9 玉米与米糠比值对猪增重影响

玉米: 米糠	100:0	75:25	50:50	25:75	0:100
日增重(kg)	0.81	0.8	0.75	0.66	0.57
日采食量(kg)	2.63	2.73	2.67	2.57	2.16
饲料转化率(%)	3.23	3.41	3.58	3.87	3.77

（2）脱脂米糠

营养特性：米糠粗蛋白质 14% 以上，接近麸皮，但高于玉米，赖氨酸含量高达 0.55%。粗脂肪低。富含维生素 B_1。矿物质：钙少磷多,80% 为植酸磷。米糠中含有胰蛋白酶抑制因子。非淀粉多糖含量多。

脱脂米糠在 20~80 千克体重猪日粮中有特别好的使用效果。特别是在制粒伴随次粉、小麦用量较大的时候，对适口性和颗粒的硬度调节具有非常明显的效果。在肉鸡日粮中不宜过多使用，以不超过 5% 为宜。否则，颗粒的粉化率会明显提高，降低肉鸡的采食量。

2. 小麦麸

饲用价值。鸡：不宜做肉小鸡饲料，种鸡、蛋鸡使用量在 10% 以下，后备鸡使用量 25% 以下。猪：仔猪不宜使用。麸皮含有轻泻性的盐类（镁），有助于通便润肠，是妊娠母猪和哺乳母猪的良好饲料源，用量可在 20% 以上。奶牛：很好的饲料源，用量可达 30%。肉牛可用量 50%。

营养特点：蛋白质含量高，优于小麦；能量水平比玉米和小麦低，可调节饲粮能量浓度。一般可用于育肥猪、育成鸡和蛋鸡、种畜。但是其蛋白质含量变异大，产品耐存性差。

饲用小麦麸国家标准见表 8 - 10。

感官性状。饲用小麦麸呈细碎屑状，色泽新鲜一致，无发酵、霉变、结块及异味异臭。

水分：饲用小麦麸内水分不得超过 13.0%。

表 8 - 10 饲用小麦麸国家标准

等级 质量指标(%)	一级	二级	三级
粗蛋白质	≥15.0	≥13.0	≥11.0
粗纤维	<9.0	<10.0	<11.0
粗灰分	<9.0	<6.0	<6.0

3. 次粉

营养特性：具有黏性，有利于提高制粒效果。目前在育肥猪配合日粮中大量广泛使用，效果稳定。但在粉状配合饲料中使用量高时，可影响畜禽的采食量。在水产料中使用量比较大，有利于颗粒的黏结，是既有营养又有黏结特性的优良的水产饲料原料。高温季节不易保存，会出现不易发现的霉变现象导致产品出问题。

饲用次粉的国家标准见表8－11。

感官性状：饲用次粉为粉状，粉白色至浅褐色，色泽新鲜一致，无发酵、霉变、结块及异味异臭。

水分：①饲用次粉水分含量不得超过13.0%。②各商品流通环节中的饲用次粉的水分含量最大限度和安全储存水分标准，可由各省、自治区、直辖市自行规定。

表8－11　饲用次粉的国家标准

等级 质量指标（%）	一级	二级	三级
粗蛋白质	≥15.0	≥13.0	≥11.0
粗纤维	<9.0	<10.0	<11.0
粗灰分	<9.0	<6.0	<6.0

（三）其他糠麸

统糠的营养价值与砻糠与米糠的比例有关，一九糠、二八糠、三七糠等粗纤维含量在28%以上，属于粗饲料范围。二八糠对猪蛋白质消化率是负值。

玉米糠：玉米制粉的副产品，包括种皮、胚和少量胚乳。其粗纤维含量高，不易作为猪、鸡饲料，是肉牛的很好饲料源。但须防止黄曲霉毒素。

第二节　常用蛋白质饲料的选择与应用

蛋白质饲料是指干物质中粗纤维含量在18%以下、粗蛋白质大于或等于20%的饲料。包括植物性蛋白质饲料、动物性蛋白质饲料、单细胞蛋白质饲料和非蛋白质氮饲料。

一、动物性蛋白质饲料

特点：氨基酸组成好，适合与植物性蛋白质饲料配合使用，钙、磷丰富，利用率高,富含维生素,有未知生长因子。

包括鱼粉、鱼溶浆、虾粉、蟹粉、肉粉、肉骨粉、血粉、羽毛粉、蚕蛹粉、皮革粉等。

(一)鱼粉

全世界生产量为 600 万 t 左右,中国产量 10 多万 t,进口 60 万 t 以上。

1. **分类**

白鱼粉(北洋鱼粉):以鳕鱼为原料,在渔船上生产,粗蛋白质 65% 以上,油脂少,不易变质。

进口鱼粉:以沙丁鱼或沙丁鱼和鲱鱼生产的全粉(黄鱼粉)。

国产鱼粉:小杂鱼全粉。

2. **制造工艺**

原料洗涤去杂。

蒸煮:20~30min,体脂溶出,主要是蒸汽加热。

压榨:分离鱼汁,鱼汁是鱼溶浆的原料,油脂分离。

干燥:热风干燥。有直接与间接之分,后者产品质量好。

粉碎:根据需要粉碎成不同的规格。

3. **营养特性**

氨基酸组成好,赖氨酸 5.25%,蛋氨酸 1.7%,粗蛋白质含量高,可达 60% 以上。

代谢能进口鱼粉在 11.72~12.55MJ/kg,国产鱼粉在 10.25MJ/kg 左右。B 族维生素丰富,尤以维生素 B_{12}、维生素 B_2 多。矿物质丰富,利用率高。

4. **鱼粉中有害物质**

肌胃糜烂素:鱼粉加工过程中温度过高、时间过长或运输、储藏过程中发生自然氧化过程,鱼粉中游离组氨酸及其代谢产物组胺与鱼粉中蛋白质(赖氨酸 ε - 氨基)发生反应形成的物质。

食后症状:动物食欲差、精神不好,肌胃糜烂、溃疡甚至穿孔,腹膜炎,严重者死亡,故称"黑吐病"。鸡增重生产力下降。

5. **饲用价值**

鸡:效果好,饲料中一般添加量在 3%~5%。猪:乳仔饲料用量在 5% 以下。肉猪不宜饲喂,否则胴体产生鱼腥味。反刍动物:禁止使用。

表 8 - 12　鱼粉的主要营养指标

成分	日本白鱼粉	秘鲁鱼粉	下杂鱼粉
水分(%)	8.9	9.2	8.7
粗蛋白质(%)	66.3	64.3	50.5
粗脂肪(%)	5.9	7.6	12.0
粗纤维(%)	0.2	0.3	0.7
粗灰分(%)	18.4	17.4	25.1
钙(%)	5.77		9.24
磷(%)	3.0		5.20

表 8 - 13　进口鱼粉质量标准

指标	水分(%)	粗蛋白质(%)	粗脂肪(%)	沙与盐(%)	沙(%)
智利	<10	≥67	<12	<3	<2
秘鲁	<10	≥65	<10	<6	<2
秘鲁(抗氧化)	<10	≥65	<13	<6	<2

(二)肉骨粉与肉粉

1. 概念

以动物屠宰后不宜食用的下脚料以及肉类加工厂等的残余碎肉、内脏、杂骨经高温消毒、压榨脱脂、干燥粉碎而成的粉状饲料。肉粉则以全碎肉等制成。

2. 制作方法

原料切碎、加热脱脂、干燥、粉碎。

我国规定肉粉中骨量超过 10% 为肉骨粉。含磷量在 4.4% 以下者为肉粉,含磷量在 4.4% 以上者为肉骨粉。

表 8 - 14　肉骨粉与肉粉营养指标

指标	水分	粗蛋白质(%)	粗脂肪(%)	粗纤维(%)	粗灰分(%)	钙(%)	磷(%)
50% 肉骨粉	6	50	8	2.5	28.5	9.5	5.0
50% 提油后粉	7	50	2.0	2.5	30	10.5	5.5
45% 肉骨粉	6	46	10	2.5	35	10.7	5.4
50% ~55% 肉粉	5.4	54	8.8		27.5	8.0	3.8

表 8－15　我国肉骨粉与肉粉的质量标准

		一级	二级	三级	备注
肉骨粉	水分（%）	<9	<10	<10	一般棕灰色
	粗蛋白质（%）	>50	>42	>30	
	粗脂肪（%）	<9	<6	<18	
	粗灰分（%）	<23	<30	<40	
肉粉	水分（%）	<10	<12		骨头不超过10%，呈灰黄色或深棕色
	粗蛋白质（%）	>64	>54		
	粗脂肪（%）	<18	<18		
	粗灰分（%）	<12	<14		

3. 营养价值

粗蛋白质为45% ~55%不等，通常胶原蛋白多，脯氨酸、羟脯氨酸和甘氨酸多，赖氨酸不足，消化率与原料有关。过度加热不易消化。代谢能为 8 ~ 11MJ/kg，与脂肪含量有关。B 族维生素丰富。烟酸与胆碱丰富。钙、磷丰富，比例好。

4. 饲用价值

鸡：良好的蛋白质源与钙、磷源。添加量为 6%并注意补充赖氨酸与蛋氨酸。猪：一般在 5%以下，不宜过高，否则影响适口性。反刍动物禁用。

5. 注意问题

需注意疯牛病、重金属残留。

（三）血粉

动物的血液经脱水加工而制成的粉状动物性蛋白质饲料。

1. 加工方法

流动干燥、低温喷雾干燥、蒸汽干燥、冻结干燥等。低温喷雾干燥法品质最优。

2. 营养价值

粗蛋白质为80% ~90%，赖氨酸为 7% ~8%，亮氨酸 8%，精氨酸不足，异亮氨酸含量极少，几乎为零。氨基酸极不平衡。消化率比鱼粉差。代谢能一般为 8MJ/kg，最高可达 11MJ/kg。维生素不丰富。矿物质铁含量多，其他少。

(四)血浆蛋白质与血球蛋白质粉

全血经分离分血浆与血球两部分。其中血浆干燥后的粉为血浆蛋白质粉,其含免疫球蛋白,是仔猪很好的蛋白质源,可防止下痢,促生长作用显著。另一部分干燥后为血球蛋白质粉,其蛋白质消化相对较低。

1. 注意事项

血源为健康动物的血液,防止动物传染病感染。

2. 饲用价值

鸡:不宜太高,用量以 2% 以下为宜。猪:用量为 4%,但需补充赖氨酸。反刍动物:禁止使用。

(五)羽毛粉

为动物羽毛经过适当加工处理的动物性蛋白质饲料,含角蛋白质多,胱氨酸多,加工不当其消化率低。

1. 加工方法

高压加热水解,445kPa,121℃、30min,蛋白质消化率可达75%。

酸碱水解法:3% HCl 或 5% NaOH,水解 30min 或 1h。

微生物发酵或酶处理:产品质量好,消化率高。

膨化处理:240~264℃,106Pa 压力,相对消化率低。

2. 营养价值

粗蛋白质高达 80%,但赖氨酸、蛋氨酸低,质量差。胱氨酸、异亮氨酸高。热能为 10MJ/kg。维生素 B_{12} 高,其他维生素含量低。矿物质中钙、磷含量少,硫含量多。

3. 饲用价值

鸡:用量 1%~2% 可防止啄羽,一般添加量为 3%。猪:肉猪用量在 5% 以下。反刍动物:禁止使用。

(六)蚕蛹粉

营养特点与饲用价值:粗蛋白质 60% 以上。含有几丁质氮,约占 4%,动物不消化。蛋氨酸高,为 2.4%~2.9%。赖氨酸多,色氨酸含量是鱼粉的 1.7~2 倍,但精氨酸不足。B 族维生素多。猪、鸡饲料中一般用量为 3%~5%。但注意脂肪 22% 易氧化酸败。育肥猪后期用后可产生"黄猪肉"并产生肉质异味。

(七)蝇蛆粉

蝇蛆含水 80%,干物质中粗蛋白质为 63%,与鱼粉相当,氨基酸丰富,蛋氨酸与鱼粉相当。脂肪含量为 25%,是鱼粉的 4~5 倍,是一种优质蛋白质源。

（八）蚯蚓粉

蚯蚓粉粗蛋白质为 60%，苏氨酸与胱氨酸优于鱼粉，其他氨基酸与进口鱼粉相近。矿物质含量高。

饲用价值较高，是一种良好的蛋白质源。

（九）鱼溶粉

鱼溶粉是制造鱼粉时所得的鱼汁经浓缩干燥而成的或以鱼体内脏经加酶或自行消化后的液状物，经分离鱼肝油后的蛋白质液浓缩干燥而成的产品。产品浓缩物含水 50% 左右，再以麸皮、脱脂米糠等吸附经干燥所得的为混合鱼溶粉或鱼精粉。

营养特点：以水溶性蛋白质为主，含未知生长因子，矿物质丰富，维生素丰富。

二、植物性蛋白质饲料

植物性蛋白质饲料包括豆类籽实及加工副产品，各类油料籽实及油饼（粕）等。植物性蛋白质饲料的特点：蛋白质含量高（20% ~50%），品质优，必需氨基酸含量与比例优于谷物类蛋白质，但存在蛋白酶抑制剂等阻碍蛋白质的消化。粗脂肪含量差异大，油料籽实达 15% ~30%，非油料籽实仅 1%。饼粕类因加工方法不同，含油从 1% 至 10% 不等。粗纤维少。矿物质中钙少磷多，主要为植酸磷。B 族维生素丰富，维生素 A、维生素 D 缺乏。多数含一些抗营养因子，影响其饲用价值。

（一）豆类籽实

1. 全脂大豆

有黄、青、黑和褐色等品种，以黄豆为多。

（1）营养特性　大豆粗蛋白质 32% ~40%，蛋白质品质好，赖氨酸为 2.3%，蛋氨酸低；粗脂肪 17% ~20%；不饱和脂肪酸高，亚油酸和亚麻酸占 55%，代谢能比牛油高 29%。油脂中含一定磷脂。碳水化合物不多，无氮浸出物 26%，淀粉仅 0.4% ~0.9%；钙、磷丰富，60% 为植酸磷；B 族维生素丰富，缺乏维生素 A 与维生素 D。含多种抗营养物质，如胰蛋白酶抑制因子、血细胞凝集素、致甲状腺肿物质、抗维生素因子、皂苷、雌激素、胀气因子以及抗原蛋白等。

（2）大豆加工　因含有多种抗营养因子，直接饲用会引起动物下痢、生长抑制，饲用价值低。一般通过加热处理破坏大豆中的抗营养因子，以提高蛋白质利用率。

235

加工方法:焙炒、干式挤压(干法膨化)、湿式挤压法(湿法膨化)、其他(爆裂法、微波处理等)。

(3)饲用价值 大豆是畜禽日粮中常用的蛋白质原料。因生大豆含多种抗营养物质,因此饲料中一般不宜直接使用生大豆。大豆经焙炒、膨化等处理可提高消化性,是鸡、猪良好的蛋白质源。牛饲料中生大豆使用量不宜超过50%,且不宜与尿素一起使用。热处理后大豆具有较高的过瘤胃蛋白质,有利于蛋白质的有效利用。全脂大豆是鱼饲料的良好蛋白质源,且提供大量的不饱和脂肪酸,有利于鱼生长。

2. 豌豆与蚕豆

(1)营养价值 蛋白质相对较低,在22%～25%,淀粉含量高,无氮浸出物可达50%以上。能值与大麦相似。矿物元素偏低。

(2)饲用价值 生豌豆同大豆一样,含多种抗营养因子,不宜生食。饲用价值不如大豆,饲料中用量一般在10%～20%。

(二)饼粕类饲料

1. 概念

富含脂肪的豆类籽实和油料籽实提取油后的副产品统称为饼粕类饲料。经压榨提油后饼状为饼,而经浸提脱油后的碎片或粗粉状副产品为粕。

2. 种类

大豆(饼)粕、棉籽(仁)粕、菜籽(饼)粕、花生(饼)粕、胡麻饼(粕)、向日葵(仁)饼(粕),还有芝麻饼(粕)、蓖麻饼(粕)、棕榈粕等。

3. 脱油的3种方法

(1)压榨法脱油 冷榨较多,低温加热(65℃)或常温下对料坯直接进行压榨,有残油4%～8%不等,易酸败、苦化,不易保存。

(2)浸提法 一般先经料的蒸炒,再经有机溶剂浸提,油料浸提后的湿粕,一般含有25%～30%的溶剂,必须对其进行脱溶剂处理,所用设备为蒸脱机或烤粕机。但注意温度。

(3)混合法 预压、浸出法两种方法混合使用。

4. 大豆饼(粕)

(1)营养指标 饼粗蛋白质41%～45%,粕粗蛋白质43%～48%,粗纤维5%～6%,粗脂肪1%,粗灰分6%。

(2)特点 赖氨酸高达2.4%～2.8%,是植物粕类最高的,赖氨酸:精氨酸=100:130,与大量玉米和少量鱼粉配合是鸡、猪很好的饲料。色氨酸

0.64%,苏氨酸 1.81% 也高,蛋氨酸低为 0.65%。代谢能:饼为 11.05MJ/kg,粕为 10.29MJ/kg。维生素 B_1 与维生素 B_2 含量少,烟酸和泛酸含量多,胆碱丰富。矿物质:钙少磷多。

(3)饲用价值 经加热处理(适当)的大豆饼(粕)是畜禽最好的蛋白质原料。使用中配合添加蛋氨酸等氨基酸使用效果更佳。大豆饼(粕)是奶牛、肉牛优质的蛋白质原料,为草食性与杂食性鱼类饲料主要的蛋白质原料。

(4)大豆饼(粕)品质评定 植物中特别是豆科植物中自然存在一些能抑制某些酶活性的物质称为酶抑制剂,或抗酶剂。如蛋白酶抑制剂、淀粉酶抑制剂、精氨酸酶抑制剂、胆碱酶抑制剂等。这些均是一种抗营养因子。因此,适度进行加热处理可使抗营养因子破坏,从而提高蛋白质的利用效率。

过度加热:加热过度或加热时间过长,会发生蛋白质中的赖氨酸、精氨酸等的 ε-氨基与还原糖醛基发生美拉德反应生成氨基糖复合物,阻碍消化酶的作用,从而使赖氨酸失效。

加热不足:胰蛋白酶抑制因子等抗营养因子破坏不充分,蛋白质的利用效率大幅下降,动物生长性能下降。

(5)大豆蛋白酶抑制剂分类

一类:分子量 20 000 ~ 25 000,181 个氨基酸,含二硫键数量少,主要是对胰蛋白酶直接或专一起作用。每克分子的抑制剂可纯化 1g 分子胰蛋白酶。

二类:分子量在 6 000 ~ 10 000,72 个氨基酸,含大量二硫键,能够在独立结合部位抑制胰蛋白酶或糜蛋白酶。

(6)蛋白酶抑制剂的作用 抑制动物生长与引起胰腺肿大。胰腺机能亢进导致分泌胰液太多,造成必需氨基酸的内源性损失增加,含硫氨基酸的额外损失加大,造成短缺现象更加严重。

(7)大豆饼(粕)的品质评定

粗蛋白质含量:凯氏定氮法。

脲酶活性测定:酚红法,pH 增值法。

尿素酶活性测定:尿素酶活性在 0.05 ~ 0.2(pH 增值法)(美国大豆粕标准),一般在 0.05 ~ 0.5 为合格。

蛋白质溶解度(PS)的评定:蛋白质溶解于 0.2% KOH 中的程度。PS 在 75% ~ 85% 为好;PS >85% 过生(加热处理不足,胰蛋白酶抑制因子破坏不完全);PS <75% 过熟(加热处理过度,发生美拉德反应)。

水溶性氮指数(NSI):NSI = 水溶性氮/总氮。一般最低不低于 15%,最高不超过30%。日本要求在25%以下。

感观评定:正常加热为黄褐色,加热不足或未加热色浅呈灰白色,加热过度则暗褐色。

5. 棉籽(仁)饼(粕)

(1)营养特点 质量与壳的多少有关。棉籽饼的粗蛋白质在22%左右,而棉仁籽饼(粕)则为39%以上。赖氨酸不足1.3%～1.6%,精氨酸过高,为3.6%～3.8%。赖氨酸:精氨酸 = 100:270,高于100:120的理想比例。蛋氨酸不足0.4%。粗纤维高,能值低。代谢能在6～10MJ/kg。维生素 B_1 较多,维生素 A、维生素 D 含量少。矿物质:钙少磷多,70%为植酸磷。

(2)抗营养因子 棉酚、环丙烯脂肪酸、单宁与植酸。游离棉酚是主要抗营养因子。

(3)动物中毒症状 生长受阻、生产性能下降、贫血、呼吸困难、繁殖率下降、不育或死亡。

(4)饲用价值

禽:游离棉酚含量0.05%以下的棉籽饼(粕),肉鸡饲料用量10%～20%,产蛋鸡5%～15%。未脱毒的用量小于5%。

猪:乳猪、仔猪不用。游离棉酚含量小于0.05%,生长猪用量10%～20%,母猪5%。猪的棉酚耐受量为100mg/kg。

牛:精饲料中用量20%～35%。

一般采取限量饲喂,5%～7%为安全剂量。

6. 菜籽饼(粕)

(1)营养价值 粗蛋白质:饼35%左右,粕33%～37%。蛋氨酸含量高,为0.7%,仅次于芝麻饼。赖氨酸含量为2.0%～2.5%,次于大豆。精氨酸低,最低为2.3%,赖氨酸:精氨酸 = 100:100。粗纤维高,为12%。有效能低,代谢能为8MJ/kg左右。矿物质:硒含量高,富含铁、锰等微量元素,钙、磷含量高,多为植酸磷,利用率低。胆碱、叶酸、烟酸、维生素 B_1、维生素 B_2 丰富。

(2)抗营养因子 硫葡萄糖苷及其降解产物:硫葡萄糖苷经本身的芥子酶水解成硫酸盐、葡萄糖、异硫氰酸酯、硫氰酸酯和腈类。单宁,植酸。

异硫氰酸酯有辛辣味,影响适口性。量大可引起胃肠炎、肾炎等。

芥子碱具有苦味,含量在1.0%～1.5%。在鸡胃肠道内分解成芥子酸与胆碱,胆碱进而转化为三甲胺,三甲胺在体内氧化成氧化三甲胺,若不氧化直接进入蛋黄中则产生鱼腥味。

单宁含量1.5%~3.5%影响适口性,植酸3%~5%影响营养物质消化率。

(3)饲用价值　鸡:根据含毒情况,限量使用。肉鸡在10%以下,蛋鸡、种鸡在8%以下。猪:肉猪双低品种可用至15%,一般在7%以下,不超过10%。反刍动物:肉牛用量5%~20%,奶牛精饲料10%。

7. 其他

(1)花生仁饼(粕)

1)营养价值　蛋白质品质:机榨饼粗蛋白质44%,浸提粕为47%,蛋白质中不溶性的球蛋白质占63%,水溶性蛋白质仅7%。赖氨酸1.5%与蛋氨酸0.39%,含量低。精氨酸特别高,达5.2%,是动植物蛋白质原料中最高者。氨基酸不平衡。因此,在利用时,必须与精氨酸低的菜籽饼(粕)、鱼粉、血粉配合使用。能量:代谢能在12.26MJ/kg,能值高,粗纤维相对低,无氮浸出物主要是淀粉和糖。脂肪:不饱和脂肪酸占53%以上。维生素:B族维生素多,烟酸高达174g/kg。维生素D、维生素E低。胆碱为1 500~2 000mg/kg。矿物质:钙、磷少。

2)抗营养物质　抗胰蛋白酶因子为大豆的1/5。易感染黄曲霉产生黄曲霉毒素,其中黄曲霉毒素B_1毒性最强。主要损害肝脏、血管与神经系统。

3)中毒表现　雏鸡中毒后精神不振、羽毛脱落、便血、死亡。猪食欲差、口渴、便血、生长受阻,直至死亡。

4)饲用价值　鸡:育成鸡6%以下,成年鸡10%,雏鸡不宜使用。日本和我国台湾省建议日粮不可超过4%。猪:仔猪2周时可替代1/4大豆饼(粕),5周时可替代1/3,对饲料转化率没有影响。生长猪补充赖氨酸、蛋氨酸后可全部替代大豆粕。但为了防止猪下痢和体脂变软,日粮中含量不宜超过10%。反刍动物:奶牛、肉牛均可使用,带壳也可,但采食过多可引起软便现象。

(2)向日葵饼(粕)

1)营养指标　赖氨酸不足,为1.1%~1.2%,蛋氨酸丰富,0.6%~0.7%,利用率高达90%。代谢能低,6~10MJ/kg不等(与壳含量有关)。维生素:烟酸最高达200mg/kg,为粕类最高。硫胺素、胆碱均高。矿物质:钙、磷丰富,富含铁、铜、锌等。

表8－16　不同工艺处理的向日葵饼(粕)营养成分含量

	向日葵饼(粕)		脱脂向日葵饼(粕)	
	压榨饼	浸提粕	压榨饼	浸提粕
水分(%)	10	10(9~11.5)	10	10
粗蛋白质(%)	28	32(29.3~34.1)	41	46
粗脂肪(%)	6	1.3(0.5~2.1)	7	3
粗纤维(%)	24	22.4(20.1~24.7)	13	11
粗灰分(%)	6	6(5~6.8)	7	7

2)饲用价值　鸡:带壳肉鸡不宜使用,蛋鸡在10%以下,脱壳后用量在20%以下。仔猪不易多用,脱壳后生长猪用量可替代50%的豆粕,用量过多可引起软质胴体。反刍动物:是良好的蛋白质源。

(3)酒精副产品

1)酒精糟(DDG)　将玉米酒精糟做简单过滤,滤渣干燥,滤清液排放掉,只对滤渣单独干燥而获得的饲料,是只对蒸馏废液的固形部分进行干燥的产品,色调鲜明的也叫透光酒糟。

2)可溶干酒精糟(DDS)　DDS是将上述滤清液干燥浓缩后的产品,即对除掉固形部分的残液加以浓缩、干燥的产品。

3)干酒精糟(DDGS)　DDGS是将DDG与DDS混合的产品,也叫深色酒糟,粗蛋白质>20%,是一种高蛋白、高营养、无任何抗营养因子的优质蛋白质饲料原料。

由于微生物的作用,酒糟中蛋白质、B族维生素及氨基酸含量均比玉米有所增加,并含有发酵中生成的未知促生长因子。叶黄素含量为400mg/kg。

(4)玉米淀粉加工副产品

1)玉米蛋白粉Ⅰ　玉米去胚芽、淀粉后的脱水副产品,是面筋部分,粗蛋白质60%。

2)玉米蛋白粉Ⅱ　同上,中等蛋白产品,粗蛋白质50%。

3)玉米蛋白粉Ⅱ　同上,中等蛋白产品,粗蛋白质40%。

4)玉米蛋白质饲料　玉米去胚芽、淀粉后的含皮残渣。

5)玉米胚芽饼(粕)　玉米湿磨后胚芽经机榨或浸提油后的副产物。粗蛋白质17%~21%,粗脂肪0.9%~2%,粗纤维7%~10%。

6)玉米麸料(玉米蛋白质饲料)　玉米麸料是含玉米纤维质外皮、玉米浸渍液、玉米胚芽饼(粕)和玉米蛋白质粉的混合物。一般含40%~60%的纤维质外皮,15%~25%的玉米蛋白质及25%~40%的玉米浸出物。蛋白质消化率鸡62%、猪90%。它是能量与蛋白质饲料的过渡型饲料。

7)玉米胚芽饼(粕)　粗蛋白质16.7%~20.8%。赖氨酸0.7%,蛋氨酸0.3%,色氨酸也高。维生素 E 达87mg/kg。价格低廉,是猪、鸡很好的饲料源。一般添加量在5%~10%。

玉米蛋白质粉营养特性:粗蛋白质41%~60%不等,因此其内在含量不一样,一般赖氨酸低,但蛋氨酸高,可与鱼粉相当。粗纤维低易消化,代谢能高达13MJ/kg,属高能饲料。钙、磷低。胡萝卜素高但 B 族维生素低。黄玉米制成的玉米蛋白质粉富含色素,其中叶黄素占53%,玉米黄质占29%,叶黄素是玉米的15~20倍,是极好的着色剂。

饲用价值:鸡、猪的粗蛋白质消化率分别为81%、88%。用作鸡饲料可节约蛋氨酸,用量可达10%以上。猪:适口性好,用量达15%左右,但需补加赖氨酸。

第三节　常用矿物质饲料的选择与应用

一、常量矿物质饲料
(一)钙源饲料
1. 石粉

含钙35%左右,干物质99%。需注意汞、砷、氟的含量是否超标。使用中一般中等粒度为好,粉碎颗度为25~30目。对于产蛋鸡粗粒有利于保持血钙浓度,满足形成蛋壳的需要。

石粉当中尤其要注意镁离子的含量。在实践中发生过大批的蛋鸡稀便的问题,后来检测发现石粉中有极高的镁含量。

表 8-17　饲料级轻质碳酸钙质量标准

指标名称	指标(%)	指标名称	指标(%)
碳酸钙(以 DM 计)≥	98.0	钡盐(以 Ba 计)≤	0.030
碳酸钙(以 Ca 计)≥	39.2	重金属(以 Pb 计)≤	0.003
盐酸不溶物≤	0.2	砷(以 As 计)≤	0.000 2
水分≤	1.0		

2. 贝壳粉

贝壳粉是各种贝类外壳经加工粉碎而成的粉状或粒状产品,主要成分为碳酸钙,含钙量应不低于33%。

3. 石膏

为硫酸钙。含钙20% ~23%,硫16% ~17%。有预防鸡啄羽、啄肛的作用。添加量1% ~2.0%,是非常好的解决蛋鸡啄肛的饲料之一。

(二)磷源饲料

含磷饲料很多,主要有磷酸钙类、磷酸钠类、骨粉及磷矿粉类。目前使用广泛的是骨粉与磷酸氢钙。这类原料除要注意利用率外,主要是考虑原料中的有害物质如氟、铝、砷等是否超标。

1. 骨粉

骨粉是以家畜骨骼为原料加工而成的,一般为黄褐色或灰白色的粉末,有肉骨蒸煮过的味道。

2. 磷酸氢钙

为白色或灰白色的粉末或粒状产品,一般是由向干式法磷酸液或精制湿式法磷酸液中加入石灰乳或磷酸钙制成的。

(三)钠源饲料

1. 食盐

一般用量在0.25% ~0.50%。如果添加量不够的话,育肥猪的咬尾和异食现象特别明显,母猪的便秘特别明显。禽比较敏感,过量添加有稀便现象,影响消化和吸收,甚至出现中毒的神经症状。在牛、羊日粮中的添加幅度比较宽泛。

2. 碳酸氢钠

又称小苏打,能调节饲粮的电解质平衡和胃肠道 pH。在奶牛与肉牛日粮中添加碳酸氢钠可调节瘤胃 pH,防止精饲料型日粮引起的代谢疾病。一般添加量为 0.5% ~2.0%。夏季肉鸡与蛋鸡日粮中添加碳酸氢钠可减缓热应激,防止生产能力下降。添加量为 0.5%。

3. 硫酸钠

在家禽日粮中添加可提高金霉素效价,有利于羽毛生长发育,防止啄羽癖。

(四)含硫饲料

硫酸钠:在家禽日粮中添加可提高金霉素效价,有利于羽毛生长发育,防止啄羽癖。快大型肉鸡的脱毛和高产蛋鸡的脱毛都和含硫氨基酸的不足或者代谢有关系,补充硫酸钠是比较经济的方法之一,其他的比如使用甜菜碱、碳酸氢钠、羽毛粉等的综合考虑都是解决脱毛或者蛋鸡蛋重过小的问题的有效方法。在怀孕母猪日粮中添加是必须的,对防止和缓解妊娠母猪的便秘有可靠的效果。添加量在 0.8% ~ 1.2% ,基本上可以解决母猪的便秘问题,而且是成本比较低廉的选择。

(五)硫镁饲料

硫酸盐类及氧化镁,一般用于反刍动物防止"草痉挛"。奶牛饲料中添加 0.5% ~ 1.5% ,可防止酸中毒。硫酸镁和硫酸钠、碳酸氢钠等类似,配合使用效果可靠。尤其在牛、羊日粮当中不可或缺。

二、天然矿物质饲料

主要为沸石、麦饭石、膨润土、凹凸棒土和泥炭等,均为天然非金属矿物质。

1. 沸石

沸石是含碱金属与碱土金属的铝硅酸盐,具有多孔结构,可选择性吸收 NH_3、CO_2 等物质,以及吸附某些细菌毒素,对机体具有良好的保健作用。沸石也可用于微量元素添加剂的载体或稀释剂。

2. 麦饭石

主要成分为二氧化硅与三氧化硅,具有多孔性海绵状结构,溶于水后产生大量的负电荷的酸根离子,有较强的选择吸附性,可减少病原菌与有害重金属元素对动物体的侵害。

麦饭石用作饲料添加剂可降低饲料成本,也可作为微量元素添加剂的载体或水质改良剂使用。

3. 膨润土

膨润土是一种硅铝酸盐矿物质,含动物所需的必需微量元素,具有良好的吸水性与膨胀性,可延缓饲料通过消化道的速度,提高饲料的利用率。膨润土可作为颗粒饲料黏结剂,提高产品的成品率。

4. 凹凸棒土

镁铝硅酸盐,具有纤维性晶体结构,具有离子交换、吸附、催化等化学特性。含有动物所必需的微量元素,一般可作为微量元素添加剂的载体或稀释剂,也可作为畜舍净化剂使用。在饲料中使用可降低饲料成本与提高畜禽抗病力。

第四节 饲料添加剂的选择与应用

我国技术监督局发布的《饲料工业通用术语》中对饲料添加剂下的定义是:为了提高饲料的利用率,保证或改善饲料品质,促进饲养动物生产,保障饲养动物健康而掺入饲料中少量的营养性或非营养性物质。总之,添加剂的目的就在于补充饲料营养组分不足,提高饲料原料的营养价值,改善饲料的适口性和动物对饲料的利用率,促进动物的生长。

添加剂用量极少,一般与配合饲料的基本区别在于:饲料是为动物提供能量和基本营养物质的主体物质,而饲料添加剂是进行人工组合调制后添加到饲料中的制剂。添加剂在饲料与动物机体内具有一定的稳定性,畜禽具有较高的利用率,对畜禽正常生殖机能及胚胎不产生有害作用,对环境不产生危害作用。

饲料添加剂分为营养性添加剂和非营养性添加剂。营养性添加剂包括氨基酸、维生素、微量元素;非营养性添加剂包括药物添加剂、酶制剂、微生态、饲料品质改良剂、调味剂、防腐防霉剂等。

一、营养性添加剂

(一)氨基酸添加剂

氨基酸添加剂的作用主要有:促进动物生长,改善氨基酸平衡,提高饲料利用率;节约蛋白质资源;改善肉的品质,促进钙的吸收;减轻应激反应,防止动物腹泻,提高抗病能力。

1. 赖氨酸

化学名 2,6 - 二氨基己酸,分子式 $C_6H_{14}N_2O_2$,分子量 146.1。常用的商品有纯度98.5%的 L - 赖氨酸盐酸盐、65 %的 L - 赖氨酸硫酸盐。

我国制定的饲料级 L - 赖氨酸盐酸盐国家标准为:本品为白色或淡褐色粉末,无味或稍有气味,易溶于水,难溶于乙醇及乙醚,有旋光性,本品的水溶液(1 + 10)的 pH 为 5.0 ~ 6.0,其生物活性只有 L - 赖氨酸的 78.8%。

表 8 - 18 赖氨酸技术指标

项 目	指 标
含量(以 $C_6H_{14}N_2O_2 \cdot HCL$ 干基计算,%)	≥98.5
比旋光度【α】	+18 ~ +21.5

项　目	指　标
干燥失重(%)	≤ 1.0
灼烧残渣	≤ 1.0
重金属(以 Pb 计,mg/kg)	≤ 30
砷(以 As 计,mg/kg)	≤ 3
铵盐(%)	≤ 0.04

65%的 L-赖氨酸硫酸盐为褐色颗粒状,有特殊气味,易溶于水,难溶于乙醇、乙醚。物理特征:淡黄色颗粒。

表 8-19　赖氨酸硫酸盐技术指标

项　目	指　标
含量(以 $C_6H_{14}N_2O_2HSO_4$ 干基计算,%)	≥65
其他氨基酸(%)	≥10
硫酸盐(以硫酸根计,%)	≤ 15
干燥失重(%)	≤ 3.0
灼烧残渣	≤ 4.0
重金属(以 Pb 计,mg/kg)	≤ 30
砷(以 As 计,mg/kg)	≤ 2
铵盐(%)	≤ 4.0
粒度 >1.5mm	≤ 10.0

2. 蛋氨酸及其类似物

蛋氨酸又名甲硫氨酸、甲硫基丁氨酸,是由一个氨基和一个羧基组成的中性氨基酸,分子式 $C_5H_{11}NO_2S$,分子量 149.21。蛋氨酸分 L 型和 D 型旋光性的化合物。L 型易被动物吸收,D 型可在动物体内经酶催化转化为 L 型,故 L 和 D 型对动物具有同等营养价值。蛋氨酸羟基类似物对反刍还具有瘤胃保护作用,在饲料中的添加量,一般按配方计算后,补差定量供给。

(1)DL-蛋氨酸　DL-蛋氨酸即 L 和 D 型等量的外消旋化合物,是目前国内使用较广泛的饲料添加剂,多为白色、淡黄色结晶或结晶粉末,有特殊气味,流动性好,微溶于水,可溶于稀盐酸,无旋光性,含量一般为 99%。

我国制定的饲料添加剂 DL-蛋氨酸进口检测质量指标:外观:白色至淡

黄色结晶或结晶性粉末。

表8-20　DL-蛋氨酸技术指标

项　目	指　标
含量(以 $C_5H_{11}N_2O_2N_2$ 干基计算,%)	≥99
水分(%)	≤ 0.5
氯化物(%)	≤ 0.5
重金属(以 Pb 计,mg/kg)	≤ 20
砷(以 As 计,mg/kg)	≤ 2

目前蛋氨酸主要靠进口,目前常用的蛋氨酸有德国迪高沙、德固赛、日本住友、法国安迪苏等

(2)蛋氨酸羟基类似物　蛋氨酸羟基类似物又名液态羟基蛋氨酸,2-羟基-4-甲硫基丁酸。分子式 $C_5H_{10}O_3S$,分子量150.19。含水量约12%,为深褐色、有硫化物特殊气味的黏性液体。主要是因羟基和羧基的酯化作用聚合而成,虽然不含氨基,但可在动物体内转化为蛋氨酸。

农业部制定的羟基蛋氨酸的质量标准:含 $C_6H_{10}O_3NS$ 88%以上,褐色或黏稠液体,有含硫基团的特殊气味,易溶于水。比重为1.22~1.23。

表8-21　蛋氨酸羟基类似物技术指标

项　目	指　标
含量(以 $C_6H_{10}O_3NS$ 计算,%)	≥88
铵盐(%)	≤ 1.5
氰化物(mg/kg)	≤ 10
重金属(以 Pb 计,mg/kg)	≤ 20
砷(以 As 计,mg/kg)	≤ 2

主要靠进口,主要生产厂家有法国安迪苏、美国诺伟司、美国孟山都等。

(3)蛋氨酸羟基类似物钙盐　又名蛋氨酸羟基钙,分子量338.4,是用液态羟基蛋氨酸与氢氧化钙或氧化钙中和,经干燥、粉碎和筛分后制得的,为浅褐色粉末或颗粒,有特殊臭味。

农业部制定的羟基蛋氨酸钙的质量标准:含 $(C_6H_{10}O_3NS)_2Ca$ 含量97%以上,浅褐色粉末或颗粒,有含硫基团的特殊气味,可溶于水。粒度为全部通过18目筛,40目筛上物不超过30%。无机钙盐小于1.5%,砷(以 As 计)≤

2mg/kg,重金属(以 Pb 计)≤20mg/kg。

美国诺伟司公司生产。

(4)N-羟甲基蛋氨酸钙　又名保护性蛋氨酸钙,分子量396.53。它是以
DL-蛋氨酸为起始原料合成的一种流动性白色粉末,有硫化物的特殊臭味。
此产品对反刍动物的瘤胃降解有保护作用,从而可提高反刍动物对蛋氨酸的
利用率。N-羟甲基蛋氨酸钙的含量以蛋氨酸计应不少于67.6%。

3. 色氨酸

化学名为 α-氨基-β-吲哚丙酸。本标准适合于微生物发酵生产的
L-色氨酸。分子式 $C_{11}H_{12}N_2O_2$,分子量204.22。

L-色氨酸呈白色或淡黄色粉末,无臭或略有异味。289℃分解,略溶于
水,可溶于热乙醇和氢氧化钠溶液。

表8-22　色氨酸技术指标

项　目	指　标
含量(以 $C_{11}H_{12}N_2O_2$ 干基计算,%)	≥98
粗灰分(%)	≥10
比旋光度	-29 ~ -32
干燥失重(%)	≤ 0.5
PH(1% 水溶液)	5.0
重金属(以 Pb 计,mg/kg)	≤ 30
砷(以 As 计,mg/kg)	≤ 2
铵盐(%)	≤ 4.0
粒度 >1.5mm	≤ 10.0

4. 苏氨酸

常用的是 L-苏氨酸,国标中规定,本标准适用于以淀粉、糖脂为主要原
料经发酵、提取制成的饲料级 L-苏氨酸,化学名 L-2-氨基-3-羟基丁酸。
分子式 $C_4H_9NO_3$,分子量119.12。L-苏氨酸是白色至浅褐色的晶体或结晶
性粉末,味微甜,易溶于水,不溶于甲醇、乙醚和三氯甲烷。

表8-23 苏氨酸技术指标

项 目	指 标	
	一级	二级
含量(以干基算,%)	≥98.5	≥97.5
比旋光度【α】	−29.0 ~ −26.0	
干燥失重(%)	≤0.1	
灼烧残渣	≤0.5	
重金属(以 Pb 计,mg/kg)	≤20	
砷(以 As 计,mg/kg)	≤2	

(二)维生素添加剂

维生素添加剂分为脂溶性维生素添加剂和水溶性维生素添加剂。

脂溶性添加剂包括维生素 A、维生素 D、维生素 E、维生素 K。这类维生素都溶于脂肪及乙醚、氯仿等有机溶剂,不溶于水,大部分能在体内蓄积。短时间供给不足不会对畜禽生产力和健康产生不良影响,而长期超量却会产生有害作用。维生素 A、维生素 D、维生素 K 过多对动物有毒性作用。

水溶性维生素添加剂包括 B 族维生素和维生素 C。B 族维生素包括硫胺素(维生素 B_1)、核黄素(维生素 B_2)、烟酸和烟酰胺、维生素 B_6、泛酸、叶酸、生物素、胆碱、维生素 B_{12} 及肌醇等。B 族维生素几乎都是辅酶或辅基的组成成分,参与机体各种代谢。

1.维生素 A

又名视黄醇或抗干眼醇,是一种环状不饱和一元醇。维生素 A 仅存在于动物体内,植物中只有维生素 A 原——胡萝卜和类胡萝卜素。维生素 A 本身很容易受外界因素影响而失活,所以维生素 A 的产品是以醋酸酯的形式,同时通过微型胶囊技术进行处理的产品。

淡黄到红褐色颗粒,容重 0.6 ~ 0.8g/L,水中溶解度差,在温水中弥散。含水量小于 5.0%。

维生素 A 的规格有 50 万 IU/g、100 万 IU/g。目前生产维生素 A 的厂家有浙江新和成、浙江医药等。

2.维生素 D

又名抗佝偻病维生素等,属于固醇类衍生物,为无色晶体。维生素 D 的两种形式是维生素 D_2(麦角固醇)和维生素 D_3(胆钙化醇)。

商品的维生素 D_3 生产工艺与维生素 A 相似,含量有 50 万 IU/g。奶油色细粉,容重 0.4～0.7g/L,可在温水中弥散,含水量小于 7.0%。生产厂家有浙江新和成、浙江医药、浙江花园、上海迪赛诺等。

3. 维生素 E

又名生育酚,抗不育维生素,在自然界中具有维生素 E 活性化合物有多种,其中以 α－生育酚活性为最强。商品型维生素 E 粉一般是以生育酚醋酸酯或乙酸酯为原料制成的。含量 50%,外观颜色:白色或淡黄色细粉或球状颗粒。容重 0.4～0.6g/L,含水量小于 7.0%。生产厂家有浙江医药、浙江新和成等。

4. 维生素 K

又称凝血维生素,是一类甲萘醌衍生物,是动物体内形成凝血酶原所必需的一种维生素。化学合成的维生素 K_3 其活性成分为甲萘醌。商品型维生素 K 的活性形式是甲萘醌的衍生物,有三种:①活性形式为亚硫酸氢钠甲萘醌(MSB)50%,容重 0.55g/L,淡黄色粉末。②活性成分占 25% 的亚硫酸氢钠甲萘醌(MSBC)容重 0.65g/L,白色粉末。③活性成分 22.5% 的亚硫酸嘧啶甲萘醌(MPB),容重 0.45g/L,灰色或浅褐色的粉末。

生产厂家有四川葳尼达、兄弟公司等。

5. 维生素 B_1

又名硫胺素或抗神经炎素。商品形式有两种:盐酸硫胺素和硝酸硫胺素,活性成分 96%。盐酸硫氨酸白色粉末,容重 0.35～0.4g/L,易溶于水,有亲水性,含水量小于 1%;硝酸硫氨酸白色粉末,0.35～0.4g/L,易溶于水,有亲水性。

目前使用较多的为盐酸硫胺素,生产厂家有天津中津等。

6. 维生素 B_2

又名核黄素,是由一个异咯嗪环和核糖醇组成的。维生素 B_2 有两种含量:96%、80%,因具有静电作用和吸附性,所以需要进行静电处理。商品遇光易分解,所以要避光保存。外观为橘黄色到褐黄色,容重 0.2g/L,很少溶于水,水分含量小于 1.5%。生产厂家有湖北广济、上海迪赛诺等。

7. 泛酸(维生素 B_3)

泛酸是不稳定的黏性油质,所以商品的添加剂为泛酸钙,D－泛酸钙的活性为 100%,DL－泛酸钙活性为 50%。D－泛酸钙的纯度一般为 98%,但也有经稀释到 66% 或 50% 的剂型。泛酸钙外观为白色粉末。吸水性强,易失氨而失去活性。其商品形式主要是 D - 泛酸钙(右旋泛酸钙)。白色到浅黄色粉末,含量为 98%,容重 0.6g/L,易溶于水,水分含量很低,仅有 20mg/L。

8. 胆碱

是磷脂和乙酰胆碱等物质的组成成分,主要参与卵磷脂和神经磷脂的形成,用作添加剂的为胆碱的衍生物——氯化胆碱。它具有强碱性,与酸结合生成稳定的结晶盐,有较强的吸湿性,耐热性好。氯化胆碱对其他维生素有破坏作用,特别是在有金属元素存在时对维生素 A、维生素 D_3、维生素 K_3 破坏较快,因此不宜与其他维生素相混合,但可以直接加入到浓缩料或全价配合饲料中。有液体和固体两种形式。液体含量 70%,固体含量为 50%。固体的外观因载体变化而变化。

9. 烟酸(维生素 B_5)

又名维生素 PP、抗癞皮病维生素。产品有烟酸和烟酰胺两种,因为烟酸被动物吸收形式为烟酰胺,故二者活性相同。烟酸为白色结晶的粉末,微溶于水,稳定性好,商品活性成分含量 98%~99.5%。容重 0.5~0.7g/L,水分小于 0.5%。维生素 B_5 在干燥条件下和在水溶液中稳定,不易被热、氧、光照、酸、碱破坏。因此,烟酸在饲料的加工、储藏中损失都很小,但配合饲料的膨化处理对烟酸的影响较大。生产厂家有广东龙沙等。

10. 维生素 B_6

是吡哆醇、吡哆醛、吡哆胺三种吡哆衍生物的总称。它们具有相同的生物作用,其活性形式是磷酸吡哆醛。在家禽日粮中必须适量补加维生素 B_6。尤其是肉用仔鸡,日粮能量和蛋白质水平较高时,维生素 B_6 的需要量增加。常用作添加剂的产品为盐酸吡哆醇,是白色结晶,其活性成分为 98%,容重 0.6g/L,水分含量小于 0.3%。维生素 B_6 对热和氧稳定,但在碱性、酸性和中性溶液中遇光分解,所以应该避光保存。生产厂家有浙江天新等。

11. 叶酸

是单蝶酰谷氨基酸及其衍生物的总称。是维生素中已知生物学活性最多的一种,以四氢叶酸的形式在动物体内参与机体代谢。商品形式含量 97%,外观黄色到橘黄色,容重 0.2g/L,含水量小于 8.5%。叶酸对空气、热均稳定,但对酸、碱、氧化剂与还原剂均有破坏作用。此外,被光和紫外线照射时降解,所以应该避光保存。

12. 维生素 B_{12}

又称作氰钴胺素或钴胺素。维生素 B_{12} 的主要商品形式有氰钴胺、羟基钴胺等。维生素 B_{12} 纯品为红褐色细粉,水溶性好。作为饲料添加剂有 1%、2% 和 0.1% 等剂型。维生素 B_{12} 对还原剂敏感,受光照射时,易分解,所以应避光保存,不宜与还原作用的维生素 C 等物质混合。

13. 维生素 C

又名抗坏血酸,是一种多羟基化合物,自然界中具有生物活性的是 L - 抗坏血酸。维生素 C 的商品形式为抗坏血酸、抗坏血酸钠、抗坏血酸钙以及包被抗坏血酸。维生素 C 极易被氧化,微量金属(Cu^{2+}、Fe^{2+})能使维生素 C 氧化失效,它具有酸性和强还原性,遇空气、热、光、碱性物质可加快其氧化。因此,L - 抗坏血酸在成分复杂的预混合饲料中保存率很低,更不耐粉碎、膨化、制粒等加工处理。在实际生产中维生素 C 可作为抗氧化剂,保护其他营养成分,同时维生素对动物具有抗应激的作用,能提高饲料转化效率,因此添加量可超过需要量的 1 倍以上。

14. 生物素

是一种含硫元素的环状化合物,其主要的商品形式为 D - 生物素。饲料添加剂所用剂型常为用淀粉、脱脂米糠等稀释的粉末状产品,含生物素一般为 1% 或 2%。其产品有两种形式,即载体吸附型生物素和与一定载体(如糊精)混合后经喷雾干燥制得的喷雾干燥型生物素制剂。它对氧、热相对稳定,但是容易被紫外线、强酸、强碱、氧化剂和甲醛破坏。在禽类和母猪饲料中添加生物素的量很少,故其预混剂的浓度为 1% ~ 2%,且粒度要小,才能混合均匀。

15. 甜菜碱

又名三甲胺乙内酯,因其最早是从甜菜糖蜜中分离出的一种生物碱而得名。分子式 $C_5H_{11}NO_2$,分子量 117.15。在机体内作为甲基供体有类似于胆碱、蛋氨酸、维生素 B_{12} 的功能,具有促脂肪代谢、缓和应激、促增重、抗氧化等作用。已有生产作为鸡、猪、鱼及宠物的饲料添加剂。

16. 肉毒碱

又名维生素 BT,分子式 $C_7H_{15}NO_3$,分子量 161.20。无色,晶体有吸湿性,熔点 196 ~ 198℃,能溶于水或醇。能改善仔猪能量代谢,节约赖氨酸及蛋氨酸用量。成年畜禽在体内的合成量足以满足其需要量。在植物性饲料中含量≤10mg/kg,鱼粉、肉粉、血粉含量较高,可达 100 ~ 160mg/kg。

(三)微量元素添加剂

1.补铁微量元素

表8-24　常用的补铁添加剂

名称	结构式	含铁量(%)
七水硫酸亚铁	$FeSO_4 \cdot 7H_2O$	20.1
一水硫酸亚铁	$FeSO_4 \cdot H_2O$	32.9
柠檬酸铁	$Fe(NH_3)C_6H_8O_7$	21.1
葡萄糖铁	$C_{12}H_{22} \cdot FeO_{14}$	12.5
富马酸亚铁	$C_4H_2FeO_4$	33.1
甘氨酸铁	$Fe[C_2H_4O_2N]_2$	27.5

铁是动物体内必需的微量元素,是构成血红蛋白、肌红蛋白、细胞色素和多种氧化酶的重要成分,与动物的造血机能、氧的运输以及细胞内生物氧化过程有密切的关系。动物缺铁时,血红素生成减少,红细胞中血红蛋白减少,发生低色素小细胞性贫血。出现食欲减退、生长不良、皮毛粗糙、皮肤与可视黏膜苍白、轻度腹泻、易感疾病以及体温调节失控等现象。缺铁性贫血是初生仔猪的常见现象。放牧、散养等圈舍饲养的形式一般不会发生铁缺乏症,母猪在怀孕和哺乳期间尤其要注意铁的补充。

使用补铁的硫酸亚铁时注意监测其中重金属铅、砷含量。

2.补铜的微量元素

表8-25　常用的补铜添加剂

名称	结构式	含铜量(%)
五水硫酸铜	$CuSO_4 \cdot 5H_2O$	25.06
一水硫酸铜	$CuSO_4 \cdot H2O$	35.78

铜是动物必需的一种微量元素,在动物体内主要是作为几种重要酶的成分,直接参与体内的能量和物质代谢。铜参与维持铁的正常代谢,催化铁参与血红蛋白的合成,促进生长早期红细胞的成熟。铜还参与动物的成骨过程,并与线粒体的胶原代谢和黑色素生成有密切关系,缺铜的动物会导致铁的吸收受阻产生贫血。铜会促进不饱和脂肪酸的氧化酸败,对维生素的破坏作用明显,具有水溶性高、易潮解、氧化还原能力强等特点,对饲料中添加的其他微量元素破坏性大。建议在高温季节饲料中的铜以颗粒的形式添加会比较好,减

少铜离子和维生素、其他添加微量元素的接触,防止破坏其效价。

超量添加铜会引起铜中毒。动物对铜的最大耐受量(以日粮基础含量计)为:猪250mg/kg,禽300mg/kg,牛100mg/kg,羊25mg/kg。超量添加的铜会在肝脏中积累。

3.补锌的微量元素

表8-26　常用的补锌添加剂

名称	结构式	含锌量(%)
七水硫酸锌	$ZnSO_4 \cdot 7H_2O$	22.0
一水硫酸锌	$ZnSO_4 \cdot H_2O$	34.5
氧化锌	ZnO	76.3

锌是动物体内多种酶的组成成分,对动物的皮毛、骨骼的正常的生长发育、繁殖机能、味觉系统的发育以及心血管系统的正常功能都有着极为重要的作用,是维持毛发生长、皮肤健康和组织修复的必需元素。锌还影响DNA和RNA的合成,参与核酸与蛋白质的代谢。超量添加会中毒。

氧化锌是解决断奶仔猪拉稀的有效手段之一。断奶仔猪日粮中添加氧化锌3 000mg/kg,配合酸化剂、酶制剂、抗生素可以有效解决断奶拉稀的问题。在哺乳母猪日粮中添加1 000~2 000mg/kg的锌元素,经过生产实践验证,可以迅速恢复生产母猪体能,有效提高泌乳量,缓解仔猪断奶应激。

4.补锰的微量元素

表8-27　常用的补锰添加剂

名称	结构式	含锰量(%)
硫酸锰	$MnSO_4 \cdot H_2O$	—

锰是通过动物体内酶的作用而参与碳水化合物、脂肪和蛋白质代谢的。锰参与构成骨骼基质的硫酸软骨素的形成,硫酸软骨素是有机基质粘多糖的组成成分,其合成受阻将严重影响体内软骨的成骨作用。日粮缺锰会严重影响动物骨骼的生长发育,致使其受损的骨质疏松。

动物缺锰,还会表现出生殖机能紊乱或被抑制的特征。雌性动物发情不明显,周期紊乱,怀胎后妊娠初期易流产,胚胎发育异常,所产婴儿运动失调,初生体重低,死亡率高;雄性动物性器官发育异常,精子数量及其质量性状受影响很大。

从饲料级硫酸锰生产需要的原料、生产工艺要求及不同工艺(尤其是除铁、干燥等)对成品硫酸锰质量的影响等方面分析,一水硫酸锰含量≥98%,砷≤5mg/kg,铅≤10mg/kg,水不溶物≤0.05%,细度(通过250μm 筛)≥955。

5.补碘的微量元素

表 8-28　常用的补碘添加剂

名称	结构式	含碘量(%)
碘化钾	KI	74.9
一水碘酸钙	$Ca(IO_3) \cdot H_2O$	61.8

碘是甲状腺的重要组成部分,参与动物体内物质代谢和维持体内热平衡。甲状腺是畜禽生长、繁殖和泌乳必不可少的激素,能提高畜禽的生长性能,促进机体健康。缺碘会导致动物新陈代谢紊乱、机体发生障碍、甲状腺肿大和黏液性水肿,影响神经功能和被毛色泽,影响饲料的消化吸收,导致生长发育缓慢。在哺乳母猪日粮的设计中尤其要注意碘的添加。碘有不稳定的特点,易挥发,要注意选择合适的化合物,用量小注意稀释配比。

6.补硒的微量元素

表 8-29　常用的补硒添加剂

名称	结构式	含硒量(%)
亚硒酸钠	$Na(SeO_3)_2$	45.7
硒酸钠	$Na(SeO_4)_2$	41.8

硒是谷胱甘肽过氧化酶的组成部分,通过抗氧化作用保护细胞的完整性,维持细胞膜的正常功能,参与维持胰腺、心肌和肝脏的正常功能结构和功能。此外,硒有保证肠道脂肪酶活性、促进乳糜微粒正常形成从而促进脂类以及脂溶性物质的消化吸收的作用。严重缺硒会导致猪的肝坏死,牛、羊缺硒主要表现为白肌病。缺硒对动物的繁殖性能有明显的损害,减少母猪产仔数,降低母鸡产蛋率,导致母羊不育,母牛胎衣不下。硒的添加尤其要注意用预混剂,掌握合理的混合时间,否则很容易有中毒反应。

二、非营养性添加剂

非营养性添加剂是指加入饲料中用于改善饲料利用效率、保持饲料质量和品质、有利于动物健康或代谢的一些非营养性物质。主要包括饲料药物添加剂、酶制剂、微生态、饲料品质改良剂、调味剂、防腐防霉剂等。

(一)药物添加剂

药物添加剂是指为防治动物疾病并改善动物产品质量、提高产量而掺入载体或稀释剂的一种或多种兽药的预混物。

目前,世界上生产的抗生素已达200多种,作为饲料添加剂的有60多种。世界各国的分类方法不尽相同,一般可按它的抗菌谱和作用对象、生源及化学结构来分。按其化学结构可分为以下几种:

(1)多肽类　杆菌肽锌、硫酸黏杆菌素、持久霉素、恩拉霉素和阿伏霉素。

(2)四环素类　四环素、土霉素、金霉素。但四环素类属人畜共用抗生素,大多数国家已禁止使用。

(3)大环内酯类　泰乐菌素、北里菌素、红霉素、螺旋霉素。

(4)含磷多糖类　黄霉素和大碳霉素。

(5)聚醚类抗生素　莫能菌素、盐霉素、拉沙里霉素和马杜霉素。

(6)氨基苷类　新霉素、壮观霉素、越霉素A和越霉素B。

(7)化学合成类　磺胺类、硝呋烯腙等。

药物添加剂的使用可以参考国家发布的药物添加剂使用规范,在国家规定范围内添加使用。

(二)益生素

益生素是可以直接饲喂动物,并通过调节动物肠道微生物平衡达到预防疾病、促进动物生长和提高饲料利用率的活性微生物或其培养物。

1.益生素的种类及特征

益生素菌种很多,各国都在筛选自己的菌种。我国农业部第105号公告公布的容许使用的饲料添加剂品种目录中,饲料级微生物添加剂有12种。目前我国常用的益生素菌种有6种:芽孢杆菌、乳酸杆菌、粪链球菌、酵母菌、黑曲霉、米曲霉。

益生素的分类因依据不同有多种。根据制剂的用途及作用机制可分为微生物生长促进剂和微生态治疗剂,依活菌剂的组成分为单一制剂和复合制剂,目前较多使用的分类方法是依据微生物的菌种类型分为无孢子杆菌制剂、芽孢杆菌制剂和活酵母及真菌类制剂。

(1)无孢子杆菌属　厌氧或兼性厌氧,耐酸但不耐热,均为无孢子生成菌,主要有乳酸杆菌、双歧杆菌和乳酸球菌。

(2)芽孢杆菌属　需氧或兼性厌氧,以内生孢子形式存在,稳定性好,具有较强的蛋白酶和淀粉酶活性,同时还具有平衡和稳定乳酸杆菌的作用。目前使用的主要是枯草杆菌、地衣芽孢杆菌和东洋杆菌。

(3)活酵母及霉菌类　在动物消化道中仅零星存在,一般不繁殖,不定居,但可参与消化道内的代谢,具有广泛的酶活性,含有丰富的维生素、蛋白质、未知因子。酵母及其培养物在近十年来才作为益生素进行开发。霉菌主要与细菌类制成复合益生素。

2. 化学益生素

20 世纪 80 年代的学者们开始对动物肠道固有的有益菌产生了研究兴趣,认为在饲料中添加一些不能被机体消化而且只能被肠道有益菌利用并能促使其增殖的物质,就可克服益生素活性难以保证的缺陷。这类物质多属短链带分支的糖类物质,被称为"化学益生素",本质上为低聚糖。它作为一种新型添加剂,在饲料中的应用研究取得了很大进展。

3. 益生素的作用机理

益生素的作用机理在理论上的进展还很小,现阶段的研究主要是基于一些假说。第一,优势种群学说:正常微生物群对整个肠道菌群起决定作用,当肠道内菌群比例失调,此时腐败菌和致病菌大量繁殖,动物体就容易产生疾病。第二,生物夺氧学说:需氧或兼性厌氧芽孢杆菌消耗氧气造成厌氧环境,可以促进正常菌群的生长繁殖,同时抑制需氧病原菌和兼性厌氧病原菌的生长。第三,膜菌群屏障学说:多数有益菌能分泌一种凝集素,该物质能专一性结合到肠黏膜上皮细胞产生的糖蛋白上,使有益菌在肠黏膜表面形成一个生物学屏障,竞争性抑制了致病菌、条件致病菌的定植、入侵。第四,"三流运转"理论:益生素能促进肠道相关淋巴组织的活动,抑制腐败微生物的过度生长和毒性物质的产生,促进肠蠕动,维持黏膜结构完整,从而保证微生物系统中基因流、能量流和物质流的正常运转。

4. 影响益生素作用效果的因素

(1)影响益生素作用效果的因素　影响益生素作用效果的因素很多,包括动物种类、动物年龄与生理状态,环境卫生状况;益生素的种类,使用剂量;饲料加工储藏条件及饲粮中其他饲料添加剂(如抗生素、矿物元素)的使用情况等。但这些因素与益生素使用效果之间的定量关系目前还不清楚。益生素的一般添加量为每克饲料中 106 ~ 107 个活菌。

(2)使用中应注意的问题　益生素是活菌制剂,为保持益生素中活菌的数量和活力,使之在动物体内能够充分发挥作用应注意以下几点:① 益生素应保存于阴凉、通风干燥处,以防温度、湿度和紫外线对活菌的破坏作用。② 对饲料混合时产生的瞬时高温敏感的益生素(如乳酸杆菌、双歧杆菌),应先制成预混合饲料后再混入饲料中。③ 饲料中的水分对活菌有较大影响,故无微胶囊保护的活菌制剂须在与饲料混合后当天用完,以免降低其使用效果。④益生素与其他饲料添加剂的混合使用应先进行试验以防其他添加剂降低益生素的效果。⑤对于容易失活的乳酸菌等菌株,应采用微胶囊包埋技术对活菌体进行包埋,从而使更多的菌体达到肠道,真正起到益生素的作用。

5. 益生素的安全性

益生素的首要问题是安全性,其次才是有效性问题。直接饲用益生素应具备以下几个条件:①应是非致病性活菌或由微生物发酵而产生无毒副作用的有机物质。②应是能对宿主及机体内有害菌群在提高生长率或抗菌方面产生有利影响的。③应是活的微生物,且要求与正常有益菌群能共存,并且自身具有抗逆能力。④应能在肠道环境中只对有益菌群有利,而且其代谢尾产物不对宿主产生不利影响。⑤益生素应有较好的包被技术可以顺利躲过胃液的水解,并且在生产现场条件下,可以长期储存,并保持良好的稳定性。

(三)酶制剂

饲用酶制剂是将一种或多种利用生物技术生产的酶与载体和稀释剂采用一定的生产工艺制成的一种饲料添加剂,可提高饲料的消化利用率,改善畜禽的生产性能,减少粪便中的氮、磷、硫等给环境造成的污染,转化和消除饲料中的抗营养因子,并充分利用新的饲料资源。

1. 种类

饲料工业上使用的酶制剂主要是消化碳水化合物和植酸磷的酶,也有些产品包含有蛋白酶和脂酶。

(1)消化碳水化合物的酶 这类酶包括淀粉酶和非淀粉多糖(NSP)酶。非淀粉多糖酶又包括半纤维素酶、纤维素酶和果胶酶。半纤维素酶包括木聚糖酶、甘露聚糖酶、阿拉伯木聚糖酶和聚半乳糖酶;纤维素酶包括 C_1 酶、CX 酶和 β - 葡聚糖酶。

(2)蛋白酶 该酶使蛋白质水解为小分子物质。根据最适 pH 的不同,可分为酸性、中性和碱性蛋白酶。由于动物胃液呈酸性,小肠液多为中性,所以饲料中多添加酸性蛋白酶和中性蛋白酶,其主要作用是将饲料蛋白质水解为氨基酸。

(3)脂肪酶 是水解脂肪分子中甘油酯键的一类酶的总称,微生物产生的脂肪酶通常在 pH 3.5 ~ 7.5 时水解力最好,最适温度 38 ~ 40℃,因此微生物脂肪酶非常适用于饲料。脂肪酶一般从动物消化液中提取。外源性脂肪酶的作用与动物的年龄有关,生长动物体内的脂肪酶足以满足自身需要,但幼畜日粮中添加脂肪酶可能有益。

（4）植酸酶　植酸磷难以被单胃动物消化利用，还通过螯合作用降低动物对锌、锰、铁、钙等矿物元素和蛋白质的利用率，是一种天然抗营养因子。植酸酶可显著地提高磷的利用率，促进动物生长和提高饲料营养物质转化率。

2.酶制剂的作用

（1）补充内源酶的不足，激活内源酶的分泌　尽管畜禽能自身分泌淀粉酶、蛋白酶、脂肪酶等内源性消化酶，但幼龄畜禽的消化机能尚未健全，主要是内源酶分泌不足，应添加外源酶以弥补这一缺陷。饲用酶制剂有利于内源消化酶的分泌，且不引起内源消化酶"反馈性"分泌减少。

（2）破碎植物细胞壁，提高养分消化率　植物细胞中淀粉和蛋白质等营养物质被细胞壁包裹，除草食动物之外，其他动物不能消化植物细胞壁，这样就大大影响了植物性饲料中淀粉、蛋白质等营养物质的消化率。在饲料中适当添加能分解这类聚合物的酶，可破坏饲料中存在的植物细胞壁，使被细胞壁包裹的各种营养物质释放出来，提高饲料中各种营养物质的利用率。

（3）消除抗营养因子　畜禽饲料中的抗营养因子和难以消化的成分较多，添加外源性酶制剂可以部分或全部消除抗营养因子造成的不良影响。

（4）降低消化道食糜黏度　麦类饲料中黏性很强的可溶性非淀粉多糖（SNSP）含量较高，畜禽采食这类日粮后，由于食糜黏度高而导致蛋白质、淀粉等养分的消化作用及其吸收率降低，而且也使畜禽产生黏粪。外源酶制剂可降低食糜黏度，减少粪便量，降低氮的排出率，提高畜禽生产性能。

3.饲用酶的选用原则

饲用酶制剂的应用效果主要取决于酶的组分、活性与动物种类和日粮的匹配性。酶的活性高、品种适宜、与动物日粮匹配性好，应用的效果必然好。但是由于酶的种类多，动物日粮的组成也比较复杂，具体选用时问题还比较多，针对具体情况可从以下几个方面考虑。

（1）动物日粮组成的特异性

（2）畜禽的特征　选用酶要适应胃和小肠的生理特点，通常情况下猪和牛的消化道要比禽长，禽类对饲料的消化利用率较低，酶的添加比例需要高些，水产动物饲料中酶的添加比例则应更高些。另外，幼龄动物消化系统发育不完善，各种消化酶的分泌量不足，需要添加饲用酶，且量要高。成年畜禽消化酶分泌充足，一般不需要添加酶制剂特别是高剂量，但如果日粮的营养水平较低，其内的抗营养因子含量高，可选用以消除抗营养因子为主的复合酶。

（3）酶的特性　不但要考虑酶的合理搭配和酶的稳定性,还要考虑贮藏期问题。

4. 饲用酶的应用和影响因素

目前酶制剂在动物养殖中的应用越来越广泛。在水产动物饲料中添加酶制剂可有效地减轻水质污染,降低动物排泄物中氮、磷的浓度,改善饲养环境。在肉鸡日粮中添加复合酶制剂可使体增重提高 0.75% ~ 5.33%(平均 2.98%),饲料转化率改善 1.92% ~ 8.3%(平均 4.69%)。仔猪由于其消化系统发育不完善,又缺少分解饲料中非淀粉多糖的消化酶,因此断奶仔猪营养不良,发生腹泻等,添加饲用酶制剂后可明显减少甚至逆转这类不良现象。在牛羊饲料中添加酶制剂尤其是纤维素酶可明显提高牛羊对饲料中粗纤维的利用率;在乳牛饲粮中添加真菌纤维素酶,可使泌乳量和饲料利用率提高;在肥育牛的饲粮中添加 α - 淀粉酶和蛋白酶,可使日增重提高。

日粮种类、动物年龄和种类、动物消化道内环境、饲用酶制剂的性质、加工过程及与其他添加剂的相互作用等,都会影响酶制剂的作用效果。酶制剂对幼龄动物的应用效果要好于成年动物。同一种酶制剂作用于不同的动物,产生的效果往往不同。饲料加工过程中,过高的温度可能破坏其中添加酶的活性。

（四）酸化剂

能够提高饲料酸度的一类物质称酸化剂。酸化剂已广泛应用到饲料生产中,在养殖业中取得了良好的经济效益。

1. 常用酸化剂的种类及特性

目前国内外使用的酸化剂有单一酸化剂(有机酸化剂和无机酸化剂)和复合酸化剂两类。

（1）有机酸化剂　主要有柠檬酸、延胡索酸、乳酸、苹果酸、甲酸、乙酸、丙酸。现在广泛使用较好的是柠檬酸和延胡索酸。

1）柠檬酸　最初从柠檬中提取。它可使动物胃肠道 pH 下降,延缓排空速度,减少腹泻发生率。柠檬酸可与 Ca、P、Cu 等必需矿物元素结合,易被吸收利用,生物效价高。柠檬酸还可以促进胃液和胃消化酶的分泌,促进营养物质的吸收,同时柠檬酸可作为防霉剂和抗氧化剂的增效剂,对饲料中的金属离子有着封闭作用,从而使饲料不能氧化。

2）延胡索酸　又称富马酸。延胡索酸可起到增重效果,能够提高有机物质的吸收率,减少机体的能量消耗,提高产品的沉积能。它还对细菌具有抑制或杀灭作用。常用的有机酸物理特性见表8-30。

表8-30　几种有机酸化剂的物理特性

种类	分子量	Ka	水溶性	1%水溶性pH	外观
乙酸	60.05	1.8×10^{-5}	易	2.76	无色液体
乳酸	90.80	1.4×10^{-5}	易	2.41	无色或微黄色液体
丙酸	74.08	1.4×10^{-5}	易	2.86	无色液体
碳酸	98.00	7.5×10^{-5}	易	1.56	无色液体
柠檬酸	192.12	7.5×10^{-5}	易	1.56	白色结晶粉末
延胡索酸	116.07	3.6×10^{-5}	稍可溶	2.75	白色结晶粉末

注:酸的相对强度由Ka和水溶性表示;Ka为解离常数

(2)无机酸化剂　它包括盐酸、磷酸。其中磷酸具有双重作用,可作为酸化剂,又可作为磷的来源。

(3)复合酸化剂　是用几种特定的有机酸和无机酸复合而成,能迅速降低pH,保持良好的缓冲能力,且生物性能和添加成本最佳。最优化的复合体系是饲料酸化剂发展的一种趋势。

2.酸化剂的作用及机理

(1)酸化剂能降低日粮、胃肠道的pH,提高酶活性　动物饲料中添加酸化剂可使胃内pH下降,从而激活胃蛋白酶,促进蛋白质分解,分解的产物可刺激十二指肠分泌胃蛋白酶,从而促进蛋白质分解吸收。如添加柠檬酸和磷酸可以提高小肠内胰蛋白酶和淀粉酶活性。

(2)改善胃肠道微生物区系　酸化剂可降低胃肠道pH来抑制有害微生物的繁殖,促进有益菌(如乳酸杆菌)繁殖。

(3)直接参与体内代谢,提高营养物质的消化率,抗应激,增强免疫机能　有些有机酸是能量转换过程中的中间产物,可参与代谢,如乳酸是糖酵解的终产物之一,并通过糖原异生和脂肪分解造成组织消耗。延胡索酸本身具有镇静作用,会抑制神经中枢,使机体活动减少。

(4)其他作用机理　如增强食欲、助消化,可能的原因是日粮中加酸能直接刺激口腔内的味蕾细胞,使唾液分泌增多而增加食欲。

3.影响酸化剂使用效果的因素

(1)酸化剂的种类和用量　由于各种酸化剂的分子量、溶解度、解离常数、能量值等不同,因此在使用效果上也有所差异。酸化剂的作用效果还与其用量有关。用量不足,起不到应有的酸化效果,用量过多,则可引起动物生产性能下降。酸化剂用量过多造成生产性能下降的可能原因:第一,影响适口性,降低采食量;第二,可能会改变体内的酸碱平衡;第三,胃内过低的 pH 会降低胃酸和胃蛋白酶分泌,对小肠酶活性也有不利影响。

(2)日粮的种类和组成 日粮类型不同,其酸化效果不同。在玉米－豆粕型简单日粮中加入有机酸,仔猪可明显提高日增重。简单日粮与加入乳制品的复杂日粮的酸化效果不同,实质上是其中的大豆蛋白和酪蛋白的差异,同时也与乳糖存在与否及其用量有关。日粮组成不同,其酸结合力不同,矿物质和高蛋白质饲料的酸结合力强,与谷类饲料相比,消化时需要较低的 pH。日粮酸结合力高,可降低酸化的效果。高 $CaCO_3$ 水平几乎完全阻止了胃中食糜的酸化,因此,在仔猪料中应尽量使用酸结合力低的钙源饲料。高 CP 组(大于 20%)添加酸化剂没有作用效果,而低 CP 组(16%)添加酸则提高了仔猪日增重,这也可能是因为高蛋白质饲粮具有较强酸结合力的缘故。

(3)年龄或体重的影响 仔猪饲粮酸化的重要理论依据是仔猪胃酸分泌不足。随着仔猪年龄和体重的增长,消化道机能逐步完善,胃酸分泌逐步增强,因此,加酸效果将降低。研究表明,在仔猪早期断奶后的头 1~2 周内酸化效果明显,3 周以后效果逐步降低,4 周以后基本没有效果。

(4)酸化剂与抗生素、高铜和 $NaHCO_3$ 的互作 在用延胡索酸酸化的日粮中添加 NaHCO3,进一步提高了日增重。这表明延胡索酸与 $NaHCO_3$ 之间存在互作,可能与 $NaHCO_3$ 调节体内酸碱平衡的作用有关。有机酸与抗菌剂合并使用效果往往优于单独使用。另外,有机酸、抗生素和高铜联合使用效果最好,三者具有各自不同的功能,可能具有互补或加性效应。

(五)饲料品质调节剂

1. 抗氧化剂

(1)抗氧化剂的作用机理 不同的抗氧化剂具有不同的作用机理:一些是借助于还原反应,降低饲料内部及其周围的氧含量;一些可以放出氢离子将自动氧化过程中所产生的过氧化物破坏分解;还有一些可能与所产生的过氧化物(游离基)相结合,使自动氧化过程中的连锁反应中断,从而阻止氧化过程的进行。

(2)饲料中常用的抗氧化剂

1)乙氧基喹啉(乙氧喹) 是一种黏滞黄褐至褐色的液体。乙氧基喹啉在动物肠道吸收后,绝大部分在体内进行脱乙基反应,经肾脏迅速排出体外,不在体内蓄积。广泛用于油脂、鱼粉、维生素及预混合饲料、配合饲料等。乙氧基喹啉在饲粮中的添加量不超过150mg/kg。

2)丁羟甲氧苯(丁羟基茴香醚) 为白色或微黄褐色结晶或结晶性粉末。丁羟甲氧苯被动物代谢分解后,迅速从体内排出,通常不在畜禽体内蓄积,是目前广泛使用的油脂抗氧化剂。每千克油脂中的添加量为100~200mg。

3)其他抗氧化物 丁羟甲苯、生育酚、抗坏血酸等。另外特丁基对苯二酚是一种新型高效抗氧化剂,它的抗氧化效果和安全性是同类型饲料抗氧化添加剂中较好的,在饲料行业中具有广泛的应用前景。

2. 防霉剂

(1)防霉剂的作用及机理 其主要作用为两个方面:一是破坏霉菌的细胞壁和细胞膜;另一方面是破坏或抑制细胞内酶的作用,降低酶的活性。

(2)常用于饲料的防霉剂

1)丙酸及其盐类 丙酸为具有强烈刺激性气味的无色透明液。丙酸及其盐类是饲料中应用最为普遍的防霉剂,属酸性防霉剂,其效果为:丙酸>丙酸铵>丙酸钠>丙酸钙。用法:丙酸无毒,很易挥发,应用时多是让丙酸吸附在多孔硅胶或蛭石上,再混入饲料,可使丙酸慢慢释放,防霉时间长。湿度大和温度高时添加量多,每吨饲料添加量为0.3~0.8kg。

2)苯甲酸(安息香酸)及苯甲酸钠 苯甲酸为白色片状或针状结晶或结晶性粉末,苯甲酸钠为白色颗粒或结晶性粉末。二者在体内参与代谢,不蓄积、毒性低,是安全的防霉剂。苯甲酸及苯甲酸钠的主要作用是能抑制微生物细胞内呼吸酶的活性以及阻碍乙酰辅酶A的缩合反应,使三羧酸循环受阻,代谢受到影响,还阻碍细胞膜的通透性。美国食品及药物管理局规定,最大使用量按苯甲酸计应小于0.1%。

另外,近年来研究较多的是双乙酸钠,具有成本低、性质稳定、使用条件宽、防霉防腐作用显著等优点。

3. 饲料青贮添加剂

已研究和应用的青贮添加剂主要有无机酸、有机酸及其盐类、醛类及其他防霉剂,接种物、酶、非蛋白氮、糖及含糖物以及矿物微量元素等。青贮饲料中常添加的无机酸有盐酸、硫酸和磷酸;青贮饲料中添加的有机酸主要有甲酸、乙酸、丙酸、苯甲酸、山梨酸等及其盐类,其中以甲酸及盐类在青贮饲料中应用最为广泛。

4. 调味剂

调味剂是根据不同动物在不同生长阶段的生理特性和采食习性,为改善饲料的诱食性、适口性及饲料转化率,提高饲料质量而添加到饲料中的一种添加剂。

巴甫洛夫指出"食欲即消化液",没有食欲就不可能有消化液的分泌,而使饲料消化受阻。调味剂是通过香气与味觉作用,以动物采食行为和采食心理为基础,使动物受到刺激,产生食欲,分泌更多的消化液,提高采食量,促进消化酶的分泌,并可提高酶活性,进而提高饲料的利用率。

(1)香料及引诱剂 香料是目前应用最为广泛的饲用调味剂之一,主要有以下几种:①鸡用香料,多用于产蛋鸡和肉鸡。主要用从大蒜和胡椒中得到的香料。②牛用香料,主要应用于产奶牛饲料和犊牛人工乳或代乳品中。奶牛喜欢柠檬、甘草、茴香、甜味等。③猪用香料,主要用于人工乳、代乳料、补乳料和仔猪开食饲料。促进采食,防止断奶期间生产性能下降。添加的香料主要为乳香型、水果香型等。④鱼用香料,对增加采食量、提高饵料利用率有很好的效果。

(2)鲜味剂 谷氨酸钠为常用鲜味剂,按 0.1% 的添加量添加在猪用饲料或人工代乳料中能提高食欲。

(3)甜味剂 常用的甜味剂有糖精及糖精钠,无色至白色结晶或白色风化粉末,无臭。稀溶液味甜,大于 0.026% 时则味苦。易溶于水,难溶于乙醇。其甜度约为蔗糖的 500 倍。能改善饲料的适口性,但在配合饲料中不准超过 150mg/kg。

(4)酸味剂 水溶性的有机酸如乳酸、甲酸、柠檬酸等均可用作酸味剂添加到饲料中提高饲料的适口性,并可以调整幼畜胃肠道的 pH。

5. 着色剂

着色剂的作用:使饲料增色,提高商品质量;使动物产品增色,如蛋黄等;有利于促进动物采食。着色剂主要是叶黄素和化学合成的类胡萝卜素及其衍生物。

(1)叶黄素 由微生物生产的叶黄素为黄色至橙色,主要用于产蛋鸡和肉鸡饲料中,以增加蛋黄及皮肤、喙、脚胫色泽。

(2)玉米黄 主要成分为玉米黄素及隐黄素。玉米黄素分子式 $C_{40}H_{56}O_2$,分子量 568.85。为血红色油状黏液,10℃ 以下时为橘黄色半凝固状物。溶于乙醚、石油醚、丙酮及酯类,不溶于水。用途:比维生素 B_2 更接近天然黄色动物吸收后可部分转化为维生素 A ,有一定的营养价值。

(3)β—阿朴 – 8′ – 胡萝卜酸乙酯　为橙黄色着色剂,是应用最为广泛的人工合成着色剂之一。主要用于蛋黄及肉鸡皮肤、喙、脚胫着色。利用率高,色素沉着好,为着色最有效的类胡萝卜素。

(4)其他着色剂　还有橘黄色素、柠檬黄质、虾红质等。

6. 黏结剂

在动物颗粒饲料和鱼虾饵料的生产过程中,添加一定的黏结剂,增加饲料的黏结性,有助于颗粒的成形,保证一定的颗粒硬度和耐久性,提高水产饵料在水中的稳定性,减少加工过程中的粉尘。常见的黏结剂有:α – 淀粉、褐藻酸钠(是目前鱼、虾饵料中应用较普遍的黏结剂);膨润土和膨润土钠(多用于畜、禽颗粒饲料)用量要求不超过配合饲料的 2%。其他黏结剂还有琼脂、阿拉伯胶、瓜尔胶、蚕豆胶、陶土等。

第九章 饲料产品的安全生产与质量管理

饲料的安全性会受到许多因素的影响，比如，一些天然有毒有害的物质、外源性有毒有害物质、有害微生物及毒素、饲料原料的来源和质量的控制、配方中添加剂的种类数量和比例、饲料的储存和加工工艺的合理设计和参数的恰当选择等，这些因素都会直接或间接地不同程度地影响饲料的安全性。只有严格控制加工过程的各个环节，才能生产出安全饲料。

配合饲料的加工工艺可简单地概述为原料接收与清理→粉碎→配料→混合→成形→计量与包装等主要工序，看似相当简单，但实际生产产品时面临的问题却不少，而且比较复杂。

第一节　配合饲料生产与质量管理

一、原料的采购

采购的责任是确保饲料原料的质量和价格的优化，目的是利用最低的价格买到需要的饲料原料，保证饲料原料准时运到饲料加工厂，并且在选择饲料原料的时候一定要考虑到饲料原料对加工过程以及饲料成品的影响，避免对饲料安全性的影响，因此应该遵循采购的基本程序。

为了保证饲料原料的质量，必须要从源头抓起，首先要对采购工作实行问责制，其次要求采购人员必须有相应的原料质量知识。原料的采购要做到如下几点：①提出原料采购的规格计划，对原料的种类进行精选。②对现有的和未来的原料供应商的信誉可靠性、产品质量和他们自己的质量控制方案等方面进行评估，或者对一些加工饲料的设备进行周密的检查。③进一步确认原料供应商能满足原料规格的要求。④在采购原料的时候要考虑到现有的加工饲料设备与所用原料必须相符。

为了真实地反映饲料原料的质量和饲料加工设备共同对饲料安全性的影响，必须要有正确的取样设备和程序，所制备的样品必须具有代表性，样品的评价必须包括物理和化学的检查，要保证：原料的规格必须合格，原料没有发霉，水分不超标，无非正常的气味，没有害虫，质量和容重都合格。

二、原料接收

原料接收是保证饲料产品质量的第一道工序，接收设备与工艺的设置要保证原料产品的安全储存，接收过程中要合理组合原料的清理设备。

原料的接收程序，采购部提前通知原料保管和品管部将有原料到厂，做好接收准备。由保管对原料进行过秤，核实与采购合同中数量的一致性。品管部接到保管原料到厂的报告后，要到现场进行采样，通过感官初步对原料的质量进行判断，合格的允许入库（待检区）。

三、原料的选择、储存

（一）原料的处理

刚收割下来的植物细胞并未迅速死亡，在自然的干燥过程中，营养物质会发生巨大的化学变化，所以在调制原始材料的过程中，要尽快降低饲料中水分含量，以防发霉对饲料的加工造成影响。

（二）原料的储藏条件

1. 相对湿度

对标准料库而言,储料水分主要取决于空气的相对湿度,为防止原料吸湿回潮,一般仓库相对湿度应低于65%,原料水分接近饲料安全含水量。

2. 湿度

夏季要求储料温度不超过30℃,其他季节应控制在20℃以下。

3. 通风

为避免储料吸湿回潮和升温,干燥原料以密闭储藏为宜,对库内湿度较大或经过高温季节的料库,需注意通风散热。

总之,饲料储藏期应根据库内、外温度、湿度的变化灵活掌握。

（三）原料的储藏方式

饲料原料和物料的状态较多,必须使用各种形式的料仓,饲料厂的料仓主要是矩形和圆形,下料口则采用对称式下料缓冲斗。圆形主要用筒仓,装玉米,用量比较大,其优点是装的物料较多,不存在较大的死角,卸料性较好,缺点是占地面积大。

矩形仓主要用于待粉碎仓、待膨化仓、待制粒仓以及配料仓。其优点是占地面积小,可以相互利用壁面,减少成本,缺点是存在死角,物料容易结块。

用于原料及成品的储存主要有房式仓和立筒库(也称为筒仓)。

1. 房式仓

优点:造价低,容易建造,适合于粉料、油料饼粕及包装的成品。小品种价格昂贵的添加剂原料还需用特定的小型房式仓由专人管理。缺点:装卸工作机械化程度低、劳动强度大,操作管理较困难。

2. 立筒库

具有对散粒体物料进行接收、储存、卸出、倒仓并指示料位等功能,它起着平衡生产过程、保证连续生产、节省人力、提高机械化自动化程度以及防止物料病虫害和变质等作用。立筒库常用钢板和钢筋混凝土制作,多为圆筒形。由于钢筋混凝土仓有相对造价高、自重大、建筑周期长的不足,但又有使用寿命长的特点,所以其主要用于大型的储备库,而作为生产企业的周转仓,使用较多的是钢板仓。原料入立筒库储存之前,一般要清扫除杂,干燥通风,如储存期间发生病虫害,要进行熏蒸灭虫害;若发现物料过热,水分过多,还需倒仓通风。

(四)饲料原料储存的措施

1. 要进行料库的准备

存过饲料的料库要进行彻底清理,采取掏、刮、挖等办法除去隐藏的害虫,必要时维修加固、防渗、修补门窗墙壁和填缝堵洞等;料库应采用喷雾、熏蒸等办法消毒。

2. 要进行入库检验

主要检验饲料的含水量和含杂率,其中含水量要按安全饲料含水量要求进行。要将饲料合理地堆放:① 分级堆放,按品种堆放,将不同品种原料分开堆放,即使同一品种,色泽有别时也应分开堆放。②干、湿料分开堆放,同批入库料含水量应基本一致,水分差异大的饲料应分开堆放,否则水分转移将会影响原料的稳定性,进而影响饲料的安全性。③按等级分开堆放,按等级不同、质量不同、内藏性不同均应分开堆放。同时,应对储藏期进行定时检查,以便及时发现问题,防止饲料的安全性受到影响,主要检查料温、水分、虫、霉、鼠等。

四、饲料的加工工艺

(一)原料清理

饲料原料中混入的杂质,如不事先清理,就会影响产品质量,甚至影响动物生长,在加工过程中损坏设备,影响生产。一般动物源性饲料、矿物质、微量元素等原料的清理多在原料加工厂完成。谷物类原料及其加工副产品,要清理绳索、布片、塑料薄膜、沙石、金属等杂物。通常原料清理的方法是先筛选后磁选,同时辅以吸风除尘设施。

原料准备工序中的改进:在原料处理工序中,除了加强去杂手段外,另一个更大的改变是增加了原料预处理,在原料进行粉碎或配料前,先进行处理。原料预处理有两个作用,一是去除原料中的不良因子,二是提高原料中有效成分的营养效价。

(二)粉碎

1. 粉碎工艺

粉碎工序是饲料厂的主要工序之一。粉碎质量直接影响到饲料生产的质量、产量和电耗等综合成本,同时也影响到饲料的内在品质和饲养效果。粉碎加工一直是饲料加工中一个活跃的研究领域,主要研究的指标是粉碎粒度、均匀性、电耗以及与粉碎相关的领域。粉碎工艺设计应针对上述指标,使其能达到理想的要求。粉碎粒度控制,对于锤片式粉碎机只要选择相对应的筛孔就可以了。关键问题是如何保证粒度的均匀性和降低电耗,尤其在微粉碎时如何提高粉碎机的产量,防止物料堵塞筛孔是工艺设计时值得考虑的。目前粉碎工艺有三种,即一次、二次和闭路粉碎工艺。与一次粉碎工艺相比,二次、闭路粉碎工艺能耗低,易提高生产率及产品质量,因此多被大、中型饲料厂采用。

2. 粉碎设备

粉碎设备主要有卧式锤片粉碎机、辊式粉碎机和立式锤片粉碎机三种。其中辊式粉碎机粉碎粒度比较均匀,能控制粒度的分布范围,综合各项指标,立式锤片粉碎机是优先发展的机型。饲料生产中不同的料型、不同的饲喂对象具有不同的要求,因此根据需要在工艺中组合使用已成为发展的趋势。现有饲料厂内影响粉碎机工作性能的主要因素有:①原料的物理性质。②喂料系统、转子转向与喂入方向。③粉碎机筛板孔径的选择。④锤片的选择。⑤粉碎机的负压吸风等。

(三)配料

1. 配料系统

配料是饲料加工工艺的核心部分,配方的正确实施是由配料工艺来保证的。配料系统的变化主要是适应添加品种的增加、添加量的减少、称量准确性的提高,同时要缩短称量的周期,提高单位时间内的生产量。目前正在试验一种仪器,安装在进行的设备上,对要使用的原料进行化学成分在线分析,用它可以测定各种化学成分,如氨基酸、水分、粗纤维和淀粉等。因此,将有可能做到一批一批地重组饲料配方,十分准确地制成所需的饲料,使生产的饲料品质稳定,减少由于原料的变化对饲料品质的影响。称量准确性是另一个发展领域。现在已经有几种微量配料系统,是采用减重方式来计量的。采用减重的方式可以避免空中量的出现,提高称量的准确性,同时有可能称量 10 个或更多物料的重量,这就缩短了配料周期,而且精确度比较高,能与周期很短的混合机相匹配。

2. 粉碎工艺与配料工艺的联系

粉碎工艺与配料工艺有着密切的联系。按其组合方式可分为先配料后粉碎(简称先配后粉)和先粉碎后配料(简称先粉后配)两类工艺。目前国内普遍采用的是先粉后配工艺,也有一些饲料厂采用先配后粉工艺。先配后粉工艺有许多优点,但也有以下缺点:①自动化控制要求高。②粉碎机换筛、换锤片致使后路停止工作。③粉碎机周期性空运转。但随着机械电子行业的发展,电子元件的质量及使用范围扩大,车间作业安排更具合理性与先进性,这些缺点能得以较好地解决。随着饲料原料的开发,油菜籽、葵花籽等富含油又富含蛋白质原料的使用在逐渐增加,因这类含油高的原料单一粉碎比较困难,因此采用先配后粉工艺的将会越来越多。

(四)混合

混合是确保饲料质量和提高饲料报酬的重要环节。

1. 混合工艺

混合工艺的关键是如何保证混合均匀,主要考虑三个方面:混合时间、混合机料门和防止混合后的分级。混合时间一般在设计时根据秤的配料时间和生产混合机厂家推荐的混合时间进行匹配。混合机分大开门与小开门两种,大开门混合机排料迅速,不会产生残留,但会出现因关门不严而漏料,影响混合物料的质量,因此选择混合机时应注意这一点。为减少混合后物料分级,混合卸料后应缩短输送距离,尤其禁止采用气力输送的方式运料,物料进仓的速度不要太快。在混合工艺中还应设置预混合工艺。

2. 混合加工设备

混合加工设备研究的领域主要是提高混合均匀度、缩短混合时间、提高单位时间内的产量。混合设备的形式很多,常用混合设备有卧式螺带混合机、卧式桨叶混合机、卧式双轴桨叶混合机等。各类混合机的混合性能见表9-1。

表9-1　各类混合机的混合性能

型号	混合时间	混合均匀度(cv)	发展趋势
卧式螺带混合机	4min/批	<10%	常用
卧式桨叶混合机	>3min/批	5%~10%	常用
卧式双轴桨叶混合机	20s/批至2min/批	<5%	推广型
卧式单轴快速轴合机	1.5min/批	<5%	推广型

对于综合性饲料厂与专业性饲料厂,其混合机产量的选择值得考虑。单一品种饲料厂倾向于采用大产量的单一混合机(12~15t/h),而对于综合性饲料厂,为提高生产的灵活性,应使用小型短周期混合机(1~4t/h),以便生产客户需要的各种小批量的饲料。

3. 加工过程的分级

饲料组分的密度差异、载体颗粒度的不同以及添加剂等微量组分与饲料中的其他用量较大组分之间混合不充分,这是产生分级的重要原因。原料的输送、装料和卸料等加工流程也会造成分级,手工操作和加工工艺流程设计不当也易造成分级。减小分级的措施是合理设计饲料加工工艺流程和选择优质精密的设备;通过调整原料的组成和粉碎的粒度来保证原料混合的均匀;对微量组分进行有效承载,以改变微量组分的混合特性;添加液体组分来增加粉料的黏结;将产品进行制粒或膨化也有助于避免上述现象的发生。对于粉状产品(尤其是复合预混合饲料),混合以后的成品粉状料应尽量减少输送距离以减小物料分级的影响。

4. 加工过程的残留污染

许多因素可造成饲料在设备中的残留导致交叉污染。如在工艺设计和设备选择上采取相应的措施,则可以减少残留的产生。在工艺设计上,输送过程尽量利用分配器和自流的形式,少用水平输送。对于水平输送设备,例如螺旋输送机、刮板输送机由于结构原因或多或少地存在残留,应在设备设计时要求物料易进入和易清理,或采用带自清功能的刮板输送机。在满足工艺要求的条件下,尽量减少物料的提升次数和缓冲仓的数量。吸风除尘系统尽可能设置独立风网,将收集的粉尘直接送回原处以免二次污染,尤其是加药的复合预混合饲料的生产更应这样处理。微量组分的计量应尽量安排在混合机的上部,如果在计量和称重后必须提升或输送则必须使用高密度气力输送以防止分级和残留。药物类等高危险微量组分则必须直接添加到混合机中。加药饲料生产应尽可能采用专用生产线,以最大限度地降低交叉污染的危险性。为减少残留对饲料的影响,可设计一些清洗装置,利用压缩空气对某些设备特殊部位进行清理。

在设备选用上,应该确定计量设备电子秤和混合设备的精度,计量设备和电子秤在量程选择上应根据不同配比物料性质来确定,采用不同量程的计量设备来满足不同物料量对计量的要求。在配合饲料与复合预混料生产上,混合机的选择是重要的,混合机应该能够在十万分之一的配比浓度下达到变异系数不大于5%的混合精度。混合机的设计应该保证在每一批次物料混合完毕后只有尽量少的物料残留在混合机中。由于粒度不同和生产的最终产品要求不同,预混合饲料生产中,物料的粒度小,混合均匀度要求高,要求的残留少,物料在混合过程中有静电产生,在选择混合机时应充分考虑混合物料特性对混合机的要求不同。斗式提升机、溜管、配料和缓冲作用的料斗也会产生残留,选择设备时应要求溜管、料仓、料斗的内表面光滑,不留死角。不合理液体添加方式对物料的残留也会带来影响,要予以注意。

(五) 成形

饲料的成形通常有制粒、膨化、压片等加工工艺,以下就制粒和膨化相关技术分别叙述。

1. 制粒

(1) 制粒工序　传统的制粒工序包括制粒、冷却、破碎、分级。该工序通常用于生产畜禽饲料或其他低能饲料,通常产品较为疏松。现在一些工厂的制粒工序要复杂得多,包括以下加工步骤(图 9 - 1):

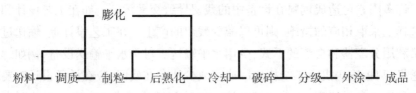

图 9 - 1　制粒步骤

上述工序中,调质促进了淀粉糊化、蛋白质变性,既提高了饲料的营养价值,又改良了物料的制粒性能,从而改进了颗粒产品的加工质量。调质后,淀粉得到较充分的糊化,凝胶状的糊化淀粉在过模孔时起着润滑作用,在形成颗粒时凝胶填充到其他组分与组分之间的空隙中,并将各组分黏结在一起,使产品紧密坚实。

(2) 影响制粒质量的因素及比重　分别为饲料配方组成占 40%,饲料原料粒度占 20%,加工工艺占 40%(其中调质 20%,环模制粒性能 15%,冷却干燥 5%)。

(3) 制粒质量控制技术　这方面首先是要控制饲料的调质质量,即控制调质的温度、时间、水分添加和淀粉的糊化度,使调质后的状态最适合制粒;其次是要控制硬颗粒饲料粉化率、冷却温度和水分及颗粒的均匀性、一致性、耐水性。要实现这些要求,必须配备合理的蒸汽供汽与控制系统和调质、制粒、冷却、筛分设备,并根据产品的不同要求科学调节控制参数。

传统的制粒之前调质热处理的效果取决于温度、时间以及蒸汽的质量。调质的作用是为了提高颗粒饲料的质量,改善饲料消化率,同时可以破坏原料中抗营养因子,杀灭原料中有害微生物,使颗粒饲料的卫生品质得到控制。这种调质处理受到颗粒机结构限制,调质效果并不理想。目前在调质处理上进行了改进,主要是用增加调质的距离来延长调质时间,使调质后饲料的卫生质量得到提高。另一种方法是采用膨胀或挤压膨化方法,充分利用时间、温度,并结合机械剪切和压力,处理强度高,杀菌的效果更明显。膨胀或挤压膨化调质使饲料的卫生质量得到较好保证。

（4）外喷涂应用的问题　热敏物质在热处理过程中会造成损失，因此在调质过程可以不加入，而通过外喷涂方式进行添加。这些物质被加到颗粒的表面，在输送或运送过程中可能会造成颗粒粉化，表面外涂物质粉化后产生富集影响均匀分布。因此，颗粒外涂要使外涂物料与颗粒结合紧密，颗粒加工质量是外涂品质的保证，通常挤压膨化产品外涂的效果较理想。

2. 膨化

（1）膨化原理　膨化是将物料加湿、加温调质处理，并挤出模孔或突然喷出压力容器，因骤然降压而使体积膨大的工艺操作。在膨化操作中，对物料加温、加压处理，不加蒸汽或水的膨化为干法膨化；对物料加温、加压并加蒸汽或水的膨化为湿法膨化。饲料生产常用的挤压膨化是对物料进行调质，连续增压挤出，骤然降压而使物料体积膨大的工艺操作，其主要生产设备是螺杆式挤压膨化机。

（2）膨化加工工艺　挤压膨化是生产膨化饲料的主要形式。生产不同的膨化饲料，其加工工艺过程的某些工段可能不尽相同，但大体上都要经过粉碎、筛分、配料、混合、调质、挤压膨化、干燥、冷却、喷涂及成品分装等阶段。较完整的挤压膨化工艺流程见图9-2。

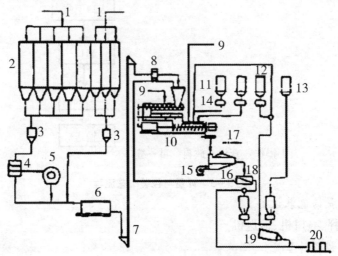

图9-2　挤压膨化工艺流程图

1.原料　2.原料仓　3.秤　4.筛子　5.粉碎机　6.混合机　7.提升机　8.永磁筒
9.蒸汽　10.螺杆膨化机　11.液料罐　12.油脂罐　13.维生素添加罐　14.定量泵
15.风机　16.干燥冷却器　17.废气　18.筛子　19.喷涂机　20.包装

（3）膨化颗粒饲料或膨胀饲料的质量控制技术　第一是要控制饲料的调质质量,即控制调质的温度、时间、水分添加和淀粉的糊化度,使调质后的状态最适合挤压膨化或膨胀。第二是要控制膨化颗粒饲料的熟化度、密度、粉化率、冷却温度和水分及颗粒的均匀性、一致性和耐水性。要实现这些要求,必须配备合理的蒸汽供汽与控制系统和调质、挤压膨化、膨胀、干燥、冷却、筛分设备,并根据产品的不同要求科学调节控制参数,获得客户满意的产品。

3. 成形对饲料营养的影响

提高能值;提高淀粉糊化率;降低纤维含量;提高蛋白质的消化率;对微量组分有较大的破坏作用。

（六）计量与包装

1. 计量与包装工艺过程

计量与包装工艺见图9-3。

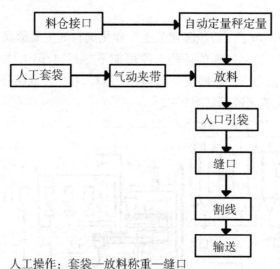

人工操作：套袋—放料称重—缝口

图9-3　计量与包装工艺流程

2. 计量与包装设备

包装秤、缝口机、输送机。

3. 粉料的计量

粉粒物料计量方法的选择必须考虑视重度的变化。当计量方式已确定时,稳定物料视重度将是提高计量合格率的关键所在,容积式计量尤为明显,而连续式计量的控制视重度变化率在电子皮带秤允许范围之内。稳定物料视重度的有效方法之一,是在粉料进入计量之前,装入一个过渡粉仓中,物料在仓中流动,进行均匀混合。操作时一定要始终保持一定的料面,切忌把料用完再加料,否则会出现仓壁两侧堆积的粉层"塌方",视重度发生突变,造成废品数增加。

4. 包装质量控制技术

该项技术的关键一是要选择正确的包装材料;二是要实现精确的包装计量;三是要配以正确的产品说明。

(七)饲料成品的储存管理

加工后物料按规定储存,防止储存过程中饲料变质,有利于成品先进先出,运输中不产生污染,严禁饲料与农药、化肥和其他化工产品混装。用户堆放成品时要防止饲料在畜禽舍内被污染,应指导用户正确使用,对加药饲料应注意该产品的停药期,以避免药物在畜产品中的残留。

第二节　预混合饲料生产与质量管理

预混合饲料是指添加到配合饲料中的少量或微量物质。

预混合饲料的原料大多由化工合成、矿物提取或生物提取,由于原料生产工艺及组成的多样性,预混合饲料的性质也是多种多样的;预混合饲料的生产相对较为简单,将多种配方中已设计好的原料按量进行充分混合即可。预混合饲料一般是加入到全价饲料中混合使用,其使用效果的好坏主要体现于畜禽的生长、生理状况等。

预混合饲料是配合饲料的核心,具有补充营养、强化基础日粮、促进动物生长、提高饲料品质、改善畜产品品质等作用,但是从饲料的安全卫生角度来看,预混合饲料具有以下不足:①原料品种繁多,来源范围广,成分复杂,致病菌、重金属及其他杂质等危害均可能存在。②用量相差悬殊,许多物料毒性较大,称量精度要求高。③许多物料稳定性差,需进行品质活性保护,存在失效变质的可能。④物料的性质、粒度不同,混合均匀度要求较高。⑤理化性能差异大,配伍关系复杂。⑥加工工艺流程较为简单,混合为共有的工序,大多需要二次和多次混合、包装,存在二次交叉污染的可能等,大大增加了其质量安全控制的复杂性。因此,在预混合饲料加工过程中,建立一套有效的卫生管理和质量监控体系,将可能发生的危害控制和消除在生产过程中,对保障饲料安全,提高畜禽产品竞争力是非常必要的。

275

预混合饲料原料主要包括维生素、微量元素、磷酸氢钙、氯化胆碱、载体和稀释剂等。根据生产工艺流程进行危害分析,考察各环节存在生物性、化学性、物理性危害的可能性,确定危害是否显著,以决定关键控制点。

一、原料接收

预混合饲料的原料品种繁多,来源范围广,成分复杂,致病菌、重金属及其他杂质等危害均可能存在,而这些危害在后续的加工环节可能无法消除或降低。因此,原料在接收过程中,采购和质量控制部门应加强对原料的验收和管理,严格遵守索证(卫生许可证复印件、产品检验合格证明)要求,保证来自供应商的检验证书显示各项卫生指标达到企业制定的原料接收标准要求(标准中指标值应不低于国家饲料卫生标准及相关卫生标准的规定),必须有合理的抽样、检测方法等控制程序,有对原料供应商的评估程序,并能按计划定期检测重金属含量、药物残留、病原微生物等,确保符合饲料卫生要求。

(一)入仓检验

入仓检验是原料采购回来以后所面对原料的第一道程序,也是非常重要的、不可缺少的一道程序。在这里要初步识别原料的成分含量、保质期、颜色、结块、受潮、虫害、霉变等几个方面的基本特征。目前,各个厂家所采取的入仓检验方法各不相同,但大同小异。第一步要识别送货单、包装和有效成分及含量。第二步对原料的生产日期和有效期应该有特别的识别。第三步针对原料进行深度的检查,颜色是否均匀一致;有无淋雨、发霉、结块现象;有无虫染现象及杂质是否超标等;手感的水分是否正常,有无发热现象,粉状原料粒度是否一致;是否具有原料本身固有的气味,气味是否新鲜,有无异味。第四步要对检查的过程以及检查的结果登记在案,根据检验结果决定是否放行,并建立《原料初检表》。

(二)抽样化验及样品保存

原料入仓以后,应该及时有针对性地进行抽样化验,以确认其成分含量和有害物质含量。

采样必须具有代表性和均匀性,它是饲料分析过程中一个关键的步骤。如果样品没有代表性,无论分析步骤、分析方法是多么的准确,仪器是多么精密,也都是毫无意义的。

重视原料的多少及重要程度,控制采样量,一般以代表原料属性并足够化验所需用量为限。

采样是随机的,依原料的种类、状态、包装样式、包装数量以及分析目的的不同,采样方法也多种多样。

一般情况下样品保存 3 个月,特殊样品保存 1 年左右,以备查。样品应密封避光保存于 25℃ 以下条件中,容易腐败、变质的样品需采用低温或冷冻干燥的方法保存。

(三)原料使用跟踪及反馈

在生产使用过程中应对原料的实时使用情况有基本的了解,对于原料在生产使用过程中发现的异常应该及时有效地进行处理,并和采购人员沟通,做好对供货商的评审。

二、原料储存

由于预混合饲料的原料品种多,堆放应有正确的规划,分类摆放,防止相互掺混,发生交叉污染,特别是药物类添加剂的交叉污染,且要控温、控湿,防止发霉变质造成微生物的污染,要防止虫害、鼠害和鸟害等害虫的污染。这些危害一旦发生,后续工段将很难消除。

原料仓库应保持通风良好、干燥、无漏雨,加放垫板并离墙通风。添加剂类原料尤其要注意其特殊储存要求。到货原料包上面应有品名、到货日期、数量等标记。特殊原料一般由品控部门安排使用,一般原料根据"先进先出"的原则安排使用,水分高的原料应先安排使用。定期查库,每周至少 1 次,高温季节可增加查库次数。查库时发现原料有异常现象应及时采取处理措施。

三、设备的选择

(一)机型的影响

机型不同,主要混合方式就不同,混合强度也有很大差异。例如,以对流作用为主的卧式螺带混合机比以扩散为主的立式螺旋混合机在混合时间、混合质量以及残留等方面都具有优越性。因此,选择合适的混合机是极其重要的。

(二)混合组分的物理特性的影响

物理特性主要是指物料的密度、粒度、颗粒表面粗糙度、水分、散落性、结团情况等。这些物理特性差异越小,混合效果越好,混合后越不易再度分离。此外,某组分在混合物中所占比例越小,即稀释的比例越大,越不易混合。为减少混合后的再分离,可在其他组分接近完成混合时添加黏性的液体成分,如糖蜜等,以降低其散落性,从而减少分离作用。

(三)操作的影响

混合时间、各组分进料顺序等都将影响混合质量,因此要保证混合时间和按照合理加料顺序来加料。

(四)静电的影响

维生素 B_2、叶酸、矿物质等物料会由于静电效应而吸附于机壁上,要将机体妥善接地和加入抗静电剂以防静电的影响。

(五)混合均匀度的评定方法

一般混合均匀度的评定方法是,在混合机内若干指定的位置或在混合机出口以一定的时间间隔截取若干个一定数量的样品,分别测得每个样品所含某种检测组分的含量,然后按下式算出其变异系数。

变异系数 $= S/X \times 100\%$

式中:S—混合物各样本中被检测组分含量的标准差;X—混合物各样本中被检测组分含量的平均值。

变异系数表示的是样本的标准差相对于平均值的偏离程度,是一个相对值。变异系数越小,则混合均匀度越好,理想混合状态下变异系数为零。因此从某种意义上讲,变异系数表示的是不均匀程度。我国饲料标准规定:全价配合饲料的变异系数应不超过 7% ,添加剂预混料则不应超过 5% 。

四、生产过程

为了获得质量满意的预混合饲料,除了必须配备一台结构及技术参数符合工艺要求的混合机外,前后工序的合理安排及混合机本身的合理使用均是重要条件。此外,载体稀释剂的选择、混合机良好的装料、合理的操作顺序以及混合时间的妥善掌握等也是必要条件。

(一)载体稀释剂的选择

外购需要稀释的各种添加剂一般都是很细的,因此要选择粒度和密度都与之接近的稀释剂。合适的稀释剂或载体包括常用的饲料组分,如大豆粉、麦粉、脱脂米糠等。一般是选择粒度细、无粉尘,并对添加剂中的活性成分有亲和性的物料做稀释剂或载体。

如果稀释剂或载体选择得当,成品不需要运送。添加剂中的活性成分不大集中,则不必用黏合剂。若预混合的成品需要长距离的输送,则应当使用油脂。使用油脂的最大缺点是,一部分添加剂的活性成分滞留在混合机的叶片上,影响清理。

(二)配料

准确配料是严格执行生产配方的前提和保证,尤其是对饲料安全有直接影响的微量组分、药物添加剂的准确计量非常关键,一旦出现差错而又没有及时发现,在后续工段是无法弥补的,会严重影响饲料的安全性。为将安全风险控制在可接受限度内,必须保证配料系统的计量精度和正确操作。由于多数预混合饲料加工企业采用人工配料,配料时应严格按照配方的数量进行称量,做到不同使用量用不同的计量装置称量,确保称量的准确性,对于微量组分不同原料采用不同的取样勺,以免交叉污染。载体和常量组分采用计算机自动配料时,应先与配方进行核对,确认无误后再开始配料,配料秤应由专人负责,并定期校正配料秤的精确度,防止配料秤出现误差而使配料超标,并随时检查配料仓进料情况。所有计量设备应当定期由外部计量机构进行校验,确保设备准确有效。

(三)微量组分预混合

微量组分预混合即将多种微量元素与稀释剂和载体相混合,进行预先稀释和预先混合,以保证微量元素添加剂的有效性和安全性,使之能均匀地混合于预混合饲料中,是保证预混合饲料产品质量安全的重要环节。维生素、微量元素先用不同的载体或稀释剂分别进行稀释、预混合,减少其活性成分的相互影响,药物添加剂和有毒微量元素的计量、预混合必须严格控制,防止用量不正确、混合不均匀和交叉污染。应建立这一工段的标准作业程序,以实现精确控制。

(四)投料

科学的投料顺序既可缩短混合时间,又是保证混合均匀度的重要环节,一般是先将70%~80%的载体或稀释剂加入到混合机内,再加入所有预先稀释的微量组分,最后加入剩余部分的载体或稀释剂。添加各种成分的顺序取决于混合机的形式,一般顺序如下:先将80%的稀释剂或载体送进混合机,再将称重好的活性成分铺到稀释剂或载体上,有些装置人工铺放不方便,可将活性成分用一般的机械方法送进,然后再送进其余20%的稀释剂或载体。

在同一套生产设备连续生产不同配方产品,是交叉污染形成和不能完全消除的主要原因,应采取有效措施来避免通过设备残留造成不安全的交叉污染。更换配方应对混合设备进行物理清洗,或对不同配方产品生产进行合理排序,或用一定数量的载体对混合设备进行冲洗,这些工作完成以后再进行投料。

(五)混合

混合是预混合饲料加工的核心,是保证预混合饲料混合均匀性的关键所在,也是质量安全控制中最容易出问题的地方。预混合饲料混合不均匀,就会导致部分饲料药物或微量组分含量超标,应根据不同饲料产品对混合均匀度变异系数的要求及混合机的性能,对混合的时间进行设定,以达到预期的混合效果,避免混合不均匀或过度混合。

1. 正确的混合时间

对于分批混合机,混合时间的确定对于混合质量是非常重要的。混合时间过短,物料在混合机中得不到充分混合便被卸出,混合质量得不到保证;混合时间过长,物料在混合机中被过度混合而造成分离,同样影响质量,且能耗增加。

混合时间的确定取决于混合机的混合速度,这主要是由混合机的机型决定的。如卧式螺带混合机,通常每批 3～5min,其长短取决于原料的类型和性质,如水分含量、粒度大小、脂肪含量等;双轴桨叶混合机的混合时间每批小于2min;对于转筒式混合机,因其混合作用较慢,则要求更长的混合周期。

2. 预混合饲料分级处理

任何流动性好的粉末都有分离的趋势。分离的原因有三个:①当物料落到一个堆上时,较大粒子由于较大的惯性而落到堆下,惯性较小的小粒子有可能嵌进堆上裂缝。②当物料被振动时,较小的粒子有移至底部的趋势,而较大的粒子有移至顶部的趋向。③当混合物被吹动或流化时,随着粒度和密度的不同,也相应地发生分离。

为避免分离,多采取以下几种方法:①力求混合物各种组分的粒度接近或用添加液体的方法来避免分离。②掌握混合时间,不要过度混合。一般认为应在接近混合均匀之前将物料卸出,在运输或中转过程中完成混合。③把混合后的装卸工作减少到最少。物料下落、滚动时不用螺旋输送机、斗式提升机和气力输送装置。④混合机接地和饲料中加入抗静电剂,以减少因静电的吸附作用而发生的混合物分离。混合后的储仓应尽可能小些,混合后运输设备最好是皮带运输机。

(六)包装

预混合饲料要求包装出厂,以防在输送过程中产生可能的分级现象。包装材料要求无毒、无害、结实、防湿、避光,一般为牛皮纸和塑料膜的复合袋,也可使用塑料编织袋。包装要严密、美观,需注明生产厂家、品名、主要成分、用途说明、使用方法、生产批号、生产日期、保质期、净重等。包装时应注意粉尘的控制和回收。装具应选用不透光的复合袋,内衬袋要密封,外袋袋口要用双线匝过并有封口条和标签。

包装一般采用人工包装或全自动包装机。无论使用何种方式,应选择性能稳定可靠、计量准确的产品,同时要妥善处理残留,防止交叉污染。

(七)成品储存运输

预混合饲料在储存过程中应防止活性失效、发霉变质和交叉污染,避免品种弄错,应控制储存温度、湿度和通风,各品种要分开放置,合理堆放,标识清楚,容易识别,同时应当留有通道,保证先进先出,防止产品在成品库储放时间过长。

运输是流通的纽带,是生产与再生产的必要条件,运输过程中,切忌预混合饲料被暴晒、雨淋。保质期应根据产品的有效成分的变化情况来制定,原料特性、配方选择及其包装形式等对保质期都有很大影响。

在物料运输过程中,由于重力、风力、离心力、摩擦力等作用,使混合均匀的物料发生很大变化。运输距离越长,落差越大,则分级越严重。因此,混合好的物料最好直接装袋包装,避免或尽量减少混合好的物料的输送、落差,尽可能不用螺旋输送机或斗提机提升,料仓的高度不能太高,以减少或消除混合物的分离或分级

对于每批混合物必须能识别分明,包装袋有明显的标志,最好用有色的符号或用标签加以区别。

附　录

附录一　饲料和饲料添加剂管理条例(节选)

第一章　总　则

第一条　为了加强对饲料、饲料添加剂的管理,提高饲料、饲料添加剂的质量,保障动物产品质量安全,维护公众健康,制定本条例。

第二条　本条例所称饲料,是指经工业化加工、制作的供动物食用的产品,包括单一饲料、添加剂预混合饲料、浓缩饲料、配合饲料和精饲料补充料。

本条例所称饲料添加剂,是指在饲料加工、制作、使用过程中添加的少量或者微量物质,包括营养性饲料添加剂和一般饲料添加剂。

饲料原料目录和饲料添加剂品种目录由国务院农业行政主管部门制定并公布。

第三条　国务院农业行政主管部门负责全国饲料、饲料添加剂的监督管理工作。

县级以上地方人民政府负责饲料、饲料添加剂管理的部门(以下简称饲料管理部门),负责本行政区域饲料、饲料添加剂的监督管理工作。

第四条　县级以上地方人民政府统一领导本行政区域饲料、饲料添加剂的监督管理工作,建立健全监督管理机制,保障监督管理工作的开展。

第五条　饲料、饲料添加剂生产企业、经营者应当建立健全质量安全制度,对其生产、经营的饲料、饲料添加剂的质量安全负责。

第六条　任何组织或者个人有权举报在饲料、饲料添加剂生产、经营、使用过程中违反本条例的行为,有权对饲料、饲料添加剂监督管理工作提出意见和建议。

第二章　审定和登记

第七条　国家鼓励研制新饲料、新饲料添加剂。

研制新饲料、新饲料添加剂,应当遵循科学、安全、有效、环保的原则,保证新饲料、新饲料添加剂的质量安全。

第八条　研制的新饲料、新饲料添加剂投入生产前,研制者或者生产企业应当向国务院农业行政主管部门提出审定申请,并提供该新饲料、新饲料添加剂的样品和下列资料:

(一)名称、主要成分、理化性质、研制方法、生产工艺、质量标准、检测方法、检验报告、稳定性试验报告、环境影响报告和污染防治措施;

(二)国务院农业行政主管部门指定的试验机构出具的该新饲料、新饲料添加剂的饲喂效果、残留消解动态以及毒理学安全性评价报告。

申请新饲料添加剂审定的,还应当说明该新饲料添加剂的添加目的、使用方法,并提供该饲料添加剂残留可能对人体健康造成影响的分析评价报告。

第九条　国务院农业行政主管部门应当自受理申请之日起 5 个工作日内,将新饲料、新饲料添加剂的样品和申请资料交全国饲料评审委员会,对该新饲料、新饲料添加剂的安全性、有效性及其对环境的影响进行评审。

全国饲料评审委员会由养殖、饲料加工、动物营养、毒理、药理、代谢、卫生、化工合成、生物技术、质量标准、环境保护、食品安全风险评估等方面的专家组成。全国饲料评审委员会对新饲料、新饲料添加剂的评审采取评审会议的形式,评审会议应当有 9 名以上全国饲料评审委员会专家参加,根据需要也可以邀请 1～2 名全国饲料评审委员会专家以外的专家参加,参加评审的专家对评审事项具有表决权。评审会议应当形成评审意见和会议纪要,并由参加评审的专家审核签字;有不同意见的,应当注明。参加评审的专家应当依法公平、公正履行职责,对评审资料保密,存在回避事由的,应当主动回避。

全国饲料评审委员会应当自收到新饲料、新饲料添加剂的样品和申请资料之日起 9 个月内出具评审结果并提交国务院农业行政主管部门;但是,全国饲料评审委员会决定由申请人进行相关试验的,经国务院农业行政主管部门同意,评审时间可以延长 3 个月。

国务院农业行政主管部门应当自收到评审结果之日起 10 个工作日内做出是否核发新饲料、新饲料添加剂证书的决定;决定不予核发的,应当书面通知申请人并说明理由。

第十条　国务院农业行政主管部门核发新饲料、新饲料添加剂证书,应当同时按照职责权限公布该新饲料、新饲料添加剂的产品质量标准。

第十一条　新饲料、新饲料添加剂的监测期为 5 年。新饲料、新饲料添加剂处于监测期的,不受理其他就该新饲料、新饲料添加剂的生产申请和进口登记申请,但超过 3 年不投入生产的除外。

生产企业应当收集处于监测期的新饲料、新饲料添加剂的质量稳定性及其对动物产品质量安全的影响等信息,并向国务院农业行政主管部门报告;国务院农业行政主管部门应当对新饲料、新饲料添加剂的质量安全状况组织跟踪监测,证实其存在安全问题的,应当撤销新饲料、新饲料添加剂证书并予以公告。

第十二条　向中国出口中国境内尚未使用但出口国已经批准生产和使用的饲料、饲料添加剂的,应当委托中国境内代理机构向国务院农业行政主管部门申请登记,并提供该饲料、饲料添加剂的样品和下列资料:

(一)商标、标签和推广应用情况;

(二)生产地批准生产、使用的证明和生产地以外其他国家、地区的登记资料;

(三)主要成分、理化性质、研制方法、生产工艺、质量标准、检测方法、检验报告、稳定性试验报告、环境影响报告和污染防治措施;

(四)国务院农业行政主管部门指定的试验机构出具的该饲料、饲料添加剂的饲喂效果、残留消解动态以及毒理学安全性评价报告。

申请饲料添加剂进口登记的,还应当说明该饲料添加剂的添加目的、使用方法,并提供该饲料添加剂残留可能对人体健康造成影响的分析评价报告。

国务院农业行政主管部门应当依照本条例第九条规定的新饲料、新饲料添加剂的评审程序组织评审,并决定是否核发饲料、饲料添加剂进口登记证。

首次向中国出口中国境内已经使用且出口国已经批准生产和使用的饲料、饲料添加剂的,应当依照本条第一款、第二款的规定申请登记。国务院农业行政主管部门应当自受理申请之日起 10 个工作日内对申请资料进行审查;审查合格的,将样品交由指定的机构进行复核检测;复核检测合格的,国务院农业行政主管部门应当在 10 个工作日内核发饲料、饲料添加剂进口登记证。

饲料、饲料添加剂进口登记证有效期为 5 年。进口登记证有效期满需要继续向中国出口饲料、饲料添加剂的,应当在有效期届满 6 个月前申请续展。

禁止进口未取得饲料、饲料添加剂进口登记证的饲料、饲料添加剂。

第十三条　国家对已经取得新饲料、新饲料添加剂证书或者饲料、饲料添加剂进口登记证的、含有新化合物的饲料、饲料添加剂的申请人提交的其自己所取得且未披露的试验数据和其他数据实施保护。

自核发证书之日起 6 年内,对其他申请人未经已取得新饲料、新饲料添加剂证书或者饲料、饲料添加剂进口登记证的申请人同意,使用前款规定的数据申请新饲料、新饲料添加剂审定或者饲料、饲料添加剂进口登记的,国务院农业行政主管部门不予审定或者登记;但是,其他申请人提交其自己所取得的数据的除外。

除下列情形外,国务院农业行政主管部门不得披露本条第一款规定的数据:

(一)公共利益需要;

(二)已采取措施确保该类信息不会被不正当地进行商业使用。

第三章 生产、经营和使用

第十四条 设立饲料、饲料添加剂生产企业,应当符合饲料工业发展规划和产业政策,并具备下列条件:

(一)有与生产饲料、饲料添加剂相适应的厂房、设备和仓储设施;

(二)有与生产饲料、饲料添加剂相适应的专职技术人员;

(三)有必要的产品质量检验机构、人员、设施和质量管理制度;

(四)有符合国家规定的安全、卫生要求的生产环境;

(五)有符合国家环境保护要求的污染防治措施;

(六)国务院农业行政主管部门制定的饲料、饲料添加剂质量安全管理规范规定的其他条件。

第十五条 申请设立饲料添加剂、添加剂预混合饲料生产企业,申请人应当向省、自治区、直辖市人民政府饲料管理部门提出申请。省、自治区、直辖市人民政府饲料管理部门应当自受理申请之日起 20 个工作日内进行书面审查和现场审核,并将相关资料和审查、审核意见上报国务院农业行政主管部门。国务院农业行政主管部门收到资料和审查、审核意见后应当组织评审,根据评审结果在 10 个工作日内做出是否核发生产许可证的决定,并将决定抄送省、自治区、直辖市人民政府饲料管理部门。

申请设立其他饲料生产企业,申请人应当向省、自治区、直辖市人民政府饲料管理部门提出申请。省、自治区、直辖市人民政府饲料管理部门应当自受理申请之日起 10 个工作日内进行书面审查;审查合格的,组织进行现场审核,并根据审核结果在 10 个工作日内做出是否核发生产许可证的决定。

申请人凭生产许可证办理工商登记手续。

生产许可证有效期为 5 年。生产许可证有效期满需要继续生产饲料、饲料添加剂的,应当在有效期届满 6 个月前申请续展。

第十六条　饲料添加剂、添加剂预混合饲料生产企业取得国务院农业行政主管部门核发的生产许可证后,由省、自治区、直辖市人民政府饲料管理部门按照国务院农业行政主管部门的规定,核发相应的产品批准文号。

第十七条　饲料、饲料添加剂生产企业应当按照国务院农业行政主管部门的规定和有关标准,对采购的饲料原料、单一饲料、饲料添加剂、药物饲料添加剂、添加剂预混合饲料和用于饲料添加剂生产的原料进行查验或者检验。

饲料生产企业使用限制使用的饲料原料、单一饲料、饲料添加剂、药物饲料添加剂、添加剂预混合饲料生产饲料的,应当遵守国务院农业行政主管部门的限制性规定。禁止使用国务院农业行政主管部门公布的饲料原料目录、饲料添加剂品种目录和药物饲料添加剂品种目录以外的任何物质生产饲料。

饲料、饲料添加剂生产企业应当如实记录采购的饲料原料、单一饲料、饲料添加剂、药物饲料添加剂、添加剂预混合饲料和用于饲料添加剂生产的原料的名称、产地、数量、保质期、许可证明文件编号、质量检验信息、生产企业名称或者供货者名称及其联系方式、进货日期等。记录保存期限不得少于 2 年。

第十八条　饲料、饲料添加剂生产企业,应当按照产品质量标准以及国务院农业行政主管部门制定的饲料、饲料添加剂质量安全管理规范和饲料添加剂安全使用规范组织生产,对生产过程实施有效控制并实行生产记录和产品留样观察制度。

第十九条　饲料、饲料添加剂生产企业应当对生产的饲料、饲料添加剂进行产品质量检验;检验合格的,应当附具产品质量检验合格证。未经产品质量检验、检验不合格或者未附具产品质量检验合格证的,不得出厂销售。

饲料、饲料添加剂生产企业应当如实记录出厂销售的饲料、饲料添加剂的名称、数量、生产日期、生产批次、质量检验信息、购货者名称及其联系方式、销售日期等。记录保存期限不得少于 2 年。

第二十条　出厂销售的饲料、饲料添加剂应当包装,包装应当符合国家有关安全、卫生的规定。

饲料生产企业直接销售给养殖者的饲料可以使用罐装车运输。罐装车应当符合国家有关安全、卫生的规定,并随罐装车附具符合本条例第二十一条规定的标签。

易燃或者其他特殊的饲料、饲料添加剂的包装应当有警示标志或者说明，并注明储运注意事项。

第二十一条　饲料、饲料添加剂的包装上应当附具标签。标签应当以中文或者适用符号标明产品名称、原料组成、产品成分分析保证值、净重或者净含量、储存条件、使用说明、注意事项、生产日期、保质期、生产企业名称以及地址、许可证明文件编号和产品质量标准等。加入药物饲料添加剂的，还应当标明"加入药物饲料添加剂"字样，并标明其通用名称、含量和休药期。乳和乳制品以外的动物源性饲料，还应当标明"本产品不得饲喂反刍动物"字样。

第二十二条　饲料、饲料添加剂经营者应当符合下列条件：

（一）有与经营饲料、饲料添加剂相适应的经营场所和仓储设施；

（二）有具备饲料、饲料添加剂使用、储存等知识的技术人员；

（三）有必要的产品质量管理和安全管理制度。

第二十三条　饲料、饲料添加剂经营者进货时应当查验产品标签、产品质量检验合格证和相应的许可证明文件。

饲料、饲料添加剂经营者不得对饲料、饲料添加剂进行拆包、分装，不得对饲料、饲料添加剂进行再加工或者添加任何物质。

禁止经营用国务院农业行政主管部门公布的饲料原料目录、饲料添加剂品种目录和药物饲料添加剂品种目录以外的任何物质生产的饲料。

饲料、饲料添加剂经营者应当建立产品购销台账，如实记录购销产品的名称、许可证明文件编号、规格、数量、保质期、生产企业名称或者供货者名称及其联系方式、购销时间等。购销台账保存期限不得少于2年。

第二十四条　向中国出口的饲料、饲料添加剂应当包装，包装应当符合中国有关安全、卫生的规定，并附具符合本条例第二十一条规定的标签。

向中国出口的饲料、饲料添加剂应当符合中国有关检验检疫的要求，由出入境检验检疫机构依法实施检验检疫，并对其包装和标签进行核查。包装和标签不符合要求的，不得入境。

境外企业不得直接在中国销售饲料、饲料添加剂。境外企业在中国销售饲料、饲料添加剂的，应当依法在中国境内设立销售机构或者委托符合条件的中国境内代理机构销售。

第二十五条　养殖者应当按照产品使用说明和注意事项使用饲料。在饲料或者动物饮用水中添加饲料添加剂的，应当符合饲料添加剂使用说明和注意事项的要求，遵守国务院农业行政主管部门制定的饲料添加剂安全使用规范。

养殖者使用自行配制的饲料的,应当遵守国务院农业行政主管部门制定的自行配制饲料使用规范,并不得对外提供自行配制的饲料。

使用限制使用的物质养殖动物的,应当遵守国务院农业行政主管部门的限制性规定。禁止在饲料、动物饮用水中添加国务院农业行政主管部门公布禁用的物质以及对人体具有直接或者潜在危害的其他物质,或者直接使用上述物质养殖动物。禁止在反刍动物饲料中添加乳和乳制品以外的动物源性成分。

第二十六条　国务院农业行政主管部门和县级以上地方人民政府饲料管理部门应当加强饲料、饲料添加剂质量安全知识的宣传,提高养殖者的质量安全意识,指导养殖者安全、合理使用饲料、饲料添加剂。

第二十七条　饲料、饲料添加剂在使用过程中被证实对养殖动物、人体健康或者环境有害的,由国务院农业行政主管部门决定禁用并予以公布。

第二十八条　饲料、饲料添加剂生产企业发现其生产的饲料、饲料添加剂对养殖动物、人体健康有害或者存在其他安全隐患的,应当立即停止生产,通知经营者、使用者,向饲料管理部门报告,主动召回产品,并记录召回和通知情况。召回的产品应当在饲料管理部门监督下予以无害化处理或者销毁。

饲料、饲料添加剂经营者发现其销售的饲料、饲料添加剂具有前款规定情形的,应当立即停止销售,通知生产企业、供货者和使用者,向饲料管理部门报告,并记录通知情况。

养殖者发现其使用的饲料、饲料添加剂具有本条第一款规定情形的,应当立即停止使用,通知供货者,并向饲料管理部门报告。

第二十九条　禁止生产、经营、使用未取得新饲料、新饲料添加剂证书的新饲料、新饲料添加剂以及禁用的饲料、饲料添加剂。

禁止经营、使用无产品标签、无生产许可证、无产品质量标准、无产品质量检验合格证的饲料、饲料添加剂。禁止经营、使用无产品批准文号的饲料添加剂、添加剂预混合饲料。禁止经营、使用未取得饲料、饲料添加剂进口登记证的进口饲料、进口饲料添加剂。

第三十条　禁止对饲料、饲料添加剂做具有预防或者治疗动物疾病作用的说明或者宣传。但是,饲料中添加药物饲料添加剂的,可以对所添加的药物饲料添加剂的作用加以说明。

第三十一条　国务院农业行政主管部门和省、自治区、直辖市人民政府饲料管理部门应当按照职责权限对全国或者本行政区域饲料、饲料添加剂的质量安全状况进行监测,并根据监测情况发布饲料、饲料添加剂质量安全预警信息。

第三十二条　国务院农业行政主管部门和县级以上地方人民政府饲料管理部门,应当根据需要定期或者不定期组织实施饲料、饲料添加剂监督抽查;饲料、饲料添加剂监督抽查检测工作由国务院农业行政主管部门或者省、自治区、直辖市人民政府饲料管理部门指定的具有相应技术条件的机构承担。饲料、饲料添加剂监督抽查不得收费。

国务院农业行政主管部门和省、自治区、直辖市人民政府饲料管理部门应当按照职责权限公布监督抽查结果,并可以公布具有不良记录的饲料、饲料添加剂生产企业、经营者名单。

第三十三条　县级以上地方人民政府饲料管理部门应当建立饲料、饲料添加剂监督管理档案,记录日常监督检查、违法行为查处等情况。

第三十四条　国务院农业行政主管部门和县级以上地方人民政府饲料管理部门在监督检查中可以采取下列措施:

(一)对饲料、饲料添加剂生产、经营、使用场所实施现场检查;

(二)查阅、复制有关合同、票据、账簿和其他相关资料;

(三)查封、扣押有证据证明用于违法生产饲料的饲料原料、单一饲料、饲料添加剂、药物饲料添加剂、添加剂预混合饲料,用于违法生产饲料添加剂的原料,用于违法生产饲料、饲料添加剂的工具、设施,违法生产、经营、使用的饲料、饲料添加剂;

(四)查封违法生产、经营饲料、饲料添加剂的场所。

第四章　法律责任

第三十五条　国务院农业行政主管部门、县级以上地方人民政府饲料管理部门或者其他依照本条例规定行使监督管理权的部门及其工作人员,不履行本条例规定的职责或者滥用职权、玩忽职守、徇私舞弊的,对直接负责的主管人员和其他直接责任人员,依法给予处分;直接负责的主管人员和其他直接责任人员构成犯罪的,依法追究刑事责任。

第三十六条　提供虚假的资料、样品或者采取其他欺骗方式取得许可证明文件的,由发证机关撤销相关许可证明文件,处 5 万元以上 10 万元以下罚款,申请人 3 年内不得就同一事项申请行政许可。以欺骗方式取得许可证明文件给他人造成损失的,依法承担赔偿责任。

第三十七条　假冒、伪造或者买卖许可证明文件的,由国务院农业行政主管部门或者县级以上地方人民政府饲料管理部门按照职责权限收缴或者吊销、撤销相关许可证明文件;构成犯罪的,依法追究刑事责任。

第三十八条　未取得生产许可证生产饲料、饲料添加剂的,由县级以上地方人民政府饲料管理部门责令停止生产,没收违法所得、违法生产的产品和用于违法生产饲料的饲料原料、单一饲料、饲料添加剂、药物饲料添加剂、添加剂预混合饲料以及用于违法生产饲料添加剂的原料,违法生产的产品货值金额不足 1 万元的,并处 1 万元以上 5 万元以下罚款,货值金额 1 万元以上的,并处货值金额 5 倍以上 10 倍以下罚款;情节严重的,没收其生产设备,生产企业的主要负责人和直接负责的主管人员 10 年内不得从事饲料、饲料添加剂生产、经营活动。

已经取得生产许可证,但不再具备本条例第十四条规定的条件而继续生产饲料、饲料添加剂的,由县级以上地方人民政府饲料管理部门责令停止生产、限期改正,并处 1 万元以上 5 万元以下罚款;逾期不改正的,由发证机关吊销生产许可证。

已经取得生产许可证,但未取得产品批准文号而生产饲料添加剂、添加剂预混合饲料的,由县级以上地方人民政府饲料管理部门责令停止生产,没收违法所得、违法生产的产品和用于违法生产饲料的饲料原料、单一饲料、饲料添加剂、药物饲料添加剂以及用于违法生产饲料添加剂的原料,限期补办产品批准文号,并处违法生产的产品货值金额 1 倍以上 3 倍以下罚款;情节严重的,由发证机关吊销生产许可证。

第三十九条　饲料、饲料添加剂生产企业有下列行为之一的,由县级以上地方人民政府饲料管理部门责令改正,没收违法所得、违法生产的产品和用于违法生产饲料的饲料原料、单一饲料、饲料添加剂、药物饲料添加剂、添加剂预混合饲料以及用于违法生产饲料添加剂的原料,违法生产的产品货值金额不足 1 万元的,并处 1 万元以上 5 万元以下罚款,货值金额 1 万元以上的,并处货值金额 5 倍以上 10 倍以下罚款;情节严重的,由发证机关吊销、撤销相关许可证明文件,生产企业的主要负责人和直接负责的主管人员 10 年内不得从事饲料、饲料添加剂生产、经营活动;构成犯罪的,依法追究刑事责任:

(一)使用限制使用的饲料原料、单一饲料、饲料添加剂、药物饲料添加剂、添加剂预混合饲料生产饲料,不遵守国务院农业行政主管部门的限制性规定的;

（二）使用国务院农业行政主管部门公布的饲料原料目录、饲料添加剂品种目录和药物饲料添加剂品种目录以外的物质生产饲料的；

（三）生产未取得新饲料、新饲料添加剂证书的新饲料、新饲料添加剂或者禁用的饲料、饲料添加剂的。

第四十条　饲料、饲料添加剂生产企业有下列行为之一的，由县级以上地方人民政府饲料管理部门责令改正，处1万元以上2万元以下罚款；拒不改正的，没收违法所得、违法生产的产品和用于违法生产饲料的饲料原料、单一饲料、饲料添加剂、药物饲料添加剂、添加剂预混合饲料以及用于违法生产饲料添加剂的原料，并处5万元以上10万元以下罚款；情节严重的，责令停止生产，可以由发证机关吊销、撤销相关许可证明文件：

（一）不按照国务院农业行政主管部门的规定和有关标准对采购的饲料原料、单一饲料、饲料添加剂、药物饲料添加剂、添加剂预混合饲料和用于饲料添加剂生产的原料进行查验或者检验的；

（二）饲料、饲料添加剂生产过程中不遵守国务院农业行政主管部门制定的饲料、饲料添加剂质量安全管理规范和饲料添加剂安全使用规范的；

（三）生产的饲料、饲料添加剂未经产品质量检验的。

第四十一条　饲料、饲料添加剂生产企业不依照本条例规定实行采购、生产、销售记录制度或者产品留样观察制度的，由县级以上地方人民政府饲料管理部门责令改正，处1万元以上2万元以下罚款；拒不改正的，没收违法所得、违法生产的产品和用于违法生产饲料的饲料原料、单一饲料、饲料添加剂、药物饲料添加剂、添加剂预混合饲料以及用于违法生产饲料添加剂的原料，处2万元以上5万元以下罚款，并可以由发证机关吊销、撤销相关许可证明文件。

饲料、饲料添加剂生产企业销售的饲料、饲料添加剂未附具产品质量检验合格证或者包装、标签不符合规定的，由县级以上地方人民政府饲料管理部门责令改正；情节严重的，没收违法所得和违法销售的产品，可以处违法销售的产品货值金额30%以下罚款。

第四十二条　不符合本条例第二十二条规定的条件经营饲料、饲料添加剂的，由县级人民政府饲料管理部门责令限期改正；逾期不改正的，没收违法所得和违法经营的产品，违法经营的产品货值金额不足1万元的，并处2 000元以上2万元以下罚款，货值金额1万元以上的，并处货值金额2倍以上5倍以下罚款；情节严重的，责令停止经营，并通知工商行政管理部门，由工商行政管理部门吊销营业执照。

第四十三条　饲料、饲料添加剂经营者有下列行为之一的，由县级人民政府饲料管理部门责令改正，没收违法所得和违法经营的产品，违法经营的产品货值金额不足 1 万元的，并处 2 000 元以上 2 万元以下罚款，货值金额 1 万元以上的，并处货值金额 2 倍以上 5 倍以下罚款；情节严重的，责令停止经营，并通知工商行政管理部门，由工商行政管理部门吊销营业执照；构成犯罪的，依法追究刑事责任：

（一）对饲料、饲料添加剂进行再加工或者添加物质的；

（二）经营无产品标签、无生产许可证、无产品质量检验合格证的饲料、饲料添加剂的；

（三）经营无产品批准文号的饲料添加剂、添加剂预混合饲料的；

（四）经营用国务院农业行政主管部门公布的饲料原料目录、饲料添加剂品种目录和药物饲料添加剂品种目录以外的物质生产的饲料的；

（五）经营未取得新饲料、新饲料添加剂证书的新饲料、新饲料添加剂或者未取得饲料、饲料添加剂进口登记证的进口饲料、进口饲料添加剂以及禁用的饲料、饲料添加剂的。

第四十四条　饲料、饲料添加剂经营者有下列行为之一的，由县级人民政府饲料管理部门责令改正，没收违法所得和违法经营的产品，并处 2 000 元以上 1 万元以下罚款：

（一）对饲料、饲料添加剂进行拆包、分装的；

（二）不依照本条例规定实行产品购销台账制度的；

（三）经营的饲料、饲料添加剂失效、霉变或者超过保质期的。

第四十五条　对本条例第二十八条规定的饲料、饲料添加剂，生产企业不主动召回的，由县级以上地方人民政府饲料管理部门责令召回，并监督生产企业对召回的产品予以无害化处理或者销毁；情节严重的，没收违法所得，并处应召回的产品货值金额 1 倍以上 3 倍以下罚款，可以由发证机关吊销、撤销相关许可证明文件；生产企业对召回的产品不予以无害化处理或者销毁的，由县级人民政府饲料管理部门代为销毁，所需费用由生产企业承担。

对本条例第二十八条规定的饲料、饲料添加剂，经营者不停止销售的，由县级以上地方人民政府饲料管理部门责令停止销售；拒不停止销售的，没收违法所得，处 1 000 元以上 5 万元以下罚款；情节严重的，责令停止经营，并通知工商行政管理部门，由工商行政管理部门吊销营业执照。

第四十六条　饲料、饲料添加剂生产企业、经营者有下列行为之一的，由县级以上地方人民政府饲料管理部门责令停止生产、经营,没收违法所得和违法生产、经营的产品,违法生产、经营的产品货值金额不足 1 万元的,并处 2 000 元以上 2 万元以下罚款,货值金额 1 万元以上的,并处货值金额 2 倍以上 5 倍以下罚款;构成犯罪的,依法追究刑事责任:

(一)在生产、经营过程中,以非饲料、非饲料添加剂冒充饲料、饲料添加剂或者以此种饲料、饲料添加剂冒充他种饲料、饲料添加剂的;

(二)生产、经营无产品质量标准或者不符合产品质量标准的饲料、饲料添加剂的;

(三)生产、经营的饲料、饲料添加剂与标签标示的内容不一致的。

饲料、饲料添加剂生产企业有前款规定的行为,情节严重的,由发证机关吊销、撤销相关许可证明文件;饲料、饲料添加剂经营者有前款规定的行为,情节严重的,通知工商行政管理部门,由工商行政管理部门吊销营业执照。

第四十七条 养殖者有下列行为之一的,由县级人民政府饲料管理部门没收违法使用的产品和非法添加物质,对单位处 1 万元以上 5 万元以下罚款,对个人处 5 000 元以下罚款;构成犯罪的,依法追究刑事责任:

(一)使用未取得新饲料、新饲料添加剂证书的新饲料、新饲料添加剂或者未取得饲料、饲料添加剂进口登记证的进口饲料、进口饲料添加剂的;

(二)使用无产品标签、无生产许可证、无产品质量标准、无产品质量检验合格证的饲料、饲料添加剂的;

(三)使用无产品批准文号的饲料添加剂、添加剂预混合饲料的;

(四)在饲料或者动物饮用水中添加饲料添加剂,不遵守国务院农业行政主管部门制定的饲料添加剂安全使用规范的;

(五)使用自行配制的饲料,不遵守国务院农业行政主管部门制定的自行配制饲料使用规范的;

(六)使用限制使用的物质养殖动物,不遵守国务院农业行政主管部门的限制性规定的;

(七)在反刍动物饲料中添加乳和乳制品以外的动物源性成分的。

在饲料或者动物饮用水中添加国务院农业行政主管部门公布禁用的物质以及对人体具有直接或者潜在危害的其他物质,或者直接使用上述物质养殖动物的,由县级以上地方人民政府饲料管理部门责令其对饲喂了违禁物质的动物进行无害化处理,处 3 万元以上 10 万元以下罚款;构成犯罪的,依法追究刑事责任。

第四十八条　养殖者对外提供自行配制的饲料的,由县级人民政府饲料管理部门责令改正,处 2 000 元以上 2 万元以下罚款。

第五章　附　则

第四十九条　本条例下列用语的含义:

(一)饲料原料,是指来源于动物、植物、微生物或者矿物质,用于加工制作饲料但不属于饲料添加剂的饲用物质。

(二)单一饲料,是指来源于一种动物、植物、微生物或者矿物质,用于饲料产品生产的饲料。

(三)添加剂预混合饲料,是指由两种(类)或者两种(类)以上营养性饲料添加剂为主,与载体或者稀释剂按照一定比例配制的饲料,包括复合预混合饲料、微量元素预混合饲料、维生素预混合饲料。

(四)浓缩饲料,是指主要由蛋白质、矿物质和饲料添加剂按照一定比例配制的饲料。

(五)配合饲料,是指根据养殖动物营养需要,将多种饲料原料和饲料添加剂按照一定比例配制的饲料。

(六)精饲料补充料,是指为补充草食动物的营养,将多种饲料原料和饲料添加剂按照一定比例配制的饲料。

(七)营养性饲料添加剂,是指为补充饲料营养成分而掺入饲料中的少量或者微量物质,包括饲料级氨基酸、维生素、矿物质微量元素、酶制剂、非蛋白氮等。

(八)一般饲料添加剂,是指为保证或者改善饲料品质、提高饲料利用率而掺入饲料中的少量或者微量物质。

(九)药物饲料添加剂,是指为预防、治疗动物疾病而掺入载体或者稀释剂的兽药的预混合物质。

(十)许可证明文件,是指新饲料、新饲料添加剂证书,饲料、饲料添加剂进口登记证,饲料、饲料添加剂生产许可证,饲料添加剂、添加剂预混合饲料产品批准文号。

第五十条　药物饲料添加剂的管理,依照《兽药管理条例》的规定执行。

第五十一条　本条例自 2012 年 5 月 1 日起施行。

附录二　饲料质量安全管理规范(节选)

第一章　总　则

第一条　为规范饲料企业生产行为,保障饲料产品质量安全,根据《饲料和饲料添加剂管理条例》,制定本规范。

第二条　本规范适用于添加剂预混合饲料、浓缩饲料、配合饲料和精料补充料生产企业(以下简称企业)。

第三条　企业应当按照本规范的要求组织生产,实现从原料采购到产品销售的全程质量安全控制。

第四条　企业应当及时收集、整理、记录本规范执行情况和生产经营状况,认真履行年度备案和饲料统计义务。

有委托生产行为的,托方和受托方应当分别向所在地省级人民政府饲料管理部门备案。

第五条　县级以上人民政府饲料管理部门应当制定年度监督检查计划,对企业实施本规范的情况进行监督检查。[3]

第二章　原料采购与管理

第六条　企业应当加强对饲料原料、单一饲料、饲料添加剂、药物饲料添加剂、添加剂预混合饲料和浓缩饲料(以下简称原料)的采购管理,全面评估原料生产企业和经销商(以下简称供应商)的资质和产品质量保障能力,建立供应商评价和再评价制度,编制合格供应商名录,填写并保存供应商评价记录:

(一)供应商评价和再评价制度应当规定供应商评价及再评价流程、评价内容、评价标准、评价记录等内容;

(二)从原料生产企业采购的,供应商评价记录应当包括生产企业名称及生产地址、联系方式、许可证明文件编号(评价单一饲料、饲料添加剂、药物饲料添加剂、添加剂预混合饲料、浓缩饲料生产企业时填写)、原料通用名称及商品名称、评价内容、评价结论、评价日期、评价人等信息;

(三)从原料经销商采购的,供应商评价记录应当包括经销商名称及注册地址、联系方式、营业执照注册号、原料通用名称及商品名称、评价内容、评价结论、评价日期、评价人等信息;

(四)合格供应商名录应当包括供应商的名称、原料通用名称及商品名称、许可证明文件编号(供应商为单一饲料、饲料添加剂、药物饲料添加剂、添加剂预混合饲料、浓缩饲料生产企业时填写)、评价日期等信息。

企业统一采购原料供分支机构使用的,分支机构应当复制、保存前款规定的合格供应商名录和供应商评价记录。

第七条　企业应当建立原料采购验收制度和原料验收标准,逐批对采购的原料进行查验或者检验:

(一)原料采购验收制度应当规定采购验收流程、查验要求、检验要求、原料验收标准、不合格原料处置、查验记录等内容;

(二)原料验收标准应当规定原料的通用名称、主成分指标验收值、卫生指标验收值等内容,卫生指标验收值应当符合有关法律法规和国家、行业标准的规定;

(三)企业采购实施行政许可的国产单一饲料、饲料添加剂、药物饲料添加剂、添加剂预混合饲料、浓缩饲料的,应当逐批查验许可证明文件编号和产品质量检验合格证,填写并保存查验记录;

查验记录应当包括原料通用名称、生产企业、生产日期、查验内容、查验结果、查验人等信息;无许可证明文件编号和产品质量检验合格证的,或者经查验许可证明文件编号不实的,不得接收、使用;

(四)企业采购实施登记或者注册管理的进口单一饲料、饲料添加剂、药物饲料添加剂、添加剂预混合饲料、浓缩饲料的,应当逐批查验进口许可证明文件编号,填写并保存查验记录;查验记录应当包括原料通用名称、生产企业、生产日期、查验内容、查验结果、查验人等信息;无进口许可证明文件编号的,或者经查验进口许可证明文件编号不实的,不得接收、使用;

(五)企业采购不需行政许可的原料的,应当依据原料验收标准逐批查验供应商提供的该批原料的质量检验报告;无质量检验报告的,企业应当逐批对原料的主成分指标进行自行检验或者委托检验;不符合原料验收标准的,不得接收、使用;原料质量检验报告、自行检验结果、委托检验报告应当归档保存;

(六)企业应当每3个月至少选择5种原料,自行或者委托有资质的机构对其主要卫生指标进行检测,根据检测结果进行原料安全性评价,保存检测结果和评价报告;委托检测的,应当索取并保存受委托检测机构的计量认证或者实验室认可证书及附表复印件。

第八条　企业应当填写并保存原料进货台账,进货台账应当包括原料通用名称及商品名称、生产企业或者供货者名 称、联系方式、产地、数量、生产日期、保质期、查验或者检验信息、进货日期、经办人等信息。

进货台账保存期限不得少于2年。

第九条　企业应当建立原料仓储管理制度，填写并保存出入库记录：

（一）原料仓储管理制度应当规定库位规划、堆放方式、垛位标识、库房盘点、环境要求、虫鼠防范、库房安全、出入库记录等内容；

（二）出入库记录应当包括原料名称、包装规格、生产日期、供应商简称或者代码、入库数量和日期、出库数量和日期、库存数量、保管人等信息。

第十条　企业应当按照"一垛一卡"的原则对原料实施垛位标识卡管理，垛位标识卡应当标明原料名称、供应商简称或者代码、垛位总量、已用数量、检验状态等信息。

第十一条　企业应当对维生素、微生物和酶制剂等热敏物质的储存温度进行监控，填写并保存温度监控记录。监控记录应当包括设定温度、实际温度、监控时间、记录人等信息。

监控中发现实际温度超出设定温度范围的，应当采取有效措施及时处置。

第十二条　按危险化学品管理的亚硒酸钠等饲料添加剂的储存间或者储存柜应当设立清晰的警示标识，采用双人双锁管理。

第十三条　企业应当根据原料种类、库存时间、保质期、气候变化等因素建立长期库存原料质量监控制度，填写并保存监控记录：

（一）质量监控制度应当规定监控方式、监控内容、监控频次、异常情况界定、处置方式、处置权限、监控记录等内容；

（二）监控记录应当包括原料名称、监控内容、异常情况描述、处置方式、处置结果、监控日期、监控人等信息。

第三章　生产过程控制

第十四条　企业应当制定工艺设计文件，设定生产工艺参数。

工艺设计文件应当包括生产工艺流程图、工艺说明和生产设备清单等内容。

生产工艺应当至少设定以下参数：粉碎工艺设定筛片孔径，混合工艺设定混合时间，制粒工艺设定调质温度、蒸汽压力、环模规格、环模长径比、分级筛筛网孔径，膨化工艺设定调质温度、模板孔径。

第十五条　企业应当根据实际工艺流程，制定以下主要作业岗位操作规程：

（一）小料（指生产过程中，将微量添加的原料预先进行配料或者配料混合后获得的中间产品)配料岗位操作规程,规定小料原料的领取与核实、小料原料的放置与标识、称重电子秤校准与核查、现场清洁卫生、小料原料领取记录、小料配料记录等内容;

(二)小料预混合岗位操作规程,规定载体或者稀释剂领取、投料顺序、预混合时间、预混合产品分装与标识、现场清洁卫生、小料预混合记录等内容;

(三)小料投料与复核岗位操作规程,规定小料投放指令、小料复核、现场清洁卫生、小料投料与复核记录等内容;

(四)大料投料岗位操作规程,规定投料指令、垛位取料、感官检查、现场清洁卫生、大料投料记录等内容;

(五)粉碎岗位操作规程,规定筛片锤片检查与更换、粉碎粒度、粉碎料入仓检查、喂料器和磁选设备清理、粉碎作业记录等内容;

(六)中控岗位操作规程,规定设备开启与关闭原则、微机配料软件启动与配方核对、混合时间设置、配料误差核查、进仓原料核实、中控作业记录等内容;

(七)制粒岗位操作规程,规定设备开启与关闭原则、环模与分级筛网更换、破碎机轧距调节、制粒机润滑、调质参数监视、设备(制粒室、调质器、冷却器)清理、感官检查、现场清洁卫生、制粒作业记录等内容;

(八)膨化岗位操作规程,规定设备开启与关闭原则、调质参数监视、设备(膨化室、调质器、冷却器、干燥器)清理、感官检查、现场清洁卫生、膨化作业记录等内容;

(九)包装岗位操作规程,规定标签与包装袋领取、标签与包装袋核对、感官检查、包重校验、现场清洁卫生、包装作业记录等内容;

(十)生产线清洗操作规程,规定清洗原则、清洗实施与效果评价、清洗料的放置与标识、清洗料使用、生产线清洗记录等内容。

第十六条 企业应当根据实际工艺流程,制定生产记录表单,填写并保存相关记录:

(一)小料原料领取记录,包括小料原料名称、领用数量、领取时间、领取人等信息;

(二)小料配料记录,包括小料名称、理论值、实际称重值、配料数量、作业时间、配料人等信息;

(三)小料预混合记录,包括小料名称、重量、批次、混合时间、作业时间、操作人等信息;

（四）小料投料与复核记录,包括产品名称、接收批数、投料批数、重量复核、剩余批数、作业时间、投料人等信息;

（五）大料投料记录,包括大料名称、投料数量、感官检查、作业时间、投料人等信息;

（六）粉碎作业记录,包括物料名称、粉碎机号、筛片规格、作业时间、操作人等信息;

（七）大料配料记录,包括配方编号、大料名称、配料仓号、理论值、实际值、作业时间、配料人等信息;

（八）中控作业记录,包括产品名称、配方编号、清洗料、理论产量、成品仓号、洗仓情况、作业时间、操作人等信息;

（九）制粒作业记录,包括产品名称、制粒机号、制粒仓号、调质温度、蒸汽压力、环模孔径、环模长径比、分级筛筛网孔径、感官检查、作业时间、操作人等信息;

（十）膨化作业记录,包括产品名称、调质温度、模板孔径、膨化温度、感官检查、作业时间、操作人等信息;

（十一）包装作业记录,包括产品名称、实际产量、包装规格、包数、感官检查、头尾包数量、作业时间、操作人等信息;

（十二）标签领用记录,包括产品名称、领用数量、班次用量、损毁数量、剩余数量、领取时间、领用人等信息;

（十三）生产线清洗记录,包括班次、清洗料名称、清洗料重量、清洗过程描述、作业时间、清洗人等信息;

（十四）清洗料使用记录,包括清洗料名称、生产班次、清洗料使用情况描述、使用时间、操作人等信息。

第十七条　企业应当采取有效措施防止生产过程中的交叉污染:

（一）按照"无药物的在先、有药物的在后"原则制订生产计划;

（二）生产含有药物饲料添加剂的产品后,生产不含药物饲料添加剂或者改变所用药物饲料添加剂品种的产品的,应当对生产线进行清洗;清洗料回用的,应当明确标识并回置于同品种产品中;

（三）盛放饲料添加剂、药物饲料添加剂、添加剂预混合饲料、含有药物饲料添加剂的产品及其中间产品的器具或者包装物应当明确标识,不得交叉混用;

（四）设备应当定期清理,及时清除残存料、粉尘积垢等残留物。

第十八条　企业应当采取有效措施防止外来污染：

（一）生产车间应当配备防鼠、防鸟等设施，地面平整，无污垢积存；

（二）生产现场的原料、中间产品、返工料、清洗料、不合格品等应当分类存放，清晰标识；

（三）保持生产现场清洁，及时清理杂物；

（四）按照产品说明书规范使用润滑油、清洗剂；

（五）不得使用易碎、易断裂、易生锈的器具作为称量或者盛放用具；

（六）不得在饲料生产过程中进行维修、焊接、气割等作业。

第十九条　企业应当建立配方管理制度，规定配方的设计、审核、批准、更改、传递、使用等内容。

第二十条　企业应当建立产品标签管理制度，规定标签的设计、审核、保管、使用、销毁等内容。

产品标签应当专库（柜）存放，专人管理。

第二十一条　企业应当对生产配方中添加比例小于 0.2% 的原料进行预混合。

第二十二条　企业应当根据产品混合均匀度要求，确定产品的最佳混合时间，填写并保存最佳混合时间实验记录。

实验记录应当包括混合机编号、混合物料名称、混合次数、混合时间、检验结果、最佳混合时间、检验日期、检验人等信息。

企业应当每 6 个月按照产品类别（添加剂预混合饲料、配合饲料、浓缩饲料、精饲料补充料）进行至少一次混合均匀度验证，填写并保存混合均匀度验证记录。验证记录应当包括产品名称、混合机编号、混合时间、检验方法、检验结果、验证结论、检验日期、检验人等信息。

混合机发生故障经修复投入生产前，应当按照前款规定进行混合均匀度验证。

第二十三条　企业应当建立生产设备管理制度和档案，制定粉碎机、混合机、制粒机、膨化机、空气压缩机等关键设备操作规程，填写并保存维护保养记录和维修记录：

（一）生产设备管理制度应当规定采购与验收、档案管理、使用操作、维护保养、备品备件管理、维护保养记录、维修记录等内容；

（二）设备操作规程应当规定开机前准备、启动与关闭、操作步骤、关机后整理、日常维护保养等内容；

（三）维护保养记录应当包括设备名称、设备编号、保养项目、保养日期、保养人等信息；

（四）维修记录应当包括设备名称、设备编号、维修部位、故障描述、维修方式及效果、维修日期、维修人等信息；

（五）关键设备应当实行"一机一档"管理，档案包括基本信息表（名称、编号、规格型号、制造厂家、联系方式、安装日期、投入使用日期）、使用说明书、操作规程、维护保养记录、维修记录等内容。

第二十四条　企业应当严格执行国家安全生产相关法律法规。

生产设备、辅助系统应当处于正常工作状态；锅炉、压力容器等特种设备应当通过安全检查；计量秤、地磅、压力表等测量设备应当定期检定或者校验。

第四章　产品质量控制

第二十五条　企业应当建立现场质量巡查制度，填写并保存现场质量巡查记录：

（一）现场质量巡查制度应当规定巡查位点、巡查内容、巡查频次、异常情况界定、处置方式、处置权限、巡查记录等内容；

（二）现场质量巡查记录应当包括巡查位点、巡查内容、异常情况描述、处置方式、处置结果、巡查时间、巡查人等信息。

第二十六条　企业应当建立检验管理制度，规定人员资质与职责、样品抽取与检验、检验结果判定、检验报告编制与审核、产品质量检验合格证签发等内容。

第二十七条　企业应当根据产品质量标准实施出厂检验，填写并保存产品出厂检验记录；检验记录应当包括产品名称或者编号、检验项目、检验方法、计算公式中符号的含义和数值、检验结果、检验日期、检验人等信息。

产品出厂检验记录保存期限不得少于2年。

第二十八条　企业应当每周从其生产的产品中至少抽取5个批次的产品自行检验下列主成分指标：

（一）维生素预混合饲料：两种以上维生素；

（二）微量元素预混合饲料：两种以上微量元素；

（三）复合预混合饲料：两种以上维生素和两种以上微量元素；

（四）浓缩饲料、配合饲料、精饲料补充料：粗蛋白质、粗灰分、钙、总磷。

主成分指标检验记录保存期限不得少于2年。

第二十九条　企业应当根据仪器设备配置情况，建立分析天平、高温炉、干燥箱、酸度计、分光光度计、高效液相色谱仪、原子吸收分光光度计等主要仪器设备操作规程和档案,填写并保存仪器设备使用记录:

(一)仪器设备操作规程应当规定开机前准备、开机顺序、操作步骤、关机顺序、关机后整理、日常维护、使用记录等内容;

(二)仪器设备使用记录应当包括仪器设备名称、型号或者编号、使用日期、样品名称或者编号、检验项目、开始时间、完毕时间、仪器设备运行前后状态、使用人等信息;

(三)仪器设备应当实行"一机一档"管理,档案包括仪器基本信息表(名称、编号、型号、制造厂家、联系方式、安装日期、投入使用日期)、使用说明书、购置合同、操作规程、使用记录等内容。

第三十条 企业应当建立化学试剂和危险化学品管理制度,规定采购、储存要求、出入库、使用、处理等内容。

化学试剂、危险化学品以及试验溶液的使用,应当遵循 GB/T 601、GB/T 602、GB/T 603 以及检验方法标准的要求。

企业应当填写并保存危险化学品出入库记录,记录应当包括危险化学品名称、入库数量和日期、出库数量和日期、保管人等信息。

第三十一条 企业应当每年选择 5 个检验项目,采取以下一项或者多项措施进行检验能力验证,对验证结果进行评价并编制评价报告:

(一)同具有法定资质的检验机构进行检验比对;

(二)利用购买的标准物质或者高纯度化学试剂进行检验验证;

(三)在实验室内部进行不同人员、不同仪器的检验比对;

(四)对曾经检验过的留存样品进行再检验;

(五)利用检验质量控制图等数理统计手段识别异常数据。

第三十二条 企业应当建立产品留样观察制度,对每批次产品实施留样观察,填写并保存留样观察记录:

(一)留样观察制度应当规定留样数量、留样标识、储存环境、观察内容、观察频次、异常情况界定、处置方式、处置权限、到期样品处理、留样观察记录等内容;

(二)留样观察记录应当包括产品名称或者编号、生产日期或者批号、保质截止日期、观察内容、异常情况描述、处置方式、处置结果、观察日期、观察人等信息。

留样保存时间应当超过产品保质期 1 个月。

第三十三条　企业应当建立不合格品管理制度,填写并保存不合格品处置记录:

(一)不合格品管理制度应当规定不合格品的界定、标识、储存、处置方式、处置权限、处置记录等内容;

(二)不合格品处置记录应当包括不合格品的名称、数量、不合格原因、处置方式、处置结果、处置日期、处置人等信息。

第五章　产品储存与运输

第三十四条　企业应当建立产品仓储管理制度,填写并保存出入库记录:

(一)仓储管理制度应当规定库位规划、堆放方式、垛位标识、库房盘点、环境要求、虫鼠防范、库房安全、出入库记录等内容;

(二)出入库记录应当包括产品名称、规格或者等级、生产日期、入库数量和日期、出库数量和日期、库存数量、保管人等信息;

(三)不同产品的垛位之间应当保持适当距离;

(四)不合格产品和过期产品应当隔离存放并有清晰标识。

第三十五条　企业应当在产品装车前对运输车辆的安全、卫生状况实施检查。

第三十六条　企业使用罐装车运输产品的,应当专车专用,并随车附具产品标签和产品质量检验合格证。

装运不同产品时,应当对罐体进行清理。

第三十七条　企业应当填写并保存产品销售台账。销售台账应当包括产品的名称、数量、生产日期、生产批次、质量检验信息、购货者名称及其联系方式、销售日期等信息。

销售台账保存期限不得少于 2 年。

第六章　产品投诉与召回

第三十八条　企业应当建立客户投诉处理制度,填写并保存客户投诉处理记录:

(一)投诉处理制度应当规定投诉受理、处理方法、处理权限、投诉处理记录等内容;

(二)投诉处理记录应当包括投诉日期、投诉人姓名和地址、产品名称、生产日期、投诉内容、处理结果、处理日期、处理人等信息。

第三十九条　企业应当建立产品召回制度,填写并保存召回记录:

(一)召回制度应当规定召回流程、召回产品的标识和储存、召回记录等内容；

（二）召回记录应当包括产品名称、召回产品使用者、召回数量、召回日期等信息。

企业应当每年至少进行 1 次产品召回模拟演练，综合评估演练结果并编制模拟演练总结报告。

第四十条　企业应当在饲料管理部门的监督下对召回产品进行无害化处理或者销毁，填写并保存召回产品处置记录。处置记录应当包括处置产品名称、数量、处置方式、处置日期、处置人、监督人等信息。

第七章　培训、卫生和记录管理

第四十一条　企业应当建立人员培训制度，制订年度培训计划，每年对员工进行至少 2 次饲料质量安全知识培训，填写并保存培训记录：

（一）人员培训制度应当规定培训范围、培训内容、培训方式、考核方式、效果评价、培训记录等内容；

（二）培训记录应当包括培训对象、内容、师资、日期、地点、考核方式、考核结果等信息。

第四十二条　厂区环境卫生应当符合国家有关规定。

第四十三条　企业应当建立记录管理制度，规定记录表单的编制、格式、编号、审批、印发、修订、填写、存档、保存期限等内容。

除本规范中明确规定保存期限的记录外，其他记录保存期限不得少于 1 年。

第八章　附　　则

第四十四条　本规范自 2015 年 7 月 1 日起施行。